高职高专国家示范性院校"十三五"规划教材

Creo 3.0 项目化教学任务教程

主　编　吴勤保　南　欢

副主编　杨延波

参　编　刘　清　王　颖　祁　伟

U0316187

西安电子科技大学出版社

内 容 简 介

本书以项目化教学的思路编写，以目前广泛使用的 Creo 3.0 版本为介绍对象。全书将 60个任务分成 9 个项目，内容涵盖 Creo 3.0 系统的基本操作、草图设计及基准特征的建立、零件设计、三维实体特征的编辑及操作、曲面特征的建立、装配设计、工程图、模具设计、数控加工等。本书通过各种任务将 Creo 3.0 常用的基本指令融合在一起，突出了实用性和可操作性，并且每个项目后都附有适量的练习题。书中任务的模仿性强，读者按照各个任务中的步骤进行操作，即可绘制出相应的图形或设计效果。

本书与《Creo 3.0 项目化教学上机指导》配套出版，上机指导书中有本书所有练习题的操作步骤，便于读者进行模拟练习。本书与上机指导书配合使用，效果更佳。

本书既可作为高职高专院校、成人高校、本科院校下的二级职业技术学院机电大类各个专业的教学用书，也可作为培训教材及工程技术人员的自学参考书。

图书在版编目(CIP)数据

Creo 3.0 项目化教学任务教程/吴勤保，南欢主编. —西安：西安电子科技大学出版社，2016.12
高职高等国家示范性院校"十三五"规划教材
ISBN 978-7-5606-4315-1

Ⅰ. ①C⋯ Ⅱ. ①吴⋯ ②南⋯ Ⅲ. ①计算机辅助设计—应用软件—教材 Ⅳ. ①TP391.72

中国版本图书馆 CIP 数据核字(2016)第 241068 号

策 划 秦志峰
责任编辑 秦志峰 马 静
出版发行 西安电子科技大学出版社(西安市太白南路 2 号)
电 话 (029) 88242885 88201467 邮 编 710071
网 址 www.xduph.com 电子邮箱 xdupfxb001@163.com
经 销 新华书店
印刷单位 陕西天意印务有限责任公司
版 次 2016 年 12 月第 1 版 2016 年 12 月第 1 次印刷
开 本 787 毫米×1092 毫米 1/16 印 张 23.5
字 数 551 千字
印 数 1～3000 册
定 价 39.00 元
ISBN 978-7-5606-4315-1/TP
XDUP 4607001-1
如有印装问题可调换

前　言

随着信息技术和计算机的不断发展，CAD/CAM 技术也从二维设计向三维设计发展，以 CAD/CAM 技术为基础的现代制造技术正迅速地在制造业中普及，给机械制造业带来了根本变化。

目前市场上的 CAD/CAM 软件众多，较为流行的有 Creo(Pro/ENGINEER)、UG、Solid Works、CATIA、Mastercam、Cimatron、CAXA 制造工程师等。这些软件各有特色，但它们的主要功能和基本操作方法相似。

Creo 是由美国参数技术公司(PTC)于 2011 年 10 月推出的一套三维 CAD/CAE/CAM 参数化应用软件系统，它整合了 PTC Pro/ENGINEER 的参数化技术、CoCreate 的直接建模技术和 ProductView 的三维可视化技术，是新型的软件系统。它具有基于特征、单一数据库、参数化设计及全相关性等特点，是一套从设计到加工的集成软件。Creo 有 Creo 1.0、Creo 2.0、Creo 3.0 等多个版本，本书以目前最新版本 Creo 3.0 为基础，重点介绍 Creo 系统的操作方法和应用技巧。全书共分 9 个项目，以任务为主线，摒弃传统的纯指令式介绍，通过 60 个任务介绍 Creo 3.0 系统的基本操作、草图设计及基准特征的建立、零件设计、三维实体特征的编辑及操作、曲面特征的建立、装配设计、工程图、模具设计、数控加工等内容。

本书中任务的模仿性较强，读者按照任务中的步骤进行操作，即可绘制出相应的图形或进行相应的操作。每个项目后均附有适量的练习题，供读者在学习过程中进行上机操作练习。本书在文字表述方面力求通俗、准确、简练、易懂，以利于开拓学生的思路，培养分析问题、解决问题的能力以及自学能力。

作者提供了书中所有任务的图形文件，需要的读者可以与出版社或主编联系。这些图形文件可以作为读者学习的参考，读者可仿照其进行操作训练。

本书可作为高职高专类院校机械、数控、模具、CAD、机电一体化、数维、材料、电气等专业的教学用书，也可供从事 CAD/CAM 技术研究与应用工作的工程技术人员使用。

本书由吴勤保教授、南欢副教授担任主编，杨延波担任副主编，刘清、王颖、祁伟参加编写。其中，项目一、二、七由吴勤保编写；项目三、八由南欢编写；项目九由杨延波编写；项目五由刘清编写；项目六由王颖编写；项目四由祁伟编写。全书由吴勤保、南欢统稿。

参加本书编写的成员均具有多年的一线教学经验和工程实践经验，而且本书经过十余年的不断修订完善，更加适宜于教学，更加便于学生接受和掌握。本书的前身教材 2015 年曾获得陕西省高校优秀教材评选二等奖；主编吴勤保教授具有 38 年的教龄，为陕西省教学名师、陕西省师德标兵。

本书内容引用了参考文献中的部分内容，在此向这些文献的作者表示诚挚的感谢。

由于编者水平有限，书中不足之处在所难免，敬请读者批评指正。

编　者

2016 年 6 月

本书有关符号及名称的使用说明

为了简化叙述，对本书中有关符号及名称的使用，约定如下：

1. 关于"【】"的使用

为了便于读者区分命令和内容的表述，文中介绍的命令、图标、按钮，一律放在【】中。如 "单击快速访问工具栏中的【新建】图标，或者在【文件】下拉菜单中单击【新建】命令"，【新建】属于命令，放在【】中。

2. 关于命令、图标、按钮的区别

命令、图标、按钮都属于命令，但表现的形式不同，为了区别，在工具栏中的称做图标，在菜单中的称做命令，在对话框、下滑面板中的称做按钮。如"单击快速访问工具栏中的【新建】图标，或者在【文件】下拉菜单中单击【新建】命令"，工具栏中的【新建】用图标显示称做【新建】图标，菜单中的【新建】用命令显示称做【新建】命令；又如"单击新建对话框中的【确定】按钮"，【确定】也属于命令，在对话框中则称做按钮。

3. 关于"→"的使用

(1) 在命令之间使用"→"，表示后一个命令为下一级命令。如 "单击【文件】→【另存为】→【保存副本】命令"，表示【保存副本】命令为【另存为】命令下级菜单中的命令，而【另存为】命令是【文件】命令下级菜单中的命令。

(2) 在文稿叙述中，为了简练，用"→"表示操作的先后顺序。如拉伸特征创建流程为"选择【拉伸】命令→定义拉伸类型→确定草绘平面→草绘拉伸截面→定义拉伸深度→特征创建结束。"

4. 关于操控板及对话框的名称

操控板全称是操作控制面板，操控板的名称用××操控板表示。如"单击形状子工具栏中的【拉伸】图标，在绘图区上方弹出拉伸操控板"，其中的"拉伸"为操控板的名称。

对话框的名称用××对话框表示。如"单击快速访问工具栏中的【新建】图标，系统弹出新建对话框"，其中的"新建"为对话框的名称。

目　　录

项目一　Creo 系统的基本操作 1

1.1　任务 1：Creo 3.0 的安装、启动、
　　　初始界面及退出 1

  1.1.1　Creo 3.0 的安装 1

  1.1.2　Creo 3.0 的启动 9

  1.1.3　Creo 3.0 的初始界面 9

  1.1.4　Creo 3.0 的退出 11

1.2　任务 2：文件操作和输入操作 11

  1.2.1　选择工作目录 11

  1.2.2　文件操作 12

  1.2.3　输入操作 17

小结 17

练习题 17

项目二　草图设计及基准特征的建立 18

2.1　任务 3：基本几何图元的绘制及编辑 18

  2.1.1　进入草绘模式 18

  2.1.2　草绘界面介绍 19

  2.1.3　绘制基本几何图元 21

  2.1.4　编辑图形 23

  2.1.5　编辑尺寸 23

  2.1.6　添加约束 24

  2.1.7　添加几何图元 25

  2.1.8　存储图形 26

  2.1.9　关闭当前工作窗口 26

2.2　任务 4：高级几何图元的绘制及编辑 26

  2.2.1　绘制椭圆形圆角 26

  2.2.2　绘制坐标系 27

  2.2.3　绘制样条曲线 28

  2.2.4　绘制文本 28

2.3　任务 5：草图的几何约束及尺寸标注 29

  2.3.1　绘制草图 29

2.3.2　使用几何约束编辑图形 29

2.3.3　绘制几何图元 30

2.3.4　镜像图形 30

2.3.5　标注并编辑尺寸 30

2.3.6　二维草图的诊断 33

2.3.7　将"弱"尺寸转换为"强"尺寸 34

2.4　任务 6：基准特征的建立 34

  2.4.1　进入零件模块 35

  2.4.2　创建实体 35

  2.4.3　立体观测 37

  2.4.4　建立基准平面 37

  2.4.5　建立基准轴 39

  2.4.6　建立基准点 40

  2.4.7　建立基准坐标系 42

  2.4.8　建立基准曲线 43

小结 45

练习题 50

项目三　零件设计 53

3.1　任务 7：拉伸特征的建立 53

  3.1.1　用拉伸特征创建底板实体 53

  3.1.2　用拉伸特征创建支架实体 56

  3.1.3　用拉伸移除材料特征切除 V 型槽 ... 56

  3.1.4　拉伸特征小结 57

3.2　任务 8：旋转特征的建立 61

  3.2.1　用旋转特征创建轮盘毛坯 61

  3.2.2　用旋转移除材料创建轮毂端面上的
　　　　周向圆弧凹槽 62

  3.2.3　用旋转移除材料创建轮盘上的
　　　　两个缺口 63

  3.2.4　旋转特征小结 63

3.3　任务 9：倒圆角特征的建立 64

I

3.3.1 用拉伸创建毛坯 65

3.3.2 创建恒定半径倒圆角 65

3.3.3 创建完全倒圆角 66

3.3.4 创建可变半径倒圆角 67

3.3.5 倒圆角特征小结 67

3.4 任务 10：倒角特征的建立 68

3.4.1 用旋转创建零件毛坯 68

3.4.2 创建 D×D 的倒角 69

3.4.3 创建 D1×D2 的倒角 69

3.4.4 创建角度×D 的倒角 70

3.4.5 创建 O×O 的倒角 70

3.4.6 创建拐角倒角 71

3.4.7 倒角特征小结 71

3.5 任务 11：抽壳特征的建立 72

3.5.1 用拉伸创建零件毛坯 72

3.5.2 创建厚度均匀的抽壳零件 72

3.5.3 创建厚度不同的抽壳零件 73

3.5.4 创建局部不参与抽壳的零件 74

3.5.5 抽壳特征小结 74

3.6 任务 12：筋特征的建立 75

3.6.1 直筋的创建 75

3.6.2 旋转筋的创建 77

3.6.3 轨迹筋的创建 80

3.6.4 筋特征小结 82

3.7 任务 13：拔模特征的建立 83

3.7.1 用旋转创建毛坯 84

3.7.2 创建拔模特征 85

3.7.3 创建等半径倒圆角 86

3.7.4 创建抽壳实体 86

3.7.5 拔模特征小结 87

3.8 任务 14：孔特征的建立 88

3.8.1 用拉伸创建连接块毛坯 88

3.8.2 创建中间简单孔 89

3.8.3 用草绘孔创建左侧台阶孔 90

3.8.4 用标准孔创建右侧台阶孔 91

3.8.5 用标准孔创建中间顶丝螺纹孔 93

3.8.6 创建中间台阶孔 94

3.8.7 孔特征小结 94

3.9 任务 15：恒定截面扫描特征的建立 96

3.9.1 用扫描特征创建 U 型实体 96

3.9.2 用拉伸移除材料切除腰型槽 98

3.9.3 修改扫描特征的轨迹 99

3.9.4 隐藏扫描轨迹线 99

3.9.5 扫描特征小结 100

3.10 任务 16：可变截面扫描特征的建立 101

3.10.1 用可变截面扫描创建瓶体 102

3.10.2 用拉伸移除材料创建瓶底凹面 103

3.10.3 瓶体倒圆角 104

3.10.4 用抽壳创建包装瓶 105

3.10.5 用扫描创建瓶口凸环 105

3.10.6 可变截面扫描特征小结 105

3.11 任务 17：平行混合特征的建立 106

3.11.1 用平行混合创建杯体毛坯 107

3.11.2 用抽壳创建杯子模型 108

3.11.3 平行混合特征小结 109

3.12 任务 18：旋转混合特征的建立 111

3.12.1 用旋转混合创建半圆导轨零件 111

3.12.2 用旋转混合创建圆导轨 114

3.12.3 用旋转混合创建直线型导轨 114

3.12.4 旋转混合特征小结 114

3.13 任务 19：螺旋扫描特征的建立 115

3.13.1 用拉伸创建六角头 116

3.13.2 用拉伸创建螺杆毛坯 117

3.13.3 用旋转移除创建六角头倒斜角 117

3.13.4 创建六角头与螺杆间的倒圆角 117

3.13.5 创建螺杆毛坯端部倒角 118

3.13.6 用螺旋扫描创建螺纹 118

3.13.7 用旋转混合移除创建螺纹收尾 119

3.13.8 螺旋扫描特征小结 121

小结 123

练习题 124

项目四 三维实体特征的编辑及操作 135

4.1 任务 20：特征的镜像复制 135

　　4.1.1 创建主体特征 135

　　4.1.2 镜像特征 136

4.2 任务 21：相同参考的特征复制 137

4.3 任务 22：新参考的特征复制 139

　　4.3.1 创建主体特征 139

　　4.3.2 使用新参考复制圆柱 139

4.4 任务 23：特征的移动复制 141

　　4.4.1 特征的平移复制 141

　　4.4.2 特征的旋转复制 142

4.5 任务 24：尺寸阵列 143

　　4.5.1 尺寸阵列 143

　　4.5.2 多尺寸驱动阵列 145

　　4.5.3 圆周阵列 146

4.6 任务 25：方向和轴阵列 147

　　4.6.1 方向阵列 147

　　4.6.2 轴阵列 148

4.7 任务 26：填充和曲线阵列 149

　　4.7.1 填充阵列 149

　　4.7.2 曲线阵列 150

4.8 任务 27：表阵列 151

4.9 任务 28：建立零件模型的
　　　　参数关系式 152

　　4.9.1 创建轴承 152

　　4.9.2 建立零件模型参数关系式
　　　　　注意事项 153

4.10 任务 29：特征的修改 154

　　4.10.1 特征的编辑 154

　　4.10.2 特征的编辑定义 155

4.11 任务 30：特征顺序的调整 155

　　4.11.1 特征的插入 155

　　4.11.2 特征的调序 156

4.12 任务 31：特征的基本操作 156

4.12.1 特征的隐含 156

4.12.2 特征的恢复 157

4.12.3 特征的删除 157

4.13 任务 32：特征编辑综合实例 157

小结 161

练习题 162

项目五 曲面特征的建立 167

5.1 任务 33：用拉伸、旋转、扫描、
　　　　混合的方式创建曲面 167

　　5.1.1 用拉伸方式创建曲面 167

　　5.1.2 用旋转方式创建曲面 169

　　5.1.3 用扫描方式创建曲面 170

　　5.1.4 用平行混合的方式创建曲面 171

5.2 任务 34：用螺旋扫描的方式
　　　　创建曲面 172

5.3 任务 35：用扫描混合的方式
　　　　创建曲面 174

5.4 任务 36：用旋转混合的方式
　　　　创建曲面 176

5.5 任务 37：用边界混合的方式
　　　　创建曲面 179

　　5.5.1 三角曲面的创建 179

　　5.5.2 四边曲面的创建 180

5.6 任务 38：曲面特征的编辑 183

　　5.6.1 曲面特征的镜像 183

　　5.6.2 用填充命令创建曲面 184

　　5.6.3 曲面特征的延伸 184

　　5.6.4 曲面特征的投影 186

　　5.6.4 曲面特征的修剪 187

5.7 任务 39：曲面特征的偏移 190

　　5.7.1 用标准偏移创建曲面 190

　　5.7.2 用替换偏移创建曲面 191

5.8 任务 40：曲面特征的加厚 193

5.9 任务 41：曲面特征的合并 194

5.10 任务 42：曲面特征的相交 196

　　5.10.1 曲面相交创建曲线 196

　　5.10.2 曲线相交创建二次投影曲线 197

5.11 任务 43：曲面特征的实体化 199

　　5.11.1 建立新文件 199

　　5.11.2 使用拉伸方式创建曲面 199

　　5.11.3 用面组替换部分曲面 202

小结 202

练习题 202

项目六　装配设计...................................206

　　6.1　任务44：初识装配——滑动轴承

　　　　　组件装配.................................206

　　　　6.1.1　认识装配设计界面.........206

　　　　6.1.2　相关知识.....................209

　　　　6.1.3　装配滑动轴承组件.........212

　　6.2　任务45：装配体的编辑.........216

　　　　6.2.1　在零件图中对零件进行修改......216

　　　　6.2.2　在装配图中修改零件

　　　　　　　尺寸及约束...................217

　　　　6.2.3　在装配图中删除零件.........218

　　　　6.2.4　建立装配体的分解图(爆炸图)...218

　　6.3　任务46：安全阀的装配.........222

　　　　6.3.1　设置工作目录...............223

　　　　6.3.2　装配零件.....................223

　　小结...233

　　练习题.......................................234

项目七　工程图.............................238

　　7.1　任务47：基本视图的生成.........239

　　　　7.1.1　工程图模块的进入.........239

　　　　7.1.2　设置第一角投影...........241

　　　　7.1.3　生成基本视图...............243

　　7.2　任务48：辅助视图和详细

　　　　　视图的生成.........................246

　　　　7.2.1　辅助视图的生成...........246

　　　　7.2.2　详细视图的生成...........249

　　7.3　任务49：各种截面图的生成.........250

　　　　7.3.1　全剖视图.....................250

　　　　7.3.2　半剖视图.....................254

　　　　7.3.3　局部剖视图.................255

　　7.4　任务50：工程图的尺寸标注及

　　　　　工程图的编辑.....................256

　　　　7.4.1　尺寸标注.....................256

　　　　7.4.2　工程图的编辑...............258

　　　　7.4.3　改变视图比例...............259

　　　　7.4.4　显示中心线(轴线).........260

　　　　7.4.5　进一步编辑尺寸...........260

　　　　7.4.6　编辑剖面线.................263

　　7.5　任务51：尺寸公差的标注.........264

　　　　7.5.1　进入工程图模块...........264

　　　　7.5.2　设置第一角投影...........264

　　　　7.5.3　生成工程图.................265

　　　　7.5.4　标注尺寸公差...............267

　　7.6　任务52：形位公差的标注.........268

　　　　7.6.1　建立标注基准...............268

　　　　7.6.2　标注底板顶面的平面度公差......270

　　　　7.6.3　标注顶面对底面的平行度公差......271

　　　　7.6.4　标注 ϕ10 孔轴线对底面的

　　　　　　　垂直度公差...................272

　　7.7　任务53：表面粗糙度的标注、注释及

　　　　　技术要求的建立.................272

　　　　7.7.1　标注底板上表面的表面粗糙度......272

　　　　7.7.2　标注左侧面的表面粗糙度.........275

　　　　7.7.3　标注顶面的表面粗糙度.........276

　　　　7.7.4　标注 ϕ10 孔的表面粗糙度.........276

　　　　7.7.5　标注底面的表面粗糙度.........276

　　　　7.7.6　表面粗糙度符号的修改.........276

　　　　7.7.7　在右上角标注粗糙度符号.........278

　　　　7.7.8　在粗糙度符号前加注文字.........278

　　　　7.7.9　建立用文字说明的技术要求......279

　　7.8　任务54：图幅图框标题栏的

　　　　　创建和调用.........................280

　　　　7.8.1　设置图纸幅面...............281

　　　　7.8.2　绘制图框.....................281

　　　　7.8.3　插入标题栏.................282

　　　　7.8.4　在标题栏中输入文本.........285

　　　　7.8.5　标题栏位置的更改.........286

　　　　7.8.6　图框标题栏的调用.........287

　　7.9　任务55：工程图的数据交换及输出....288

　　　　7.9.1　工程图与模型参数之间的

　　　　　　　数据交换.....................288

　　　　7.9.2　工程图与其他软件之间的

　　　　　　　数据交换.....................288

　　小结...291

练习题 291

项目八　模具设计 295

　8.1　任务 56：单分型面的模具设计 295

　　8.1.1　建立模具模型 296

　　8.1.2　设计浇注系统 301

　　8.1.3　使用阴影法创建分型面 301

　　8.1.4　拆模 302

　　8.1.5　创建模拟注塑件 304

　　8.1.6　开模仿真 305

　　8.1.7　存盘 307

　　8.1.8　文件列表 308

　　8.1.9　使用裙边法创建分型面

　　　　　　(扩展知识) 308

　8.2　任务 57：带侧向分型结构的

　　　　模具设计 309

　　8.2.1　建立模具模型文件 310

　　8.2.2　创建分型面 312

　　8.2.3　拆模 315

　　8.2.4　创建模拟件 318

　　8.2.5　开模 318

　小结 320

　练习题 322

项目九　数控加工 325

　9.1　任务 58：粗加工和精加工 325

　　9.1.1　创建设计模型 326

　　9.1.2　进入 NC 制造用户界面 328

　　9.1.3　制造设置 330

　　9.1.4　粗加工方式的刀具路径加工仿真 ... 332

　　9.1.5　刀具路径的后置处理 332

　　9.1.6　精加工 334

　9.2　任务 59：轮廓加工和孔加工 338

　　9.2.1　创建设计模型 338

　　9.2.2　进入 NC 制造用户界面 341

　　9.2.3　轮廓加工程序设计 341

　　9.2.4　轮廓加工的数控仿真 343

　　9.2.5　刀具路径的后置处理 344

　　9.2.6　花型模零件的 VERICUT 数控

　　　　　　加工仿真 345

　　9.2.7　孔的加工 346

　9.3　任务 60：表面加工及刻模加工 349

　　9.3.1　零件模型分析 349

　　9.3.2　创建设计模型 350

　　9.3.3　进入 NC 制造用户面 351

　　9.3.4　表面加工程序设计 352

　　9.3.5　雕刻加工程序设计 356

　小结 359

　练习题 359

参考文献 362

项目一　Creo 系统的基本操作

◆ 学习目的

Creo 是美国参数技术公司(PTC)推出的一套三维 CAD/CAE/CAM 参数化应用软件系统,它整合了 PTC Pro/ENGINEER 的参数化技术、CoCreate 的直接建模技术和 ProductView 的三维可视化技术,是新型的软件系统。它具有基于特征、单一数据库、参数化设计及全相关性等特点,是一套从设计到加工的自动化软件。

Creo 在拉丁语中是创新的意思。美国 PTC 于 2011 年 10 月推出了 Creo 系统,它有 Creo 1.0、Creo 2.0、Creo 3.0 等多个版本,本书以 Creo 3.0 为基础进行介绍。

本项目主要介绍 Creo 3.0 的安装、启动、初始界面、退出以及文件操作和输入操作等内容。通过本章学习,读者对该软件的基本知识应有一定的了解,为后续学习奠定基础。

◆ 学习要点

(1) 启动。启动 Creo 软件后,进入初始界面,在该界面下用户才能进行有关的操作。

(2) 初始界面。初始界面即环境界面,用户应该熟悉该界面的内容以及相关的操作。

(3) 文件操作。文件操作是 CAD/CAM 软件操作不可缺少的内容,正确地进行文件操作才能在 Creo 3.0 的不同模块中进行相应的设计工作,也才能有效地保存设计结果,提高设计效率。

1.1　任务 1:Creo 3.0 的安装、启动、初始界面及退出

1.1.1　Creo 3.0 的安装

Creo 3.0 安装软件分为 32 位版和 64 位版两种,其文件图标如图 1-1 所示。如果计算机系统是 32 位的就用第二个文件进行安装,如果是 64 位的就用第三个文件进行安装,第一个文件是共用的破解文件。

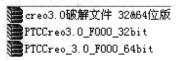

图 1-1　安装文件图标

下面以 32 位计算机系统的安装为例进行介绍,64 位计算机系统的安装过程与 32 位计算机系统的基本相同。

安装步骤如下。

1. 拷贝及解压缩文件

(1) 将压缩包 PTCCreo 3.0_F000_32bit 拷贝到计算机的某个盘符，如拷贝到 D:\下。

(2) 鼠标右击该压缩包，弹出如图 1-2 所示的右键快捷菜单，在其中选择【解压到当前文件夹】命令，解压后得到如图 1-3 所示的压缩包。

(3) 鼠标右击图 1-3 中的 PTC_Creo_3.0_F000_Win32 压缩包，在如图 1-2 所示的快捷菜单中选择【解压到 PTCCreo3.0_F000_32bit\(E)】命令，解压后得到如图 1-4 所示的文件夹。

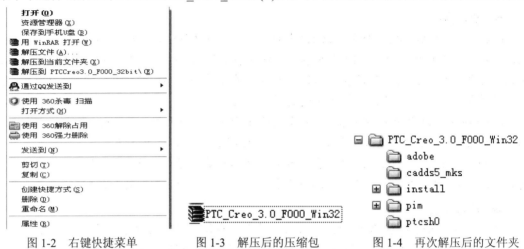

図 1-2　右键快捷菜单　　　　图 1-3　解压后的压缩包　　　　图 1-4　再次解压后的文件夹

2. 查找计算机的 IP 地址

(1) 单击计算机屏幕左下角的【开始】命令，在上拉菜单中选择【运行】命令，系统弹出如图 1-5 所示的运行对话框。

(2) 在运行对话框中输入【cmd】命令，然后单击【确定】按钮，系统又弹出如图 1-6 所示的 cmd 窗口。

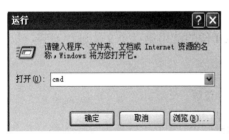

图 1-5　运行对话框　　　　　　　　　图 1-6　cmd 窗口

(3) 在 cmd 窗口中输入【ipconfig /all】命令，然后按 Enter 键，在如图 1-6 所示的 cmd 窗口中得到该计算机的物理地址，如 00-1A-6B-4A-EA-AB(每台计算器的物理地址都不同)，记录下该 IP 地址。

3. 替换破解文件

(1) 如同步骤 1 那样将压缩的破解文件夹"creo3.0 破解文件 32&64 位版"拷贝并解压缩到某个盘符下，如 D:\下。再如同步骤 1 那样解压缩，得到两个破解文件，如图 1-7 所示。

图 1-7　得到的破解文件

(2) 右击 CREO3.0 破解文件夹中的"ptc_licfile.dat"文件，在弹出的快捷菜单中选择【打开方式→记事本】命令，用记事本打开"ptc_licfile.dat"文件，如图 1-8 所示。

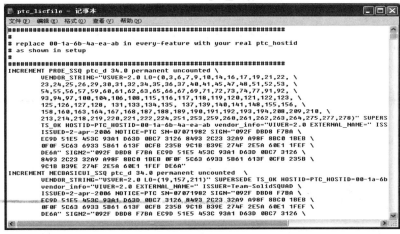

图 1-8　用记事本打开"ptc_licfile.dat"文件

(3) 单击【编辑】下拉菜单中的【替换】命令，系统又弹出如图 1-9 所示的替换对话框。

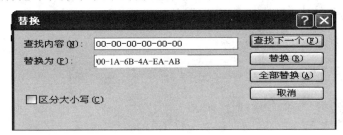

图 1-9　替换对话框

(4) 在替换对话框中，查找内容为"00-00-00-00-00-00"，替换内容为该机的 IP 地址

"00-1A-6B-4A-EA-AB", 单击对话框中的【全部替换】命令, 替换完成。

(5) 单击【文件】下拉菜单中的【保存】命令, 进行保存。

4. 安装 Creo 3.0

(1) 单击图 1-4 中的 PTC_Creo_3.0_F000_Win32 文件夹, 弹出如图 1-10 所示的 Win32 界面。

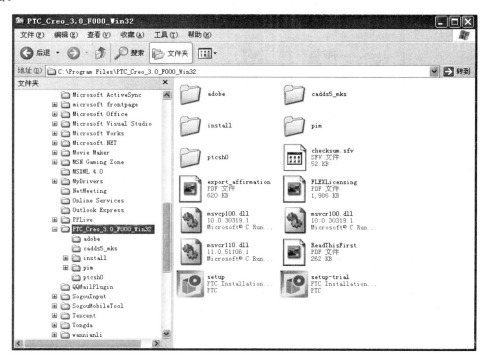

图 1-10　Win32 界面

(2) 在界面中双击 "setup" 图标, 弹出如图 1-11 所示的 PTC 安装助手界面。

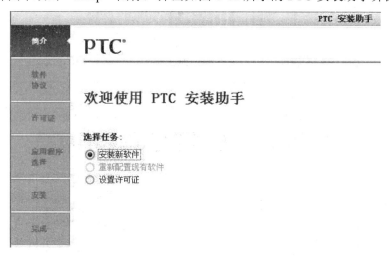

图 1-11　PTC 安装助手界面

(3) 在 PTC 安装助手界面选择【安装新软件】选项, 弹出如图 1-12 所示的软件许可协议对话框。

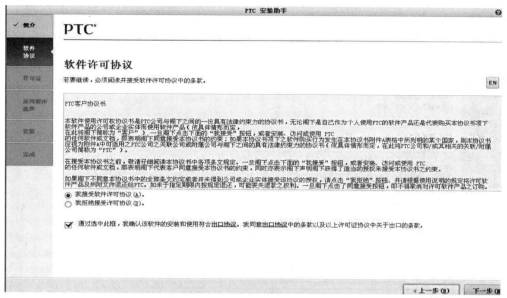

图 1-12　软件许可协议对话框

（4）在软件许可协议对话框中选择【我接受软件许可协议】选项，并勾选【通过选中此框…】选项，再单击【下一步】按钮，弹出如图 1-13 所示的许可证标识对话框。

图 1-13　许可证标识对话框 1

（5）将更改好的 D:\creo3.0 破解文件 32&64 位版\CREO3.0 破解文件 "ptc_licfile.dat" 直接拖动到许可证标识对话框的【源】区域下的文本框中，如图 1-14 所示，再单击【下一步】按钮，弹出如图 1-15 所示的选择安装路径对话框。

图 1-14　许可证标识对话框 2

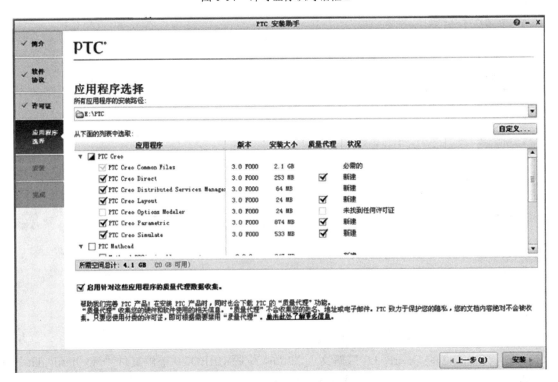

图 1-15　选择安装路径对话框

(6) 在选择安装路径对话框中将安装路径更改为"E:\PTC"(应用程序的安装路径可以

用系统默认的路径，用户可以根据需要进行自定义)，然后单击右上角的【自定义】按钮，弹出如图 1-16 所示的自定义设置对话框。在该对话框中，用户可以选择安装的语言以及不同的模块，此处选择模具模块，然后单击【确定】按钮。

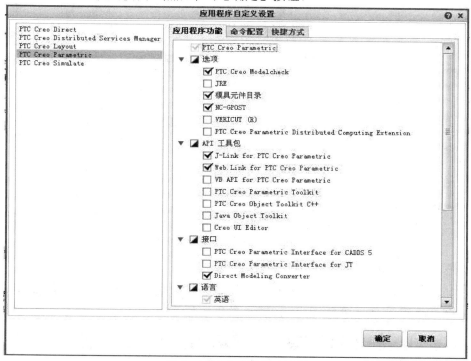

图 1-16　自定义设置对话框

(7) 系统返回到如图 1-15 所示的选择安装路径对话框，单击右下角的【安装】按钮，弹出如图 1-17 所示的应用程序安装对话框。此时系统进行软件的安装，并且在【进程】区域下的进度条中显示出各部分的安装进程。

图 1-17　应用程序安装对话框 1

(8) 等待大约 10 分钟后，安装完成，显示如图 1-18 所示。单击右下角的【完成】按钮，退出安装，系统在桌面上创建了多个快捷图标。

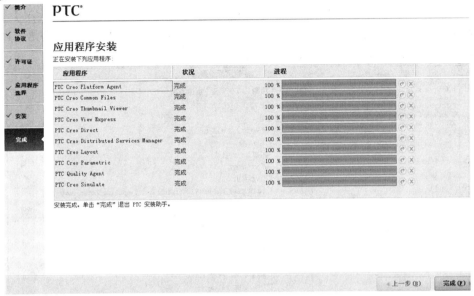

图 1-18 应用程序安装对话框 2

5. 进行文件破解

(1) 双击 D:\Creo 3.0 破解文件 32&64 位版\CREO3.0 破解文件文件夹中的 "PTC_Creo_Patcher_SSQ.exe" 文件，弹出如图 1-19 所示的破解对话框。

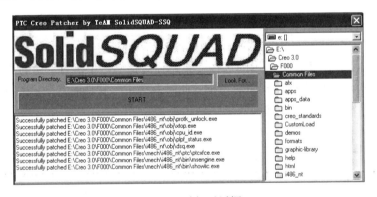

图 1-19 破解对话框

(2) 单击破解对话框中的【Look For…】按钮，选择软件安装目录为 E:\Creo 3.0\F000\Common Files，再单击【START】按钮，进行破解。

(3) 等待一会儿，弹出如图 1-20 所示的破解成功对话框，提示 "All files seem to be patched. Enjoy!"，即破解成功，单击【确定】按钮，并关闭破解对话框。

图 1-20 破解成功对话框

（4）双击桌面上的快捷图标"PTC Creo Parametric 3.0 F000"，即可进入软件。

1.1.2 Creo 3.0 的启动

启动 Creo 3.0 软件有以下三种方法：

（1）双击桌面上的 Creo 3.0 快捷图标 📟，等待一会儿，系统即进入 Creo 3.0 的初始界面，如图 1-21 所示。

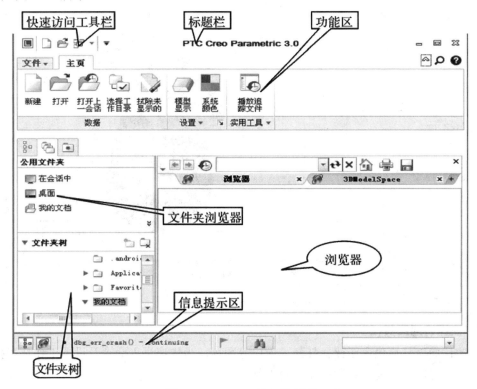

图 1-21 Creo 3.0 的初始界面

（2）单击【开始】→【程序】→【PTC Creo】→【PTC Creo Parametric 3.0 F000】命令即可进入。

（3）找到 Creo 3.0 的安装路径 E:\Creo 3.0\F000\Parametric\bin，双击其下的 📟 parametric 命令即可进入。

1.1.3 Creo 3.0 的初始界面

启动 Creo 3.0 程序后就进入了 Creo 3.0 的初始界面，如图 1-21 所示。该界面分为快速访问工具栏、标题栏、功能区、信息提示区、文件夹浏览器、文件夹树、浏览器区等区域。

进入 Creo 3.0 不同模块后的界面有所不同，图 1-22 为进入零件模块后的界面，分为快速访问工具栏、标题栏、功能区、信息提示区、模型树区、视图控制工具栏、选择过滤器、设计区等区域。

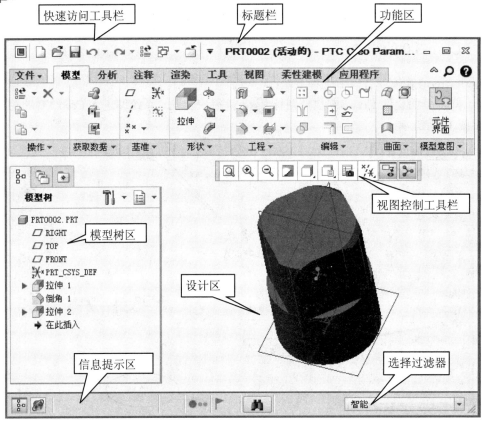

图 1-22　Creo 3.0 的零件界面

1. 快速访问工具栏

快速访问工具栏包含新建、打开、窗口等图标，为快速进入命令及设置工作环境提供方便。用户可以根据需要订制快速访问工具栏。

2. 标题栏

标题栏显示了当前软件的版本以及活动模型的文件名称。

3. 功能区

功能区包含了【文件】下拉菜单和 8 个选项卡。各个选项卡有不同的标签，不同标签下的内容不同，分为多个子工具栏。各个子工具栏是将常用的命令以图标的形式显示出来，并进行分类组成不同的工具栏，多个工具栏放在一个选项卡下。

4. 视图控制工具栏

视图控制工具栏是将【视图】功能选项卡中常用的图标命令放在一个工具栏中，以便调用。

5. 设计区

设计区就是进行绘图和设计用的区域，用户的操作在设计区以三维模型的形式显示出来。

6. 选择过滤器

选择过滤器用于快速选取某种需要的元素(如特征、基准、几何等)。

7. 信息提示区

在操作过程中，信息提示区会实时地显示出与当前操作有关的提示信息，引导用户的操作，是人机对话的一个窗口。信息提示区上方有一条可见的边线，将其向上、下移动，可以增加、减少显示信息的行数。

8. 模型树区

模型树中列出了当前活动文件的所有零件或特征，并以"树"的形式显示其结构。根对象显示在模型树的顶部，其从属对象显示在根对象之下。

1.1.4 Creo 3.0 的退出

完成了设计工作后，可以通过以下两种方法退出 Creo 3.0 界面。

(1) 选择【文件】主菜单中的【退出】命令。

(2) 单击 Creo 3.0 系统窗口右上角的【关闭】图标 ✕。

退出时系统均弹出如图 1-23 所示的确认对话框，若单击【是】按钮，则退出系统；若单击【否】按钮，则返回系统。

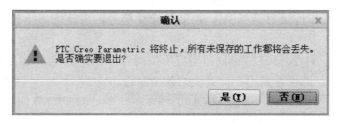

图 1-23　确认对话框

1.2 任务 2：文件操作和输入操作

1.2.1 选择工作目录

在设计过程中经常需要及时地将图形文件保存在当前目录中，也经常需要从当前目录中打开已经保存的图形文件，【选择工作目录】命令就具有这样的功能。为了更好地管理图形文件，提高设计效率，就要掌握【选择工作目录】命令的使用。

选择工作目录的操作步骤如下：

(1) 打开资源管理器，在 D:\ 下新建一个文件夹 LX1。

(2) 单击如图 1-21 所示的【选择工作目录】图标 ，或者单击主菜单中的【文件】→【管理会话】→【选择工作目录】命令，系统弹出选择工作目录对话框，如图 1-24 所示。

❖ 注意：该工作目录为安装 Creo 3.0 时建立的目录，默认安装是在 C:\Documents and Settings\All Users\Documents 下。如果不做改变，则保存图形文件或者打开图形文件均在此目录(路径)下。这样，保存图形文件或打开图形文件很不方便。因此，通常将工作目录设置到用户需要的路径和文件夹中。

图 1-24　选择工作目录对话框

(3) 单击选择工作目录对话框中(C)：前的 <u>«</u> 符号，系统弹出下拉项目，如图 1-25 所示。

(4) 单击其中的 r1-20150123jnbk(即用户所用的计算机)，系统弹出盘符的下拉项目，界面如图 1-26 所示，即可看到用户计算机的各个盘符。

图 1-25　下拉项目　　　　　　　　　　图 1-26　下拉的盘符

(5) 选择欲改变的盘符及文件夹(例如改为 D:\LX1)后单击对话框中的【确定】按钮，则将工作目录改变到 D:\LX1 下，以后保存图形文件或者打开图形文件均在此目录(路径)下。

❖ 注意：设置工作目录的作用是便于在当前的目录下保存绘制的图形，或者打开已经保存的图形。

1.2.2　文件操作

1. 新建图形文件

(1) 单击左上角快速访问工具栏中的【新建】图标 📄，或者选择【文件】主菜单中的【新建】命令，系统弹出新建对话框，如图 1-27 所示。

(2) 在新建对话框中选择不同的类型，系统默认选择的是【零件】类型。

(3) 在【名称】文本框中输入零件名称(如 T1-1)，单击【确定】按钮，即进入零件设计界面，如图 1-28 所示。在该模式下即可进行零件的三维设计。

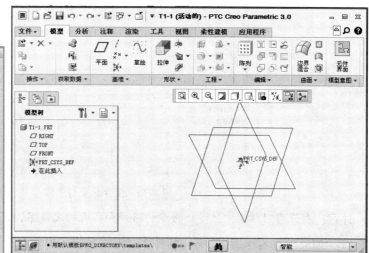

图 1-27　新建对话框　　　　　　　　图 1-28　零件设计界面

2. 打开图形文件

(1) 单击快速访问工具栏中的【打开】图标 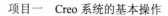，或者选择主菜单中的【文件】→【打开】命令，系统弹出文件打开对话框，如图 1-29 所示。

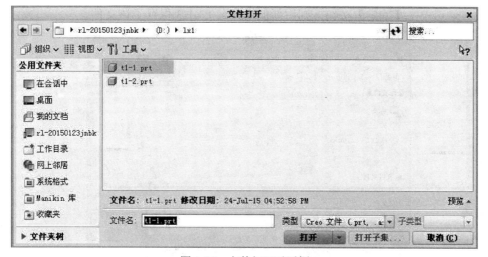

图 1-29　文件打开对话框

(2) 在该对话框中选择不同目录下的文件(如 D:\lx1\t1-1.prt，假定在此目录下已保存了一个 T1-1 的图形文件)，然后单击【打开】按钮，即可打开该文件。

3. 保存图形文件

(1) 单击快速访问工具栏中的【保存】图标 ，或者选择【文件】→【保存】命令，系统弹出保存对象对话框，如图 1-30 所示。

(2) 单击该对话框中的【确定】按钮，即用原名保存了该文件。

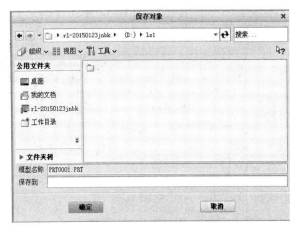

图 1-30　保存对象对话框

❖ **注意**：在保存对话框中显示出存盘的路径和已有的文件名，可以进行以下不同的保存。

①　如果没有选择工作目录，这种保存方法是将图形保存在当前工作目录下，一般是保存在安装时默认的文件夹 Documents 下；如果选择了工作目录，则保存在选择的文件夹下。

②　也可在【保存到】文本框中对路径进行更改，如输入 D:\LX，则将该文件保存到 D:\LX 文件夹下。

③　若想将文件另外起名并保存，可选择【文件】→【另存为】→【保存副本】命令，系统弹出保存副本对话框，如图 1-31 所示。在【文件名】文本框中输入新的文件名(如 LX1-3)，然后单击【确定】按钮，则用新的文件名 LX1-3 保存了该文件。

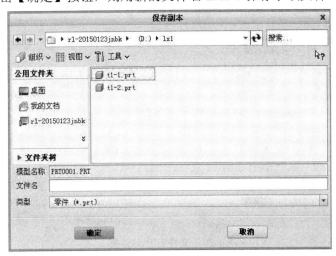

图 1-31　保存副本对话框

❖ **注意**：

①　Creo 3.0 中的【保存】命令与其他软件有所不同。系统每进行一次保存，不是用新文件覆盖原文件，而是新增加一个文件，通过在文件名尾部添加数字序号加以区分，如 t1-7.prt.1、t1-7.prt.2 和 t1-7.prt.3 等。数字越大，版本越新。

②　要搞清【保存】命令与【保存副本】命令的区别。

4．拭除内存文件

(1) 单击主菜单中的【文件】→【管理会话】命令，系统弹出如图 1-32 所示的管理会话命令选项列表。

图 1-32 管理会话命令选项列表

(2) 单击【拭除当前】命令，系统弹出如图 1-33 所示的拭除确认对话框。单击【是】按钮，则从内存清除当前图形文件；单击【否】按钮，则返回系统。

(3) 在如图 1-32 所示的管理会话命令选项列表中单击【拭除未显示的】命令，系统弹出如图 1-34 所示的拭除未显示的对话框，在对话框的列表中显示出移除的文件名。单击【确定】按钮，则从内存清除未显示的图形文件；单击【取消】按钮，则返回系统。

图 1-33 拭除确认对话框

图 1-34 拭除未显示的对话框

❖ 注意：选择【拭除】命令用以清除内存文件，可以提高计算机的运行速度。对多次打开图形，或者进行装配操作的文件，这点尤为重要。

5．删除文件

(1) 单击【文件】→【管理文件】命令，系统弹出如图 1-35 所示的管理文件命令选项列表。

图 1-35　管理文件命令选项列表

（2）单击【删除旧版本】命令，系统弹出如图 1-36 所示的删除旧版本对话框，询问是否要删除文件的所有旧版本。单击【是】按钮，则删除文件的所有旧版本；单击【否】按钮，则返回系统。

图 1-36　删除旧版本对话框

（3）在如图 1-35 所示的管理文件命令选项列表中单击【删除所有版本】命令，系统弹出如图 1-37 所示的【删除所有确认】对话框。单击【是】按钮，则删除所有版本，包括当前图形文件；单击【否】按钮，则返回系统。

图 1-37　删除所有确认对话框

❖ 注意：
① 选择【删除所有版本】命令将从硬盘上删除文件，因此，使用该命令时一定要慎重。
② 注意拭除与删除操作的区别。

6. 关闭窗口

图形文件绘制好后，应及时进行保存，然后关闭窗口，以免出现多个窗口时的误操作。

单击快速访问工具栏中的【关闭】图标 📄，或者选择【文件】→【关闭】命令，即可关闭当前窗口。

❖ 注意：虽然窗口已关闭，但文件的数据仍然保留在内存中。

1.2.3 输入操作

Creo 3.0 的操作过程是以鼠标操作为主，键盘配合进行有关的输入操作。键盘主要用于数据和文本的输入，键盘上的一些键与鼠标组合会起到不同的作用。

鼠标三个键的功能如下：

(1) 左键：用于选择特征、图元、图标按钮、菜单命令，确定绘制图元的起点与终点、文字、注释等的位置，执行命令等操作。

(2) 中键(滚轮)：中键的用途较多，归纳为以下四个方面。

① 单击中键：表示结束或者完成某个命令或操作，与菜单、对话框、控制面板中的【完成】、【确定】、✔ 按钮或命令的功能相同。

② 转动中键：可以放大或缩小工作区的图形或模型。

③ 按住中键并移动：可以旋转工作区的图形或模型。

④ 按住 Shift 键 + 中键并移动：可以移动工作区的模型。

(3) 右键：用于弹出快捷菜单等操作。

小 结

本项目介绍了 Creo 3.0 的安装、启动、初始界面、退出以及文件操作和输入操作等内容。选择工作目录是重点，应掌握其操作方法和过程，通过操作理解相关概念，能够正确地进行工作目录的设置，以便在需要的目录下保存绘制的图形，或者打开已经保存的图形；要分清拭除与删除的区别，保存文件与其他软件的不同之处；鼠标是主要的操作工具，应掌握鼠标三键的分工。有些操作需要键盘与鼠标的配合使用。

通过本项目的学习，读者对讲述的内容应有一定的认识，灵活地使用这些命令和工具，可以提高作图效率，为后续学习奠定基础。

练 习 题

1. 启动 Creo 3.0 系统有几种方法？应如何进行操作？

2. Creo 3.0 系统的初始界面主要分为哪几个区域？

3. 如何将当前工作目录设置为 D:\EX？

4. 试列出进入零件模块的操作过程。

5. 若已经绘制好了一个默认的图形文件，试列出将其保存在 D:\LX1\下的操作过程。

6. 试列出打开 D:\LX1\T1-3.prt 的操作过程。

7. 拭除内存有什么作用？试列出拭除未显示的内存的操作过程。

8. 退出 Creo 3.0 系统有几种方法？应如何进行操作？

9. 鼠标各个键的功能分别是什么？

项目二　草图设计及基准特征的建立

◆ 学习目的

在 Creo 3.0 系统的草绘界面中，用线、矩形、圆、圆弧等基本绘图命令绘制和编辑的二维图形称为草图，也称为截面草图。它采用参数化设计技术，也称为参数化草图，是实体建模的基础。

基准特征包含基准平面、基准轴、基准曲线、基准点和基准坐标系等，用于辅助建立实体特征或曲面特征。在装配图和工程图的创建中也经常用到基准特征。

本项目介绍绘制草图、编辑草图和标注尺寸、使用几何约束、建立基准特征的方法和步骤。通过学习，使读者熟悉各种草绘命令以及草绘工具，掌握草图的设计方法，为零件设计奠定基础。

◆ 学习要点

(1) 草绘模式。草绘模式是 Creo 3.0 系统常用的基本模式之一，应掌握进入该模式的操作步骤及工作界面。

(2) 绘制几何图元。通过几何图元的绘制，了解参数化草图绘制的基本步骤，熟悉草绘器中的各个图标按钮以及有关命令。

(3) 编辑草图。掌握草绘模式下的编辑命令和使用方法，可以更好地构建草图，减少重复操作，提高设计效率。

(4) 尺寸标注。尺寸标注分两种情况：① 系统自动标注尺寸。② 人工标注尺寸。

Creo 3.0 系统是一种全约束系统，在绘图过程中系统会自动标注尺寸，但它是对设计意图的一种揣测，往往有一些尺寸标注不符合要求或不理想。因此，需要人工标注尺寸加以补充，以取得满意的效果。

(5) 几何约束。通过几何约束控制几何图元之间的定位方向(如水平、竖直等)和相互关系(如平行、垂直、相切、中点、对称、等长等)是编辑和修改草图的一种极好的方法。应掌握各种几何约束的使用方法以及绘图技巧，提高绘图的准确性和设计效率。

(6) 基准特征。基准特征是零件建模中的参考特征，是进行三维设计必不可少的工具，应掌握各种基准特征的建立方法以及操作过程。

2.1　任务 3：基本几何图元的绘制及编辑

2.1.1　进入草绘模式

(1) 启动 Creo 3.0，进入 Creo 3.0 的初始界面。

(2) 单击【新建】图标 ▯ ，或者选择【文件】下拉菜单的【新建】命令，系统弹出新建对话框，如图 2-1 所示。

图 2-1 新建对话框

(3) 在【类型】选项组中单击【草绘】单选按钮，在【名称】文本框中输入文件名(如 t2-1，系统默认的文件名为 s2d0001)，然后单击【确定】按钮，进入草绘模式，如图 2-2 所示。

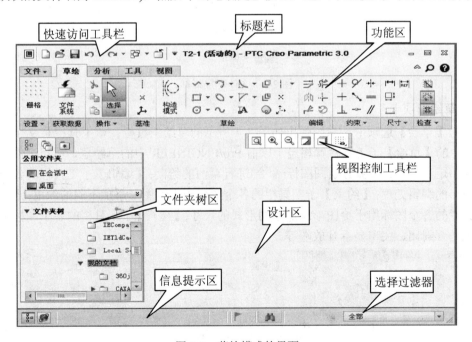

图 2-2 草绘模式的界面

2.1.2 草绘界面介绍

草绘界面分为快速访问工具栏、标题栏、功能区、文件夹树区、设计区、视图控制工具栏、信息提示区、选择过滤器等区域。

功能区有 1 个【文件】下拉菜单和 4 个选项卡，这 4 个选项卡分别为：草绘、分析、工具、视图。不同选项卡下的内容不同，下面分别进行介绍。

1. 文件下拉菜单

单击【文件】菜单，系统弹出如图 2-3 所示的下拉菜单，它是操作的主菜单，使用该菜单的命令可以进行有关的操作。

图 2-3　文件下拉菜单

2. 草绘选项卡

单击【草绘】选项卡，系统弹出如图 2-4 所示的草绘工具栏，该工具栏有 9 个子工具栏。其中的【草绘】子工具栏就相当于以前 Pro/ENGINEER 中的草绘器，用户可使用其中的画线、矩形、圆、圆弧等绘图图标(命令)进行草图的绘制；【编辑】子工具栏的各个图标用于图形的编辑处理；【约束】子工具栏的各个图标用于给图形添加不同的约束；【尺寸】子工具栏的各个图标用于给图形添加不同形式的尺寸；【检查】子工具栏的各个图标用于检查图形是否封闭、突出显示开放端等。

图 2-4　草绘工具栏

用户可以选用这些图标命令进行草图的绘制、编辑、检查，以达到需要的设计效果。

3. 分析选项卡

单击【分析】选项卡，系统弹出如图 2-5 所示的分析工具栏，其中的图标命令用于测量图形的距离、长度、面积等；检查图形的交点、切点、是否封闭等。

图 2-5 分析工具栏

4. 工具选项卡

单击【工具】选项卡，系统弹出如图 2-6 所示的工具工具栏，其中的图标命令主要用于建立图形之间的关系、切换尺寸、查看消息日志、文件历史记录等。

图 2-6 工具工具栏

5. 视图

单击【视图】选项卡，系统弹出如图 2-7 所示的视图工具栏，其中的图标命令主要用于对图形进行缩放、显示、重画、激活、关闭处理。

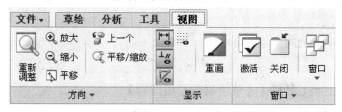

图 2-7 视图工具栏

2.1.3 绘制基本几何图元

1. 绘制矩形

(1) 单击草绘子工具栏中的【拐角矩形】图标 ▢。

(2) 在设计区中的适当位置单击，以确定矩形对角线的起点。

(3) 向右下角移动鼠标指针至适当位置再单击，以确定矩形对角线的终点，即绘制出矩形，如图 2-8 所示。

(4) 单击中键结束矩形的绘制。

绘制出矩形后，系统会自动标注出矩形的长、宽尺寸，并给出水平(H)、竖直(V)约束。但这样看起来就不够清晰，用户可以将尺寸和约束隐藏起来。

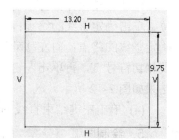

图 2-8 绘制矩形

2. 隐藏尺寸和约束

(1) 单击视图控制工具栏中【草绘器显示过滤器】图标 ⸬，系统弹出如图 2-9 所示的下拉菜单。

(2) 在下拉菜单中取消勾选【显示尺寸】和【显示约束】命令，即不显示尺寸和约束，图形的显示结果如图 2-10 所示。

图 2-9　草绘器显示过滤器下拉菜单　　　　　图 2-10　去掉尺寸和约束

💡 **技巧**：此操作是为了在图形上去掉尺寸和约束，使得图形更加清晰。在绘制基本几何图元时，只要相互间位置正确就可以了，不必在意具体尺寸大小，最终尺寸可以很方便地进行修改。

3. 绘制圆

(1) 单击草绘子工具栏中的【圆】图标 ⊙ 圆。

(2) 在矩形内偏左侧位置单击确定圆心。

(3) 移动鼠标指针再单击确定半径，即绘制出一个圆，如图 2-11 所示。

(4) 单击中键结束圆的绘制。

4. 绘制直线

(1) 单击视图控制工具栏中【草绘器显示过滤器】图标 ▦，在弹出的如图 2-9 所示的下拉菜单中勾选【显示约束】命令，即显示约束。

(2) 单击草绘工具栏中的【线】图标 ╲ 线。

(3) 在所绘圆的顶部单击左键确定水平线的起点，向右移动鼠标指针出现相切约束符号 T，在合适位置单击确定直线的终点；向下移动鼠标指针再单击，确定竖线的终点；向左移动鼠标指针至圆的底部，出现相切符号 T，再单击左键确定底部水平线的终点，结果如图 2-12 所示。

(4) 单击中键结束直线的绘制。

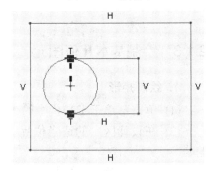

图 2-11　绘制圆

图 2-12　绘制直线

5. 绘制圆弧

(1) 单击视图控制工具栏中【草绘器显示过滤器】图标 ▦，在弹出的如图 2-9 所示的下拉菜单中取消勾选【显示约束】命令，即不显示约束。

(2) 单击【圆弧】图标 ⌒ 弧。

(3) 在如图 2-12 所示中间竖线的顶端单击，确定圆弧的起点；移动鼠标指针至其底端再单击，确定圆弧的终点；然后移动鼠标指针，出现动态拖曳的圆弧，使圆弧的圆心位于竖线中点位置再单击，确定圆弧的圆心点，即绘制出圆弧，如图 2-13 所示。

(4) 单击中键结束圆弧的绘制。

6．绘制圆角

(1) 单击【圆角】图标![圆角]。

(2) 在图中矩形左上角的横、竖两条线上分别单击，即将矩形左上角倒圆角。

(3) 同理可绘出其他 3 个圆角，结果如图 2-14 所示。

(4) 单击中键结束圆角的绘制。

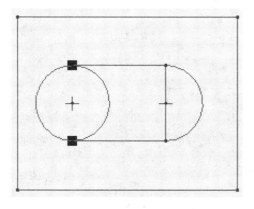

图 2-13　绘制圆弧

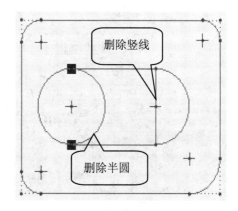

图 2-14　绘制圆角

2.1.4　编辑图形

(1) 单击编辑子工具栏中的【修剪】图标![修剪]。

(2) 选择如图 2-14 所示整圆的右半部，则右半圆被删除。

(3) 再选择图中的竖线，则竖线被删除，结果如图 2-15 所示。

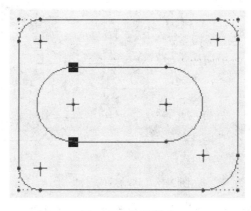

图 2-15　编辑图形

2.1.5　编辑尺寸

(1) 单击视图控制工具栏中【草绘器显示过滤器】图标![图标]，在弹出的如图 2-9 所示的下拉菜单中勾选【显示尺寸】命令，即显示尺寸。

(2) 选择所有图形及尺寸，单击【修改尺寸】图标 ，系统弹出修改尺寸对话框，如图 2-16 所示。

(3) 选择总长尺寸，输入尺寸值 12，按回车键。

(4) 选择总宽尺寸，输入尺寸值 10，按回车键。

(5) 选择左上角的圆角半径尺寸，输入 2，回车。

(6) 其他尺寸按如图 2-17 所示尺寸值进行修改，然后单击对话框中的【确认】按钮，结果如图 2-17 所示。

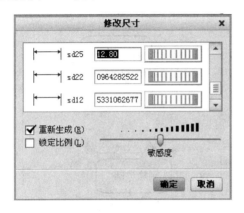

图 2-16　修改尺寸对话框

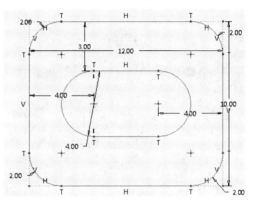

图 2-17　修改后的尺寸

(7) 单击草绘工具栏中的【选择】图标 ，选择总长尺寸 12，按住鼠标左键将其拖至图形上方，如图 2-18 所示；用同样方法将其他尺寸移至如图 2-18 所示的位置。

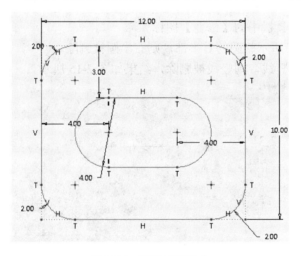

图 2-18　移动后的尺寸

❖ **注意**：移动尺寸位置的方法：选择要移动的尺寸数字，按住鼠标左键不放将其拖至恰当的位置再松开鼠标左键即可。

2.1.6　添加约束

(1) 单击约束子工具栏中的【相等】图标 ，选择图中左上角圆角，再单击右上角圆角，系统弹出解决草绘对话框，如图 2-19 所示。

（2）单击对话框中的【删除】按钮，则图中右上角圆角的尺寸数值 2.00 去掉，增加了约束 R_1。

（3）用同样方法，可以去掉另外 2 个圆角的半径值 2.00，结果如图 2-20 所示。

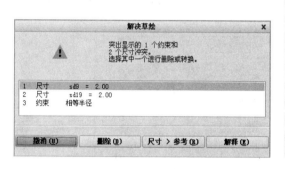

图 2-19 解决草绘对话框

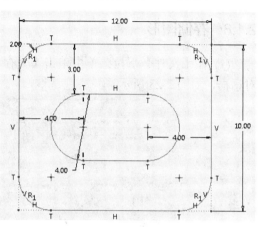

图 2-20 添加约束后的尺寸

2.1.7 添加几何图元

此处在原图中添加四个圆。

（1）单击视图控制工具栏中【草绘器显示过滤器】图标 ，在弹出的下拉菜单中取消勾选【显示约束】命令，即不显示约束。

（2）单击草绘中的【圆】图标 圆。

（3）在左上角 R_1 圆角的圆心处单击确定圆心，移动鼠标指针再单击确定半径，即绘制出一个圆，单击中键结束圆的绘制。

（4）双击圆的尺寸，将其数值修改为 2.00，如图 2-21 所示。

（5）单击基准子工具栏中的【中心线】图标 中心线 ，在图中的左右、上下对称位置绘制 2 条中心线，如图 2-21 所示。

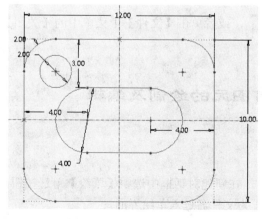

图 2-21 绘制圆和中心线

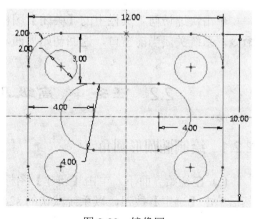

图 2-22 镜像圆

Creo 3.0项目化教学任务教程

(6) 选择刚绘出的圆，单击编辑子工具栏中的【镜像】图标 **镜像**，选择竖中心线，则将左边的圆镜像到右边。

(7) 按住 Ctrl 键，选择上边的 2 个圆，再单击编辑子工具栏中的【镜像】图标 **镜像**，选择水平中心线，则将上边的两个圆镜像到下边，如图 2-22 所示，共添加 4 个圆。

2.1.8　存储图形

(1) 在【文件】下拉菜单中单击【另存为】→【保存副本】命令，系统弹出保存副本对话框，如图 2-23 所示。

图 2-23　保存副本对话框

(2) 在【文件名】文本框中输入新的文件名(T2-22)，然后单击【确定】按钮，则用新的文件名保存该文件。

❖ 注意：读者要养成及时保存图形的好习惯，以便保存自己的劳动成果，这一点后边不再提及。

2.1.9　关闭当前工作窗口

单击快速访问工具栏中的【关闭】图标 ，或者单击【文件】主菜单中的【关闭】命令，系统关闭当前窗口，返回初始界面。

2.2　任务 4：高级几何图元的绘制及编辑

2.2.1　绘制椭圆形圆角

(1) 在初始界面下，单击【新建】图标 ，在新建对话框中选中【草绘】单选按钮，然后单击【确定】按钮，以系统默认的 s2d0001 为文件名进入草绘界面。

❖ 注意：也可在【名称】文本框中输入文件名，这两种方法由用户自己决定。

(2) 单击草绘子工具栏中的【拐角矩形】图标 ▢ ，在设计区中的适当位置单击，以确定矩形对角线的起点，移动鼠标指针至适当位置再单击，以确定矩形对角线的终点，即绘制出矩形，分别双击长、宽尺寸，将其编辑成 10 和 8，如图 2-24 所示。

(3) 单击草绘子工具栏中的【圆角】图标 ⟍ 圆角 ▾ 后的箭头，在下拉列表中选择【椭圆形】图标 ⟍ 椭圆形 。

(4) 单击矩形左上角两条边线，绘制出椭圆形圆角，如图 2-25 所示。用同样方法绘制出右下角的椭圆形圆角。

该命令是在两个实体边线之间生成与之相切的椭圆形圆角。随着在两条边线上选择位置的不同，椭圆形圆角的大小也不同。

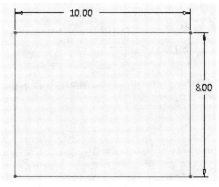

图 2-24 绘制矩形

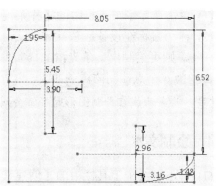

图 2-25 椭圆形圆角

2.2.2 绘制坐标系

(1) 单击草绘子工具栏中的【坐标系】图标 ↨ 坐标系 。

(2) 在设计区的某个位置(如在矩形的左下角点)单击鼠标左键，即在该位置绘制出一个坐标系，如图 2-26 所示。

删除坐标系：用鼠标左键选择坐标系，再单击鼠标右键，系统弹出一个右键快捷菜单，如图 2-27 所示。选择其中的【删除】命令，即可删除坐标系。

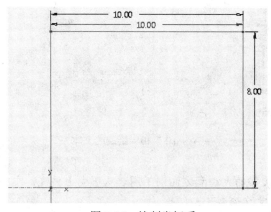

图 2-26 绘制坐标系

图 2-27 右键快捷菜单

❖ 注意：这种右键快捷菜单会经常用到，根据选择项目的不同，菜单的内容也会不同。

删除图形：单击编辑子工具栏中的【删除段】图标 ⚡删除段 ，按住鼠标左键在图形的线条上移动，指针经过的线段即被删除。

❖ 注意：这种删除方法在编辑图形时经常会用到。

若【选择】图标 ⬉ 处于按下状态时，用矩形框选图形，再单击鼠标右键，在系统弹出的右键快捷菜单中选择【删除】命令(或单击键盘中的 Delete 键)，即可删除所有图形。这种方法适用于被删除的图元较多的情况。

2.2.3 绘制样条曲线

(1) 单击草绘子工具栏中的【样条线】图标 ∿样条 。

(2) 移动鼠标在设计区依次单击若干个点，然后单击鼠标中键，则可绘制出一条光滑的样条曲线，如图 2-28 所示，图中为 6 个点控制的样条曲线。

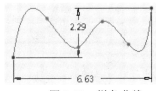

图 2-28　样条曲线

❖ 注意：样条曲线在绘制图形时经常会用到。

2.2.4 绘制文本

(1) 单击草绘子工具栏中的【创建文本】图标 𝗔文本 。

(2) 根据信息区的提示，在绘图区从下向上选择两点，作为行的第一点和第二点，用以确定文本的高度和方向。系统弹出文本对话框，如图 2-29 所示。

(3) 在文本框中输入文字"CREO3.0"，单击【确定】按钮。该文本根据选择两点的高度自动在矩形内填满，如图 2-30 所示。用同样方法，绘制出"努力学习"文本。

图 2-29　文本对话框

图 2-30　绘制的文本

❖ 注意：

① 行的第一点和第二点的位置不同，文字的大小和方向则不同。从下向上画线，文字字头向上；反之，文字字头向下；倾斜画线，文字倾斜。

② 线的长度决定了文字的高度。

③ 在文本框中也可输入汉字，输入汉字时要切换输入法。

2.3 任务 5：草图的几何约束及尺寸标注

2.3.1 绘制草图

1. 进入草绘模式

单击【新建】图标，在新建对话框中选中【草绘】单选按钮，单击【确定】按钮，进入草绘界面。

2. 绘制竖直中心线

(1) 单击基准子工具栏中的【中心线】图标 ┆中心线。

(2) 在设计区中间部位从上向下选择两点，绘制出一条竖直中心线。

3. 绘制图形大致形状

(1) 单击视图控制工具栏中【草绘器显示过滤器】图标，在弹出的下拉菜单中取消勾选【显示尺寸】图标 □显示尺寸，即不显示尺寸。

(2) 单击草绘工具栏中的【线链】图标 ✓线，在设计区大致绘出如图 2-31 所示的草图。

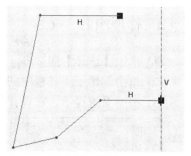

图 2-31 草绘图形

(3) 单击【圆弧】图标，绘制一个圆心位于中心线上的圆弧，如图 2-32 所示。

(4) 单击【文件】→【另存为】→【保存副本】命令，在弹出的保存副本对话框的【文件名】文本框中输入新的文件名 "T2-32"，然后单击【确定】按钮，则用新的文件名 T2-32 保存了该文件。

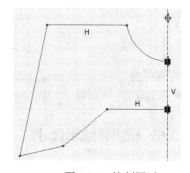

图 2-32 绘制圆弧

❖ 注意：在绘制草图时，开始绘制图形的尺寸不必与要求的尺寸一致，只要形状相似即可。然后通过添加约束可以使图形形状符合设计要求，用修改尺寸图标 ⇉修改 对尺寸进行修改，系统会按修改后的尺寸将图形自动重新生成。

2.3.2 使用几何约束编辑图形

(1) 单击【约束】工具栏中的【水平】图标 ┼水平，然后单击圆弧的圆心和左端点，则圆弧的圆心和左端点处于同一个位置。

(2) 再选择草图最下斜线，则该线变为水平线。

(3) 单击【约束】工具栏中的【竖直】图标 ┼竖直，然后单击草图左边线，则该两条线段变成竖直线，如图 2-33 所示。

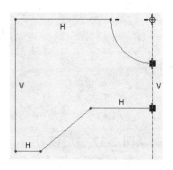

图 2-33 添加约束后的草图

2.3.3 绘制几何图元

(1) 单击草绘工具栏中的【圆】图标 ，在草图中绘制一个圆，如图 2-34 所示。

(2) 单击草绘工具栏中的【圆角】图标 ，在图中左上角的横、竖两条线上分别单击，即将左上角倒圆角，如图 2-34 所示。

2.3.4 镜像图形

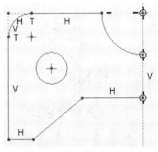

图 2-34 绘制圆和圆角

(1) 单击【选择】图标 ，用一矩形框选择图形，如图 2-35 所示。

(2) 单击编辑子工具栏中的【镜像】图标 。

(3) 按照系统提示，在设计区单击竖直中心线，镜像后的草图如图 2-36 所示。

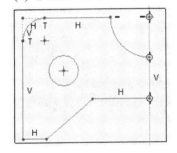

图 2-35 用矩形框选择图形

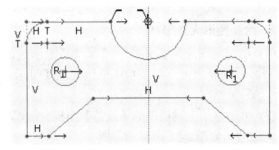

图 2-36 镜像后的草图

2.3.5 标注并编辑尺寸

在绘制二维草图的几何图元时，系统会自动地产生尺寸，这些尺寸被称为"弱"尺寸，系统在创建和删除它们时并不给出提示，但用户不能手动删除。

如果未显示出尺寸，单击视图控制工具栏中【草绘器显示过滤器】图标 ，在弹出的下拉菜单中勾选【显示尺寸】命令，即可显示出来，如图 2-37 所示。

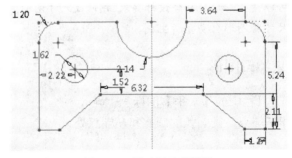

图 2-37 显示尺寸的草图

从图 2-37 中可以看到，"弱"尺寸显示为灰色。当用户按照设计意图增添尺寸时，这些尺寸称为"强"尺寸。增加"强"尺寸时，系统会自动删除多余的"弱"尺寸或者约束，以保证二维草图的完全约束。

从图 2-37 中还可以看到，系统产生的尺寸中，有些尺寸位置不合适，有些标注不符合设计要求，下面对尺寸进行编辑处理。

1. 编辑尺寸

对位置不合适的尺寸调整其位置。

(1) 单击【选择】图标 ▹ 。

(2) 单击图 2-37 中尺寸 6.32 并按住鼠标左键，移动鼠标则尺寸也随之移动，移至合适位置松开左键，则 6.32 移至新位置。

(3) 用同样方法将其他位置不合适的尺寸移至合适位置。

2. 标注尺寸

对不符合标注要求的尺寸，需要进行标注。

(1) 单击尺寸工具栏中的【标注】图标 ↔ 。

(2) 单击图 2-37 中上的左边竖线，再单击右边竖线，将鼠标指针移至下边中间位置，单击鼠标中键，即在该位置标注出总长 13.96，同时取消右上边的 3.64；还自动标注出总高 6.44，取消了右边的 5.24，如图 2-38 所示。

(3) 单击左侧圆心点，再单击右侧圆心点，在中间合适位置单击鼠标中键，即标注出两圆心的定位尺寸 9.52，同时取消左侧圆心的定位尺寸 2.22，结果如图 2-39 所示。

(4) 单击右侧圆心，再单击右下横线，在右下合适位置单击鼠标中键，标注出圆心高度方向的定位尺寸 3.63，同时取消原定位尺寸 1.52，结果如图 2-39 所示。

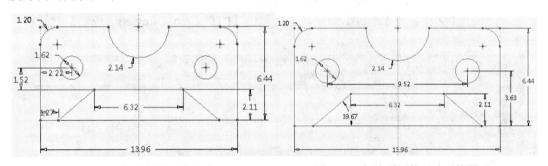

图 2-38　标注总长后的尺寸　　　　　　图 2-39　标注需要的尺寸后的图形

(5) 单击左侧斜线和左下横线，在锐角位置单击鼠标中键，即标注出两线的角度尺寸 39.67，同时取消右侧的高度尺寸 2.11。

(6) 单击下面的第一、二条横线，在右下合适位置单击鼠标中键，标注出两线的高度尺寸 2.11，同时取消左边的长度尺寸 1.27，结果如图 2-39 所示。

3. 修改尺寸值

(1) 单击【选择】图标 ▹ ，然后用矩形框选图形。

(2) 再单击编辑工具栏中的【修改】图标 ⮂ ，弹出修改尺寸对话框，如图 2-40 所示。

(3) 在对话框中给出了图上的所有尺寸，单击【重新生成】选项(去掉对勾)，按照图 2-39 所示的尺寸分别在文本框中输入如图 2-41 所示的新的对应尺寸值。

(4) 修改完成后，单击对话框的【确定】按钮，退出对话框，图形按照新的尺寸一起发生变化。

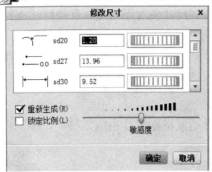

图 2-40　修改尺寸对话框

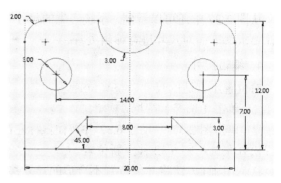

图 2-41　修改后的尺寸值

❖ **注意：**

① 单击对话框中的【重新生成】选项(去掉对勾)的目的，是为了不让图形随着某一尺寸的变化而发生大小的变化，避免图形的扭曲；

② 对话框中处于选择状态的尺寸是当前尺寸(如图 2-40 中的 1.20)，在图形上是用矩形框框住的尺寸。

4．修改尺寸值的小数位数

草图上的尺寸，系统默认显示出的是小数点后 2 位，因此图形上看到的尺寸值在小数点后有 2 位，就是整数在小数点后也有 2 个零。这样，看起来就不太清晰。用户可以在绘制图形之前设置尺寸值的显示位数，其操作步骤为：

(1) 单击【文件】→【选项】命令，系统弹出【PTC Creo Parametric 选项】对话框，如图 2-42 所示。

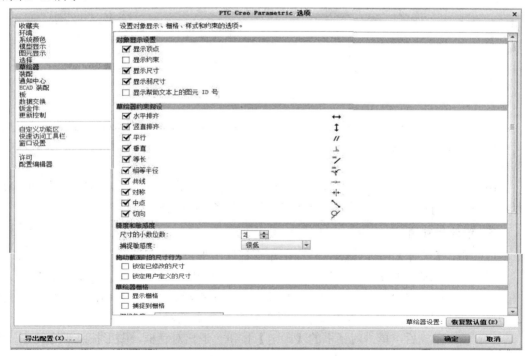

图 2-42　PTC Creo Parametric 选项对话框

（2）在该对话框左侧单击【草绘器】选项，在【精度和敏感度】区域的【尺寸的小数位数】文本框中显示的是 2，就是显示小数点后 2 位。在该文本框中输入 0，单击对话框的【确定】按钮。

（3）在系统弹出的对话框中单击【是】按钮，在弹出的【另存为】对话框中单击【确定】按钮，即按照整数值显示尺寸，如图 2-43 所示。

❖ 注意：这样显示的尺寸，系统会自动将尺寸数值进行四舍五入，按照指定的小数位数进行显示。应该在绘制图形之前进行设置。要注意存盘的路径，最好设置工作目录。

图 2-43 显示整数尺寸

2.3.6 二维草图的诊断

Creo 3.0 系统提供了草图诊断的功能，包括诊断图形的封闭区域、突出显示开放端、重叠几何。

1. 着色封闭环

【着色封闭环】命令用预定义的颜色把图形的封闭区域进行填充，非封闭区域图形无变化。在图 2-44 的条件下，单击检查子工具栏中的【着色封闭环】图标 着色封闭环，结果如图 2-45 所示。

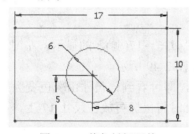

图 2-44 着色封闭环前

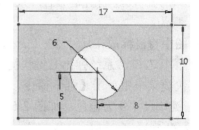

图 2-45 着色封闭环后

2. 突出显示开放端

【突出显示开放端】命令用于检查图形中的所有开放端点，并将其端点加亮突出显示。

在图 2-46(a)的条件下，单击检查子工具栏中的【突出显示开放端】图标 突出显示开放端，系统将图中斜线的 2 个端点以红色加亮显示，结果如图 2-46(b)所示。

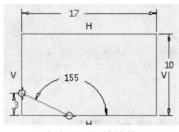

(a) 突出显示开放端前

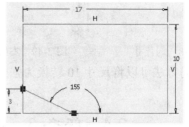

(b) 突出显示开放端后

图 2-46 突出显示开放端

3. 重叠几何

【重叠几何】命令用于检查图形中相互重叠的图元,并将其加亮突出显示。

在图 2-47(a)的条件下,单击检查子工具栏中的【重叠几何】图标 **重叠几何**,系统将图中斜线以及相交的 2 条直线以红色加亮显示,结果如图 2-47(b)所示。

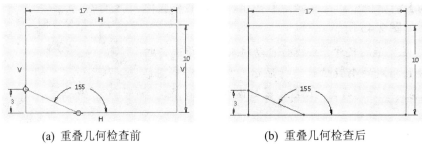

(a) 重叠几何检查前   (b) 重叠几何检查后

图 2-47　重叠几何检查

2.3.7　将"弱"尺寸转换为"强"尺寸

在绘制二维草图的几何图元时,系统自动产生的尺寸称为"弱"尺寸,在图形中显示为灰色,系统在创建和删除它们时并不给出提示,但用户不能手动删除。退出草绘环境之前,将图中的"弱"尺寸转换为"强"尺寸是一个好习惯。

以图 2-48 为例,绘制出矩形后,系统产生的尺寸 17、10 为灰色。

操作步骤为:

(1) 在图中将鼠标放在尺寸 17 上,可以看到"sd36 = 17(弱)"的显示,左键选择尺寸 17,再单击鼠标右键,系统弹出右键快捷菜单,如图 2-49 所示。

(2) 在快捷菜单中单击【强】命令,按回车键,即可看到该尺寸由灰色变为绿色,在图中单击左键该尺寸变为蓝色,如图 2-50 所示。此时将鼠标再放在尺寸 17 上,可以看到"sd36 = 17.00(强)"的显示。

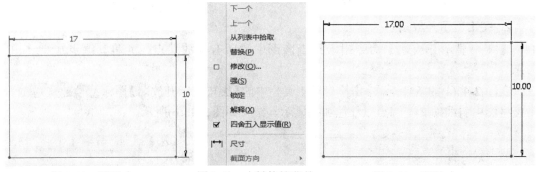

图 2-48　弱尺寸   图 2-49　右键快捷菜单   图 2-50　强尺寸

用同样的方法可以将尺寸 10 转换为强尺寸。

2.4　任务 6：基准特征的建立

基准特征包含基准平面、基准轴、基准点、基准曲线和基准坐标系等,用于辅助建立实体特征或曲面特征。

此任务选用拉伸命令，调用如图 2-41 所示的草图，拉伸出如图 2-51 所示的实体，并在实体上建立基准特征。

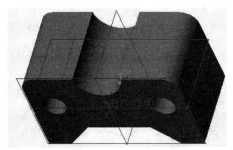

图 2-51　三维实体图

2.4.1　进入零件模块

单击【新建】图标 ⬜，在新建对话框中选中【零件】单选按钮，然后单击【确定】按钮，进入零件模块，其工作界面如图 2-52 所示。

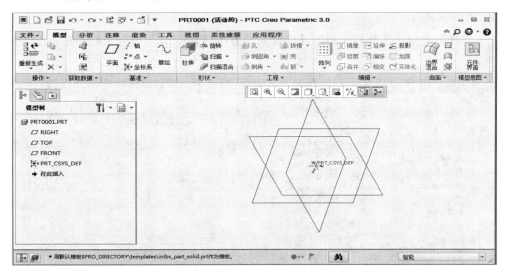

图 2-52　零件模块工作界面

2.4.2　创建实体

1. 进入零件模块的草绘状态

(1) 单击形状子工具栏中的【拉伸】图标 ⬛，系统弹出拉伸操控板，如图 2-53 所示。

图 2-53　拉伸操控板

(2) 单击拉伸操控板中的【放置】→【定义】按钮，如图 2-54 所示。

(3) 系统弹出草绘对话框，如图 2-55 所示。

图 2-54 放置下拉选项　　　　　　　　图 2-55 草绘对话框

(4) 在设计区选择 FRONT 基准面，然后单击【草绘】按钮，进入草绘状态。

(5) 单击设置子工具栏中的【草绘视图】图标 ，使选定的草绘平面与屏幕平行以便绘制草图。

2. 调用原草图

(1) 在获取数据子工具栏中单击【文件系统】图标 ，系统弹出打开对话框，如图 2-56 所示。

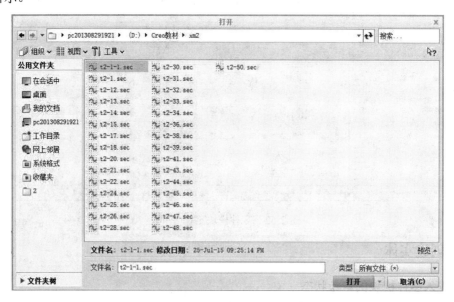

图 2-56 打开对话框

(2) 选择已保存的文件名 T2-41，单击【打开】按钮。

❖ **注意**：如果打开文件的路径不对，就要重新选择打开文件的路径，然后再打开。

(3) 在绘图区适当位置单击，以确定草图的坐标原点，则打开的草图出现在确定的坐标原点，并弹出【导入截面】操控板，如图 2-57 所示。

(4) 将【导入截面】操控板中的【缩放】值修改为 1，单击 按钮，完成草图调入。

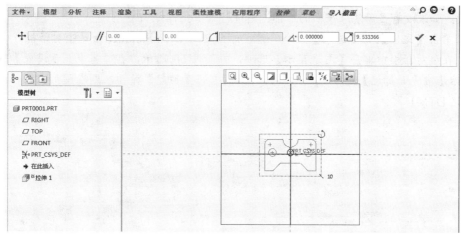

图 2-57　导入截面操控板

3. 实体的绘制

(1) 单击关闭子工具栏中的【确定】图标 ✓，保存截面并退出，系统返回到拉伸操控板。

(2) 在文本框中输入拉伸深度值 10，按 Enter 键，然后单击【预览】按钮 ∞ ，无误后再单击【确定】按钮 ✓ ，生成拉伸实体。

2.4.3　立体观测

单击【视图】选项卡，在方向子工具栏中单击【标准方向】图标 ✦，即在屏幕上显示出如图 2-51 所示的三维实体。

 技巧：也可按 Ctrl + D 组合键，进行立体显示。

2.4.4　建立基准平面

1. 通过某一个平面建立基准平面

(1) 单击基准子工具栏中的【平面】图标 ▱。

(2) 系统弹出基准平面对话框，如图 2-58 所示。

(3) 在实体的右表面上单击，然后单击对话框中的【确定】按钮，即在实体上建立了一个基准平面 DTM1，如图 2-59 所示。

图 2-58　基准平面对话框

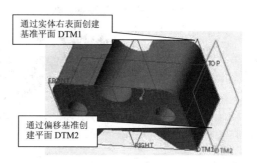

图 2-59　建立的基准平面 DTM1 和 DTM2

Creo 3.0 项目化教学任务教程

❖ **注意**：如果没有显示基准平面的名称，则进行如下操作：

① 单击【文件】→【选项】命令，系统弹出 PTC Creo Parametric 选项对话框。

② 在该对话框中单击【图元显示】选项，如图 2-60 所示，在【基准显示设置】区域勾选【显示基准平面标记】选项，然后单击对话框中的【确定】按钮，则在图形上显示出基准平面标记 DTM1。

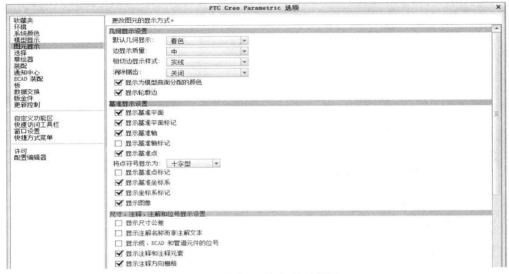

图 2-60 基准平面标记显示设置

2. 偏移某一个平面建立基准平面

(1) 单击基准子工具栏中的【平面】图标 ⬭，系统弹出如图 2-58 所示的基准平面对话框。

(2) 在实体的右表面上单击，然后在【平移】文本框中输入偏移距离值 3。

(3) 单击对话框中的【确定】按钮，即在实体上建立了一个基准平面 DTM2，如图 2-59 所示，该基准平面与实体右表面平行，距离为 3。

3. 通过某一个棱线与某一个平面成一定角度建立基准平面

(1) 单击基准子工具栏中的【平面】图标 ⬭，弹出基准平面对话框。

(2) 单击实体右下角棱线，按住 Ctrl 键，再选择右侧表面。

(3) 实体上出现一个箭头指明角度的方向，如图 2-61 所示。

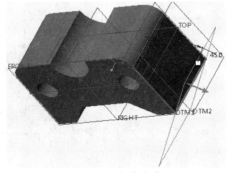

图 2-61 角度方向

（4）在对话框的文本框中输入角度值 45，单击对话框中的【确定】按钮，即可绘制出通过指定直线与指定平面成 45°角的基准平面 DTM3，如图 2-62 所示。

4．保存当前图形

（1）单击【文件】→【另存为】→【保存副本】命令，系统弹出保存副本对话框。

（2）在对话框的【文件名】文本框中输入新的文件名 T2-62，然后单击【确定】按钮，则用新的文件名保存该文件。

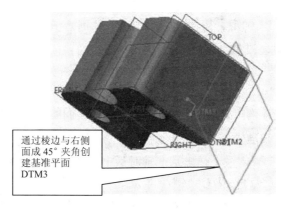

图 2-62　基准平面 DTM3

2.4.5　建立基准轴

1．通过某一个棱线建立基准轴

（1）单击基准子工具栏中的【轴】图标 。

（2）系统弹出基准轴对话框，如图 2-63 所示。

（3）在实体上选择上部半圆孔左棱线。

（4）单击对话框中的【确定】按钮，即绘制出基准轴 A_3，如图 2-64 所示。

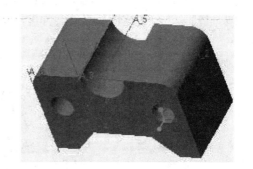

图 2-63　基准轴对话框　　　　　　图 2-64　基准轴的建立

❖ 注意：如果没有显示基准轴的名称，则进行如下操作：

① 单击【文件】→【选项】命令，系统弹出 PTC Creo Parametric 选项对话框。

② 在该对话框中单击【图元显示】选项，如图 2-60 所示，在【基准显示设置】区域勾选【显示基准轴标记】选项，然后单击对话框中的【确定】按钮，则在图形上显示出基准轴标记。

2. 垂直某一个平面建立基准轴

(1) 单击【轴】图标 /，系统弹出基准轴对话框，如图 2-63 所示。

(2) 在实体上选择左上顶面。

(3) 在【偏移参考】框内单击将其激活，然后选择实体的前表面作为建立该轴线的第一定位尺寸基准，输入距离值 5。

(4) 按住 Ctrl 键，再选择实体的左侧面作为建立该轴线的第二定位尺寸基准，输入距离值 3。

(5) 单击对话框中的【确定】按钮，即绘制出基准轴 A_4，如图 2-64 所示。

3. 通过回转面建立基准轴

(1) 单击【轴】图标 /，系统弹出基准轴对话框，如图 2-63 所示。

(2) 在实体上选择圆弧表面。

(3) 单击对话框中的【确定】按钮，即绘制出通过回转面的基准轴 A_5，如图 2-64 所示。

4. 通过两平面建立基准轴

(1) 单击【轴】图标 /，系统弹出基准轴对话框，如图 2-63 所示。

(2) 选取实体的前表面，按住 Ctrl 键，再选择实体的左侧面。

(3) 单击鼠标中键，则在两平面交线处绘制出基准轴线 A_6，如图 2-64 所示。

❖ 注意：单击鼠标中键，相当于单击对话框中的【确定】按钮。

5. 通过两点建立基准轴

(1) 单击【轴】图标 /，系统弹出基准轴对话框，如图 2-63 所示。

(2) 按住 Ctrl 键，选择实体上前面圆弧的两个端点。

(3) 单击鼠标中键，绘制出通过这两点的基准轴线 A_7，如图 2-64 所示。

2.4.6 建立基准点

在零件模块界面设计区顶上的工具栏称为【视图控制工具栏】，其中右边第三个图标称为基准显示过滤器，单击该图标系统会弹出下拉列表，如图 2-65 所示。

图 2-65 视图控制工具栏

为了使图面清晰，可分别单击基准显示过滤器列表中的选项 □ /◦ 轴显示、□ 坐标系显示、□ 平面显示，也就是去掉对钩，就隐藏了基准轴、基准坐标系和基准平面的显示。

1. 在顶点上建立基准点

(1) 单击基准子工具栏中的【点】图标 ××。

(2) 系统弹出基准点对话框，如图 2-66 所示。

(3) 在实体上选择某一端点(如右前下角交点)。

(4) 单击鼠标中键，即在该角点处绘制出一个基准点 PNT0，如图 2-67 所示。

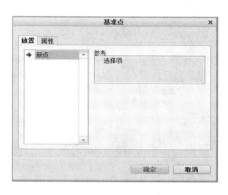

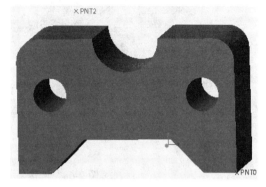

图 2-66　基准点对话框　　　　　　　图 2-67　基准点的建立

❖ 注意：如果没有显示基准平面的名称，则进行如下操作：

① 单击【文件】→【选项】命令，系统弹出 PTC Creo Parametric 选项对话框。

② 在该对话框中单击【图元显示】选项，如图 2-60 所示，在【基准显示设置】区域勾选【显示基准点标记】选项，然后单击对话框中的【确定】按钮，则在图形上显示出基准点标记 PNT0。

2. 在某面上建立基准点

(1) 单击基准子工具栏中的【点】图标 ⊠，系统弹出基准点对话框，如图 2-66 所示。

(2) 在实体的圆弧面上选择一点。

(3) 在基准点对话框中的【偏移参照】框内单击将其激活，然后选择实体的前表面作为第一定位参照，按住 Ctrl 键选择左上表面作为第二定位参照。

(4) 在文本框中分别输入基准点与两个选定参照间的距离 5 和距离 3。

(5) 单击基准点对话框中的【新点】选项，即在圆弧面上绘制出一个基准点 PNT1，如图 2-67 所示，同时系统不退出对话框，用户可以继续进行基准点的创建。

💡 技巧：单击【基准点】对话框中左侧的【新点】选项，可以直接切换为下一点的绘制，而不退出基准点对话框。

3. 偏移某面建立基准点

(1) 在实体的左顶面选择一点，则出现点 PNT2。

(2) 分别将基准点 PNT2 的两个图柄拖动到实体的前表面和左侧面上，则这两个元素为偏移参考。

(3) 在基准点对话框中的【偏移参考】文本框中分别输入距离 4 和距离 5。

(4) 单击基准点对话框中【参考】框中的【在其上】，从下拉列表中选择【偏移】选项。

(5) 在【偏移】文本框中输入偏移 2，如图 2-68 所示。

(6) 单击鼠标中键，即可完成基准点 PNT2 的绘制(注意该点的位置并未在实体上，而是在实体之上的一个空间点)，结果如图 2-67 所示。

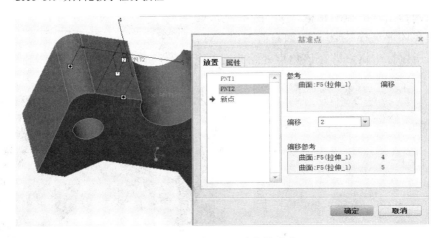

图 2-68　偏移某面建立基准点

2.4.7　建立基准坐标系

1．用 3 个平面建立坐标系

(1) 单击基准子工具栏中的【坐标系】图标 。

(2) 系统弹出坐标系对话框，如图 2-69 所示。

(3) 按住 Ctrl 键，在实体上依次选择左上表面、前表面和左侧面。

(4) 单击鼠标中键，绘制出坐标系 CS0，如图 2-70 所示，该坐标系位于三个平面的交点上。

图 2-69　坐标系对话框

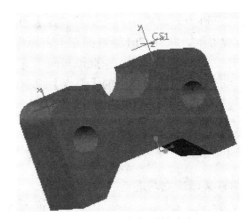

图 2-70　坐标系的建立

2．用偏移坐标系建立坐标系

(1) 单击【坐标系】图标 ，系统弹出坐标系对话框，如图 2-69 所示。

(2) 选择实体上的 PRT_CSYS_DEF：F4(坐标系)，为缺省坐标系。

(3) 在【偏移类型】下拉列表框中选择【笛卡儿】选项。

(4) 在 X、Y、Z 文本框中分别输入偏移距离 5、7、–3，如图 2-71 所示。

(5) 单击鼠标中键，即绘制出坐标系 CS1，如图 2-70 所示。

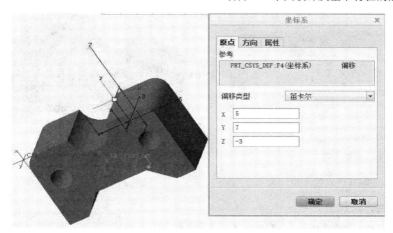

图 2-71　偏移坐标系的建立

❖ **注意**：要注意 X、Y、Z 三个坐标轴的方向。

3．保存当前图形

单击【保存】图标 ，将文件保存。

2.4.8　建立基准曲线

1．经过已有点建立曲线

(1) 单击基准子工具栏名称后的下箭头，系统弹出下拉列表，如图 2-72 所示。

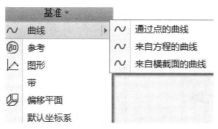

图 2-72　基准选项下拉列表

(2) 选择【曲线】→【通过点的曲线】命令。

(3) 系统又弹出【曲线：通过点】操控板，如图 2-73 所示。

图 2-73　曲线：通过点操控板

(4) 单击【放置】选项，又弹出放置下滑面板，如图 2-74 所示。

(5) 在选图中择前面绘制的 3 个点 PNT0、PNT1、PNT2 及实体上的左后下角点，即可预览出过此 4 个点的曲线。系统默认是用样条线进行连接，也可改为用直线进行连接。

(6) 单击基准曲线操控板中的【确定】按钮 ，即完成过此 4 个点的曲线绘制，结果如图 2-75 所示。

图 2-74　放置下拉列表

图 2-75　通过点建立曲线

2．用草绘方法建立曲线

(1) 单击基准子工具栏中的【草绘】图标 ，系统弹出草绘对话框，如图 2-76 所示。

(2) 单击实体右上顶面，以该表面作为草绘平面，单击对话框中的【草绘】按钮。

(3) 在草绘状态下，单击草绘子工具栏中的【椭圆】图标 ，绘制一个椭圆，如图 2-77 所示。

(4) 单击关闭子工具栏中的【确定】图标 ，保存截面并退出，即在右上顶面绘出一个椭圆。

(5) 按 Ctrl + D 键，结果如图 2-78 所示。

图 2-76　草绘对话框

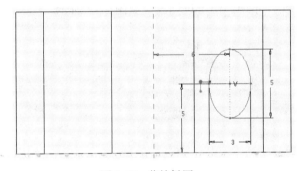

图 2-77　草绘椭圆

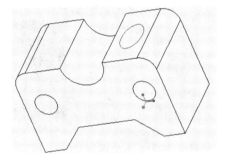

图 2-78　顶面的椭圆曲线

3．用参数方程建立曲线

(1) 单击【新建】图标 ，在新建对话框中选中【零件】单选按钮，然后单击【确定】按钮，即进入零件模块。

(2) 单击基准子工具栏名称后的下箭头，系统弹出下拉列表，如图 2-72 所示。

(3) 选择【曲线】→【来自方程的曲线】命令。

(4) 系统又弹出曲线：从方程操控板，如图 2-79 所示。

图 2-79　曲线：从方程操控板

(5) 选择操控板中的【方程】按钮，系统同时弹出如图 2-80 所示的方程记事本和如图 2-81 所示的方程对话框。

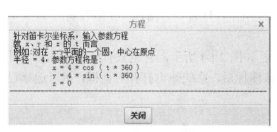

图 2-80　方程记事本

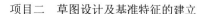

图 2-81　方程对话框

(6) 在对话框中输入曲线方程：

$$x = 60 * \cos (t * 360)$$

$$y = 60 * \sin (t * 360)$$

$$z = 60 * t$$

(7) 单击对话框中的【确定】按钮，退出对话框返回到基准曲线。

(8) 在设计区选择 PRT_CSYS_DEF 坐标系，单击操控板中的【确定】图标 ✔，系统按输入的曲线方程绘制出一条圆柱螺旋线，如图 2-82 所示。

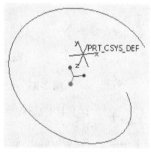

图 2-82　圆柱螺旋线

4．保存图形

(1) 单击【文件】→【另存为】→【保存副本】命令，系统弹出保存副本对话框。

(2) 在对话框的【文件名】文本框中输入新的文件名 T2-82，然后单击【确定】按钮，则用新的文件名 T2-82 保存该文件。

5．关闭当前工作窗口

单击快速访问工具栏中的【关闭】图标 📁，或者单击主菜单中的【文件】→【关闭】命令，系统关闭当前窗口，返回初始界面。

小　结

本项目通过 4 个任务介绍了基本几何图元的绘制、高级几何图元的绘制及编辑、草图的几何约束及尺寸标注、草图的编辑修改、基准特征的建立方法，并对相应的图标按钮、菜单及命令、对话框的使用及操作过程做了介绍。

学习的过程中，应该注意掌握以下几个方面的内容。

1．草图的绘制方法

草图是实体建模的基础，在项目三零件设计过程中，其中有一步就是要绘制草图。如果草图有问题，就无法继续执行下去。因此，应熟悉各种几何图元的绘制方法，并熟练掌握好草图的绘制及编辑方法。

草绘界面的功能区有 5 个选项卡，分别为：文件、草绘、分析、工具、视图。

草绘选项卡分为 9 个子工具栏，分别为：设置、获取数据、操作、基准、草绘、编辑、约束、尺寸、检查，各个子工具栏中的图标及含义如下。

(1) 设置子工具栏。设置子工具栏如图 2-83 所示，只有一个图标"栅格"，用于设置草图栅格的大小。

(2) 获取数据子工具栏。获取数据子工具栏如图 2-84 所示，它也只有一个图标"文件系统"，用于调用已经保存的图形文件。单击该图标后，系统弹出打开对话框，可以选择已经保存图形文件的文件名，将其打开。

图 2-83　设置子工具栏　　　　　图 2-84　获取数据子工具栏

(3) 操作子工具栏。操作子工具栏如图 2-85 所示，其中 4 个图标的含义如图 2-85 所示。

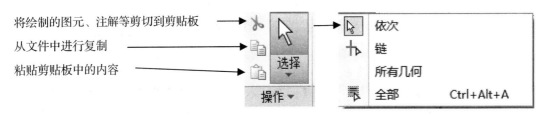

图 2-85　操作子工具栏

(4) 基准子工具栏。基准子工具栏如图 2-86 所示，其中 3 个图标的含义如图 2-86 所示。

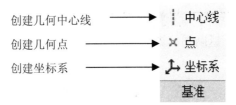

图 2-86　基准子工具栏

(5) 草绘子工具栏。草绘子工具栏如图 2-87 所示，其中各个图标的含义如表 2-1 所示。

图 2-87　草绘子工具栏

表 2-1 草绘子工具栏中的图标及含义

图 标	含 义	图 标	含 义
构造模式	在构造模式下创建几何图元	**倒角** 倒角 倒角修剪	创建构造线倒角 创建倒角
线 线链 直线相切	创建 2 点线 创建与 2 个图元相切的线	**A 文本**	创建文本
矩形 拐角矩形 斜矩形 中心矩形 平行四边形	创建拐角矩形 创建斜矩形 创建中心矩形 创建平行四边形	**偏移**	通过偏移一条边创建图元
圆 圆心和点 同心 3点 3 相切	创建过圆心和圆上一点的圆 创建同心圆 创建 3 点圆 创建 3 相切圆	**加厚**	通过在两侧偏移边创建图元
弧 3点/相切端 圆心和端点 3 相切 同心 圆锥	创建 3 点弧 创建过圆心和端点的弧 创建 3 相切弧 创建同心弧 创建锥形弧	**选项板**	调色板,将数据从调色板中导入
椭圆 轴端点椭圆 中心和轴椭圆	通过确定椭圆轴的 2 个端点创建椭圆 通过确定椭圆的中心和轴的 2 个端点创建椭圆	**中心线** 中心线 中心线相切	创建 2 点构造中心线 创建与 2 个图元相切的构造中心线
样条	创建样条曲线	**点**	创建构造点
圆角 圆形 圆形修剪 椭圆形 椭圆形修剪	使用构造线创建圆形圆角 创建圆形圆角 使用构造线创建椭圆形圆角 创建椭圆形圆角	**坐标系**	创建构造坐标系

(6) 编辑子工具栏。编辑子工具栏如图 2-88 所示，其中图标的含义如表 2-2 所示。

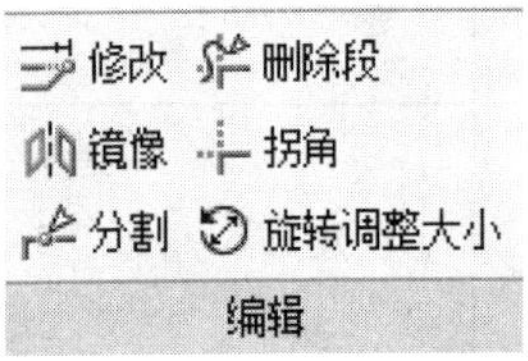

表 2-2 编辑子工具栏中的图标及含义

图　标	含　义
⇒ 修改	修改尺寸或文本
⋔ 镜像	镜像图元
⼂ 分割	分割图元
⼂ 删除段	动态修剪图元
⊥ 拐角	将图元修剪或延伸到其他图元
⟳ 旋转调整大小	平移、旋转或缩放图元

图 2-88　编辑子工具栏

(7) 约束子工具栏。约束子工具栏如图 2-89 所示，其中各个图标的含义如表 2-3 所示。

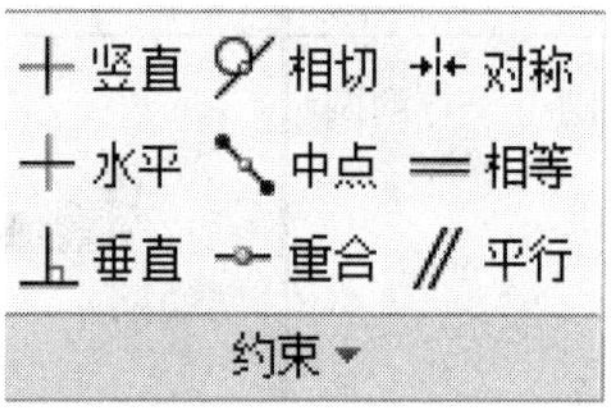

图 2-89　约束子工具栏

表 2-3 约束子工具栏中的图标及含义

图　标	含　义
┼ 竖直	图线为铅垂线或两点为铅垂位置，图上显示符号为 V
┼ 水平	图线为水平线或两点为水平位置，图上显示符号为 H
⊥ 垂直	两条直线正交，图上显示符号为 ⊥
⊶ 相切	两图元相切，图上显示符号为 T
⟍ 中点	点位于图线的中点，图上显示符号为 M
⊶ 重合	点在直线上、两点共点或两直线共线，图上显示符号为 ⊶
⊣⊢ 对称	两点沿中心线对称，图上显示符号为 →　←
═ 相等	两图元的长度或半径相等，图上显示符号为 Li 或 Ri，i 为 1、2、3 等，是一个流水号
∥ 平行	两条直线互相平行，图上显示符号为 ∥

(8) 尺寸子工具栏。尺寸子工具栏如图 2-90 所示，其中各个图标的含义如图 2-90 所示。

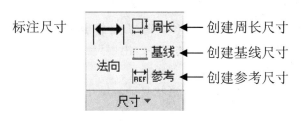

图 2-90　尺寸子工具栏

(9) 检查子工具栏。检查子工具栏如图 2-91 所示，其中各个图标的含义如图 2-91 所示。

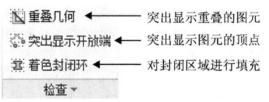

图 2-91　检查子工具栏

检查子工具栏 3 个图标的介绍详见"2.3.6 二维草图的诊断"。

2. 选择对象的方法

(1) 单选(左键)：用鼠标左键单击对象，一次选择一个图素(对象)。

(2) 多选(Ctrl + 左键)：按住 Ctrl 键，再用鼠标左键选择对象，可连续选择多个图素。

(3) 框选：用鼠标左键在草绘区拖出一个从左向右的矩形框，框内的图素均被选中。

3. 几何约束的使用

几何约束是编辑图形的一种重要方法，用户应理清其概念及操作。

(1) 几何约束的概念：几何约束是对设计的几何元素之间的尺寸或位置进行限制，使其满足一定的几何关系。在 Creo 3.0 中是用尺寸驱动和几何约束两种方法实现参数化设计的。

(2) 几何约束的种类：几何约束共有 9 种，见图 2-89 所示的约束子工具栏。

(3) 几何约束的操作：

绘制出图形的大致轮廓后，根据需要在如图 2-89 所示约束子工具栏中选择某一约束，然后在图上选择对应图元即可。

❖ 注意：几何约束与尺寸标注等效。灵活地使用图 2-89 所示的约束子工具栏中的各种约束，可以大大提高作图的效率，达到事半功倍的效果。

4. 手工标注尺寸的方法

(1) 线性尺寸：单击如图 2-90 所示尺寸子工具栏中的【尺寸】图标|↔|，用鼠标左键选择线段或者图元的两个端点，单击鼠标中键确定标注位置即可。

(2) 圆弧尺寸：单击【尺寸】图标↔后，单击圆或者圆弧，单击鼠标中键确定标注位置，标注的是半径；双击圆或者圆弧，单击鼠标中键确定标注位置，标注的是直径。

(3) 角度尺寸：单击【尺寸】图标 |↔| 后，单击鼠标左键分别选择构成角度的两条线段，单击鼠标中键确定标注位置即可。

5. 修改尺寸的方法

(1) 直接双击尺寸进行修改。对于图形简单、尺寸较少的图形，采用此种方法比较方便。

操作方法为：在图上双击需要修改的尺寸，出现尺寸输入文本框 5.1459098600663 ，通过键盘输入尺寸值，然后按 Enter 键。

(2) 通过修改尺寸对话框修改。对于形状复杂、尺寸较多的图形，采用此种方法较好。操作方法为：

① 在绘图区用矩形框框选图形。

② 单击如图 2-88 所示的编辑子工具栏中的【修改】图标 ，弹出修改尺寸对话框，如图 2-92 所示。

③ 在对话框中给出了图上的所有尺寸，当前尺寸在图形上是用矩形框框住的尺寸，单击【重新生成】选项(去掉对钩)，按照需要的尺寸分别在文本框中输入对应值。

④ 修改完成后，单击对话框的【确定】按钮，退出对话框，图形按照新的尺寸一起发生变化。

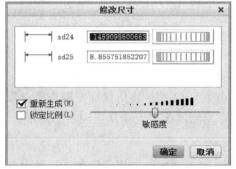

图 2-92　修改尺寸对话框

6. 删除尺寸的方法

Creo 3.0 系统采用的是全约束，系统自动标注尺寸，标注的尺寸数量加上约束不多也不会少。如果想去掉某个尺寸，不能直接删除，而应先手工加上一个相关尺寸或者约束，才能将某个尺寸替换掉。

7. 基准特征的建立方法

基准特征包含基准平面、基准轴、基准点、基准曲线和基准坐标系等，用于辅助建立实体特征或曲面特征。在装配图和工程图的制作中也经常用到基准特征。掌握基准特征的建立方法，可以极大地提高作图的效率。

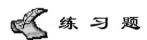 练 习 题

1. 试列出进入草绘模式的操作步骤。

2. 什么是选项板？它位于哪个子工具栏？它的作用是什么？

3. 绘制如图 2-93 所示的草图(1)，并将尺寸编辑成如图所示数值。

4. 绘制如图 2-94 所示的草图(2)，并将尺寸编辑成如图所示数值。

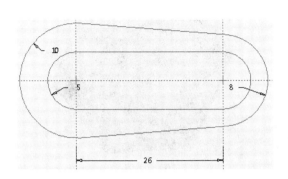

图 2-93　草图(1)

图 2-94　草图(2)

5．绘制如图 2-95 所示的草图(3)，并将尺寸编辑成如图所示数值。

6．绘制如图 2-96 所示的草图(4)，并将尺寸编辑成如图所示数值。

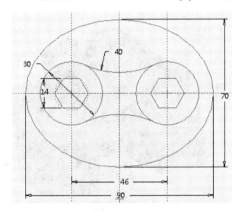

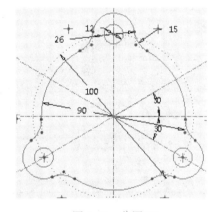

图 2-95　草图(3)

图 2-96　草图(4)

7．绘制如图 2-97 所示的草图，并编辑尺寸，然后保存。仿照任务 6，调用该草图创建如图 2-98 所示的拉伸实体图，拉伸深度为 50。然后在实体上建立基准平面、基准轴、基准点、基准坐标系和基准曲线。

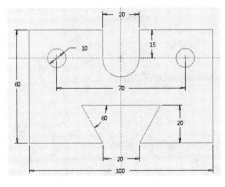

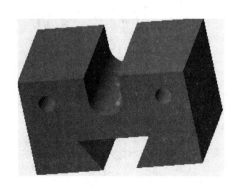

图 2-97　草图(5)

图 2-98　实体图(1)

8．试绘制如图 2-99 所示的草图，并使用约束和尺寸编辑图形。调用该草图创建如图 2-100 所示的拉伸实体图，拉伸深度为 50。

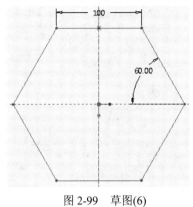

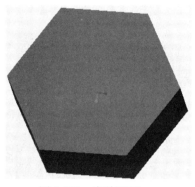

图 2-99　草图(6)　　　　　　　　　　　　图 2-100　实体图(2)

9．试绘制如图 2-101 所示的草图，并将尺寸编辑成如图所示。调用该草图创建如图 2-102 所示的拉伸实体图，拉伸深度为 60。

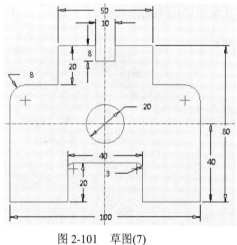

图 2-101　草图(7)　　　　　　　　　　　　图 2-102　实体图(3)

项目三 零 件 设 计

◆ **学习目的**

本项目通过 13 个任务介绍 Creo 3.0 零件设计中基于特征的设计过程，以及常用的各种特征的创建方法，综合运用这些方法是进行零件设计的主要方法和基本手段。

要想更好地掌握 Creo 3.0 中各种特征的创建方法，需要通过反复练习，在不断的实践中掌握技巧和积累经验，并用其进行零件设计。

◆ **学习要点**

通过 13 个任务的学习和课后的练习，掌握各种特征的创建流程和基本方法。

(1) 各种基础特征——拉伸、旋转、扫描、混合等。

(2) 常用的各种工程特征——圆角、倒角、抽壳、筋、拔模、孔等。

(3) 综合各种特征创建复杂零件。

3.1 任务 7：拉伸特征的建立

拉伸特征与型材挤出成型类似，它可以产生具有单一截面形状且沿其正交方向延伸的实体特征，适合于创建等截面的实体零件。

使用拉伸特征创建如图 3-1 所示的 V 型支架零件。

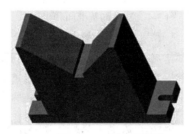

图 3-1　V 型支架零件

3.1.1 用拉伸特征创建底板实体

1. 建立新文件

(1) 单击快速访问工具栏中的【新建】图标 □，或者在【文件】下拉菜单中单击【新建】命令，系统弹出新建对话框，如图 3-2 所示。

(2) 在新建对话框的【类型】选项组中选中【零件】单选按钮，在【子类型】选项组中选中【实体】单选按钮(此项为系统默认设置)。

(3) 在【名称】文本框中输入文件名 T3-1。

(4) 取消选中【使用默认模板】复选框，不使用系统默认模板，单击【确定】按钮，系统弹出如图 3-3 所示的新文件选项对话框，选用 mmns_part_solid 模板，单击【确定】按钮。

图 3-2　新建对话框　　　　　　　　　　图 3-3　新文件选项对话框

系统进入三维设计界面，自动建立 3 个基准面 RIGHT、TOP、FRONT 和 1 个基准坐标系 PRT_CSYS_DEF，如图 3-4 所示。

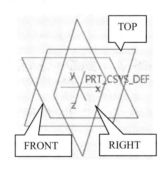

图 3-4　默认的基准面和坐标系

❖ 注意：新建文件时，系统提示用户进行模板文件的选择。默认设置为英制单位制 inlbs_part_solid，根据我国的实际情况，建议选用公制单位制 mmns_part_solid。基准平面是在零件设计中加入其他特征的参考基准，它是一个无限大、没有质量和体积的平面。

2．建立底板拉伸特征

(1) 在【模型】选项卡中，单击形状子工具栏中的【拉伸】图标，在绘图区上方弹出拉伸特征操控板，如图 3-5 所示。

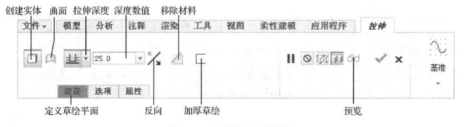

图 3-5　拉伸特征操控板

(2) 在操控板中单击【创建实体】图标 □ (此项为默认，可以省略)。

(3) 在操控板中单击【放置】按钮，打开【放置】下滑面板，单击其中的【定义】按钮，如图3-6所示(此步也可省略，直接在绘图区选草绘平面)。

图3-6 放置下滑面板

(4) 在绘图区选取基准面TOP作为草绘平面，如图3-7(a)所示，接受系统默认的方向参考(RIGHT)，方向向右，在草绘对话框中单击【草绘】按钮，如图3-7(b)所示，进入草绘模式。

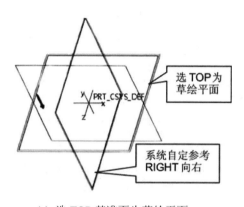

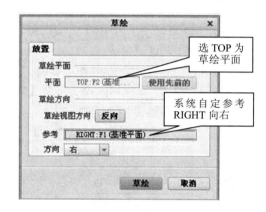

(a) 选TOP基准面为草绘平面   (b) 草绘对话框

图3-7 选草绘平面

❖ 注意：草绘平面可以是基准平面，也可以是实体的某个表面。选定后，草绘平面要旋转到与屏幕平行，以便在其上绘图。通过草绘对话框对草绘平面进行定向。

(5) 单击设置子工具栏中的【草绘视图】图标 ，使选定的草绘平面与屏幕平行。

❖ 注意：由于默认状态下显示为等轴测视图方向，如果选定的草绘平面未与屏幕平行，则要单击【草绘视图】按钮 才能使其与屏幕平行。也可以进行如下一次性设置：单击【文件】→【选项】→【草绘器】→勾选"使草绘平面与屏幕平行"→【确定】按钮。

(6) 利用草绘子工具栏中的绘图图标，绘制如图3-8所示的截面，截面包括水平中心线及竖直中心线；280×80的矩形；2个半径为7的腰形槽；图形上下左右皆对称。绘制完成后，单击 按钮，结束草图绘制。

❖ 注意：在绘制对称草图时，要充分利用中心线。当中心线两侧的尺寸接近时，系统自动以对称处理，这样对绘制对称图形十分方便，读者一定要多加利用。

(7) 在操控板中选取拉伸深度类型为【盲孔】 (此项为默认，可以省略)，输入拉伸深度值25。

(8) 在操控板中单击 按钮，按Ctrl + D组合键，生成的底板拉伸实体如图3-9所示。

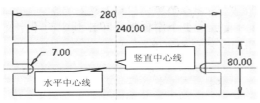

图 3-8　草绘拉伸截面

图 3-9　生成的底板拉伸实体

3.1.2　用拉伸特征创建支架实体

(1) 单击【拉伸】图标，单击【放置】→【定义】按钮。

(2) 在绘图区选 FRONT 基准面为草绘平面，如图 3-10 所示，单击【草绘】按钮，进入草绘模式。

(3) 单击设置子工具栏中的【草绘视图】图标，使选定的草绘平面与屏幕平行。

(4) 绘制如图 3-11 所示的截面，包括竖直中心线及 1 个 200 × 200 的矩形，图形左右对称，矩形下边与底板上表面对齐。单击 按钮，结束草图绘制。

(5) 在操控板中选取拉伸深度类型为【对称】，输入拉伸深度值 80。单击【预览】图标，以检查各要素是否正确。

(6) 在操控板中单击 按钮，按 Ctrl + D 组合键，生成的支架拉伸实体如图 3-12 所示。

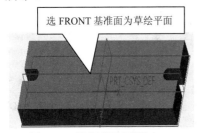

图 3-10　选择草绘平面

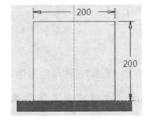

图 3-11　绘制矩形截面

图 3-12　生成支架拉伸实体

3.1.3　用拉伸移除材料特征切除 V 型槽

(1) 单击【拉伸】图标，在弹出的拉伸操控板上再单击【移除材料】按钮。

❖ 注意：只有当前面有实体特征存在时，【移除材料】按钮 才起作用，否则，该按钮为灰色，不可用。

(2) 单击【放置】→【定义】按钮。在绘图区选支架实体前侧面为草绘平面，单击【草绘】按钮，进入草绘模式。

(3) 单击设置子工具栏中的【草绘视图】图标，使选定的草绘平面与屏幕平行。

(4) 绘制如图 3-13 所示的垂直中心线及 90°对称 V 型截面，并注意添加约束，完成后单击 按钮，结束草图绘制。

❖ 注意：在草绘截面时，开始绘制时的尺寸不必与要求尺寸一致，只要形状相似即可。然后增加约束可以使图形与要求的形状相同，用 对尺寸进行修改，系统会按修改后的尺寸将图形自动重新生成。加对称约束 时，必须有中心线，选择对象为线的端点。加垂直约束 时，选择对象为线段而非端点。

(a) V 型截面的位置

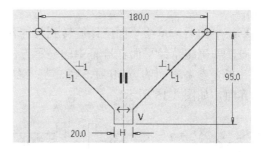

(b) V 型截面的尺寸及约束

图 3-13　草绘移除材料 V 型截面

(5) 在操控板中选取拉伸深度类型为【穿透】。

(6) 在操控板中单击 按钮，按 Ctrl＋D 组合键，生成 V 型槽后的零件如图 3-14 所示。

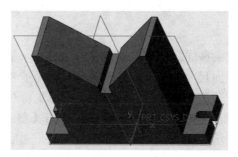

图 3-14　移除材料后生成 V 型槽

❖ **注意**：切除 V 型槽也可分为两次切除：第一步切除 V 型(不考虑中间的退刀槽)；第二步切除宽度 20 的退刀槽。分两次切除的优点是每次的草绘截面简单，但零件总的特征数量相应增加了，读者可自行操作、细心体会。

(7) 单击快速访问工具栏中的【保存】图标 ，在打开的保存对象对话框中单击【确定】按钮，完成图形保存。

❖ **注意**：在每个实体零件创建完成后，都要将图形存盘。为叙述简化，在以后的特征创建结束后，不再单列此项，请读者自行存盘，且要养成这样的习惯。

3.1.4　拉伸特征小结

1. 拉伸特征的类型

拉伸特征有以下几种类型：

实体类型：创建拉伸实体特征。

曲面类型：创建拉伸曲面特征(在项目五中介绍)。

加厚类型：创建拉伸薄壁特征。

切口类型：创建拉伸移除材料特征。

2．草绘平面及其显示方位

草绘平面是特征截面的绘制平面，可以是基准面，也可以是实体的某个表面(注意：必须是平面)。

选择草绘平面后，草绘平面应该旋转到与屏幕平行的位置，以便绘图。同时还必须对其进行定向，即确定草绘平面在屏幕中的显示方位。指定一个与草绘平面相垂直的平面作为参考，并指定参考平面的方向(顶、底、左、右)，系统即按指定方向摆放草绘平面，并进入草绘界面，如图 3-15 所示。

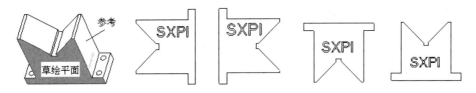

(a) 选定草绘平面和参考　(b) 参考向顶　(c) 参考向底　(d) 参考向左　(e) 参考向下

图 3-15　草绘平面及其在屏幕中的显示方位

3．草绘参考

创建各种特征时，在绘制截面之前都需要指定草绘参考，系统要求至少选择两个互相垂直的平面或边界作为该截面尺寸标注或约束的基准，即为参考，如图 3-16(a)所示。

一般情况下，系统会自动选择两个草绘参考。但用户也可对系统指定的草绘参考进行更改。如要更改，可在【草绘】选项卡中【设置】区单击【参考】　按钮，系统会弹出参考对话框，如图 3-16(b)所示，选择 TOP 基准面作为草绘平面后，系统会自动选择 RIGHT 和 FRONT 基准面为草绘参考，作为截面尺寸标注的基准。

在没有足够参考的情况下，系统会自动弹出参考对话框，要求用户选择足够的草绘参考，参考也可选择坐标系。

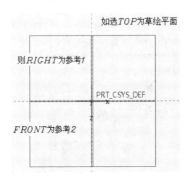

(a) 草绘平面与参考的关系　　　　　　　　　(b) 参考对话框

图 3-16　草绘参考

4．拉伸截面

(1) 首次拉伸实体时，其截面必须封闭(拉伸曲面及薄壁拉伸时不受此限制)。封闭的含义是不能有缺口、不能有重线、线不能出头等，如图 3-17 所示。

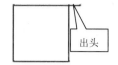

图 3-17　首次拉伸实体时的错误拉伸截面示例

在拉伸截面绘制完毕时，可在【草绘】选项卡中检查子工具栏中用【重叠几何】 、【突出显示开放端】 、【着色封闭环】 三个图标的功能(详见项目二)来检查截面是否有缺口、重线、出头等错误，如图 3-18 所示。

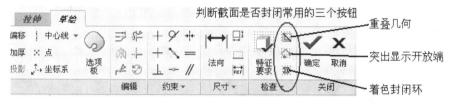

图 3-18　判断截面是否存在重线、出头、有缺口的工具

(2) 拉伸实体时的截面既可为单重回路，也可为多重回路，系统会自动判断产生合理的结果，如图 3-19 所示。

(3) 拉伸实体时，拉伸截面中的封闭回路不能相交或相切，如图 3-20 所示。

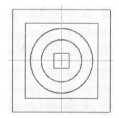

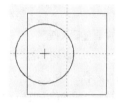
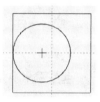

(a) 多重回路截面　　(b) 多重回路实体　　　　　(a) 回路相交　　(b) 回路相切

图 3-19　拉伸截面为多重回路　　　　图 3-20　拉伸实体时的错误截面

5．拉伸方向和移除材料方向

在用拉伸移除材料时，截面绘制完成后，可以看到在模型中有两个箭头，一个代表拉伸方向，另一个代表移除材料方向，如图 3-21 所示。

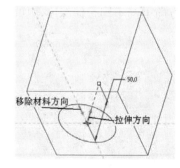

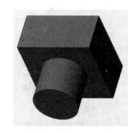

(a) 拉伸方向和移除材料方向　　(b) 移除材料向内时的实体　　(c) 移除材料向外时的实体

图 3-21　拉伸方向和移除材料方向示例

如要更改拉伸方向或移除材料方向，可用以下几种方法：

(1) 在操控板中更改。操控板上有两个改变方向  按钮，左边的 按钮是更改拉伸方向的，右边的 是更改移除材料方向的，如图 3-22 所示。

图 3-22 在操控板中更改拉伸方向和移除材料方向

(2) 将鼠标指针移至绘图区拉伸方向(或移除材料方向)箭头上单击。

(3) 将鼠标指针移至拉伸方向(或移除材料方向)箭头上右击，在弹出的快捷菜单中选择【反向】命令。

(4) 将鼠标指针移至模型中的深度尺寸上右击，在弹出的快捷菜单中选择【反向深度方向】命令，可更改拉伸深度。

6．拉伸深度的定义

拉伸深度的定义在拉伸操控板中进行，如图 3-23 所示，共有以下 6 种定义方法。

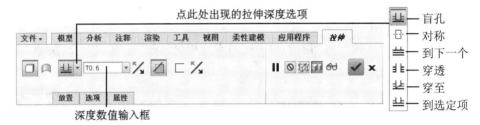

图 3-23 拉伸操控板中的深度选项

- 盲孔：要求用户输入一个数值来定义拉伸深度。
- 对称：在草绘平面两侧拉伸的深度数值相等(各为设定数值的一半)。
- 到下一个：拉伸到下一个曲面(不包括基准面)。
- 穿透：拉伸穿过所有的实体特征。
- 穿至：拉伸至某一个选定的曲面。
- 到选定项：拉伸至某一个选定的点、曲线、平面(包括基准面)或曲面。

另外：与对称拉伸类似的还有一个双侧不对称拉伸，单击拉伸操控板的【选项】按钮，打开【选项】下滑面板，可以分别设置侧 1 和侧 2 两个方向上的不同拉伸深度，如图 3-24 所示。

图 3-24 拉伸操控板中设置双侧不同拉伸深度

7．拉伸特征创建流程

在【模型】选项卡的形状子工具栏中，选择【拉伸】 命令→定义拉伸类型→确定草绘平面→草绘拉伸截面→定义拉伸深度→特征创建结束。

3.2 任务 8：旋转特征的建立

旋转特征是由草绘截面绕旋转轴旋转一定的角度而生成的一类特征，它适合于创建具有回转体特征的零件，如轴类、盘类等。

使用旋转特征创建如图 3-25 所示的轮盘零件。

图 3-25 轮盘零件

3.2.1 用旋转特征创建轮盘毛坯

1. 建立新文件

(1) 单击快速访问工具栏中的【新建】图标 ，系统弹出新建对话框。

(2) 在新建对话框中的【类型】选项组中选中【零件】单选按钮，在【子类型】选项组中选中【实体】单选按钮(此项为系统默认设置)。

(3) 在【名称】文本框中输入文件名 T3-25。

(4) 取消选中【使用缺省模板】复选框，单击【确定】按钮，系统弹出新文件选项对话框，选用 mmns_part_solid 模板，单击【确定】按钮。

2. 用旋转特征创建轮盘毛坯

(1) 在【模型】选项卡中，单击形状子工具栏中的【旋转】图标 ，在绘图区上方弹出旋转操控板，如图 3-26 所示。

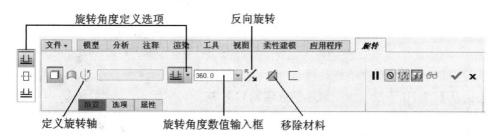

图 3-26 旋转操控板

(2) 在旋转操控板中单击【创建实体】图标 (此为默认项)。

(3) 单击【放置】→【定义】按钮。在绘图区选 FRONT 基准面作为草绘平面，单击【草绘】按钮，进入草绘模式。

(4) 单击设置子工具栏中的【草绘视图】图标 ⛶，使选定的草绘平面与屏幕平行。

(5) 绘制如图 3-27 所示的截面，包括一条竖直中心线作为旋转轴，单击 ✔ 按钮。

(6) 设置旋转角度类型为【可变】⊥，旋转角度值 360°，单击【预览】图标 ⊙ð，以检查各定义要素是否正确。

(7) 在旋转操控板中单击 ✔ 按钮，按 Ctrl + D 组合键，生成的轮盘毛坯如图 3-28 所示。

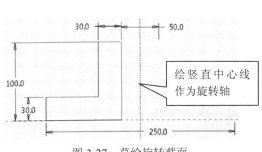
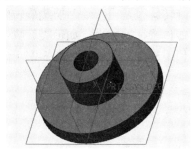

图 3-27　草绘旋转截面　　　　　　　　　图 3-28　生成的轮盘毛坯

3.2.2　用旋转移除材料创建轮毂端面上的周向圆弧凹槽

(1) 单击形状子工具栏中的【旋转】图标 ⚙ 旋转 ，在弹出的旋转操控板上单击【移除材料】图标 ◿。

(2) 单击【放置】→【定义】按钮。在屏幕中选择 FRONT 基准面作为草绘平面，单击【草绘】按钮，进入草绘模式。

(3) 单击设置子工具栏中的【草绘视图】图标 ⛶，使选定的草绘平面与屏幕平行。

(4) 绘制一个 ϕ10 的圆，圆心与上端面重合，如图 3-29(a)所示，单击 ✔ 按钮，结束草图绘制。

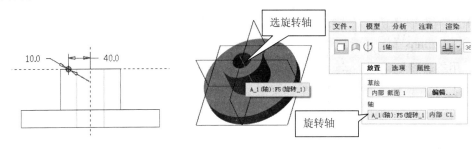

(a) 绘制 ϕ10 旋转移除截面　　　　(b) 选取轮盘毛坯轴线为旋转轴

图 3-29　草绘旋转移除截面及选取旋转轴

(5) 选择刚生成的轮盘毛坯轴线 A_1 为旋转轴，在旋转操控板及【放置】下滑面板中显示的旋转轴如图 3-29(b) 所示。

(6) 设置旋转角度值 360°，单击【预览】图标 ⊙ð，以检查各要素是否正确。

(7) 在旋转操控板中单击 ✔ 按钮，按 Ctrl + D 键，生成的端面移除周向圆弧凹槽如图 3-30 所示。

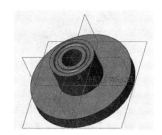

图 3-30　生成端面上的圆弧凹槽

3.2.3　用旋转移除材料创建轮盘上的两个缺口

(1) 单击形状子工具栏中的【旋转】图标 ◁◁ 旋转，在弹出的旋转操控板上单击【移除材料】图标 ▨。

(2) 单击【放置】→【定义】按钮。选择 FRONT 基准面作为草绘平面，单击【草绘】按钮，进入草绘模式。

(3) 单击设置子工具栏中的【草绘视图】图标 ▧，使选定的草绘平面与屏幕平行。

(4) 先绘制一条竖直中心线做旋转轴，用重合约束 ◉ 使其与轮盘右边线重合，再绘制矩形截面，下边与对应轮盘边对齐，如图 3-31 所示，单击 确定 按钮完成。

❖ **注意**：特征的截面可以是封闭的，也可以是开口的。若为开口型截面，截面开口的两个端点可以对齐在实体边上，也可以超出实体边。

(5) 设置旋转角度值 360°。

(6) 在旋转操控板中单击 ✔ 按钮，按 Ctrl + D 键，移除材料生成的右侧缺口旋转实体如图 3-32 所示。

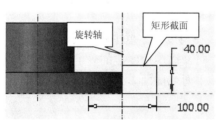

图 3-31　草绘旋转切除截面

图 3-32　生成右侧缺口

(7) 用同样的方法，生成左侧缺口，最后生成的零件如图 3-25 所示。

3.2.4　旋转特征小结

1. 旋转特征的旋转轴

旋转特征必须有旋转轴，旋转轴的定义有两种方法：

(1) 绘制旋转轴。在绘制旋转截面时同时绘制中心线。如有多条中心线时，系统默认以用户绘制的第一条中心线作为特征的旋转轴。

如图 3-33(a)所示，该旋转特征截面有两条中心线，即中心线 1 和中心线 2。

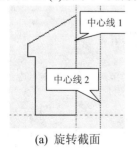

(a) 旋转截面

(b) 以中心线 1 为旋转轴

(c) 以中心线 2 为旋转轴

图 3-33　多条不同顺序中心线所产生的旋转特征

① 当左侧中心线 1 为旋转轴时，所生成的特征如图 3-33(b)所示。

② 当右侧中心线 2 为旋转轴时，所生成的特征如图 3-33(c)所示。

也可以将其他中心线设为旋转轴，其方法为：

① 鼠标左键选中要作为旋转轴的中心线。

② 单击鼠标右键，在弹出的如图 3-34 所示的快捷菜单中选择【指定旋转轴】命令，则该中心线会作为旋转特征的旋转轴。

图 3-34　设置旋转轴的快捷菜单

(2) 选取旋转轴。如草绘旋转截面时没有绘制中心线，草绘结束时，旋转轴收集器处于激活状态，可选直线、边线、轴线或坐标系的某个轴(X 轴、Y 轴、Z 轴)等作为旋转轴。如实例中 3.2.2 所示。

2．旋转特征的截面

(1) 在实体特征中，旋转截面必须是封闭的(曲面特征及加厚特征的截面可以不封闭)。

(2) 在实体特征中，旋转截面既可为单重回路，也可为多重回路，但回路间不允许交叉。

(3) 旋转截面必须位于中心线的同一侧，不允许跨在中心线两侧。

3．旋转特征的角度定义

指定旋转角度的各选项的含义如下：

• ⬝⬝ 可变：用一个数值定义旋转的角度，在角度文本框中输入旋转角度值。

• ⬝⬝ 对称：在草绘平面两侧分别从两个方向以输入角度值的一半进行旋转。

• ⬝⬝ 到选定项：旋转至指定的点、曲线、平面或曲面。

4．旋转特征创建流程

在【模型】选项卡的形状子工具栏中，单击选择【旋转】 旋转 命令→确定草绘平面→草绘截面→定义旋转角度→特征创建结束命令。

3.3　任务 9：倒圆角特征的建立

在零件设计过程中，根据零件生产或成型工艺要求，需要在零件上增加圆角，如铸造或锻造圆角、热处理圆角、注塑圆角等。另外，圆角造型可以增加零件的造型变化与美观性，使产品更富于变化，更富有个性和时代感。

使用倒圆角命令创建如图 3-35 所示的零件毛坯。

图 3-35　倒圆角零件

3.3.1 用拉伸创建毛坯

1．建立新文件

(1) 单击快速访问工具栏中的【新建】图标 ⬜，系统弹出新建对话框。

(2) 在【名称】文本框中输入文件名 T3-35。

(3) 取消选中【使用默认模板】复选框，单击【确定】按钮。在新文件选项对话框中选用 mmns_part_solid 模板，单击【确定】按钮。

2．用加厚草绘创建拉伸实体毛坯

(1) 单击【拉伸】图标 🔷 **拉伸**。

(2) 在拉伸操控板中单击【加厚草绘】图标 ⬜。

(3) 单击【放置】→【定义】按钮。选择 FRONT 基准面作为草绘平面，单击【草绘】按钮，进入草绘模式。

(4) 单击设置子工具栏中的【草绘视图】图标 🔄，使选定的草绘平面与屏幕平行。

(5) 绘制如图 3-36(a)所示的截面(一条长度 100 的水平线)，单击 ✅ 按钮。

(6) 在操控板中输入拉伸深度值 50，加厚厚度值 30，如图 3-36(b)所示，单击【预览】图标 👓，以检查各要素是否正确。

(a) 绘制拉伸截面   (b) 设置拉伸深度和加厚厚度

图 3-36   用加厚草绘创建拉伸实体

(7) 在操控板中单击 ✅ 按钮，按 Ctrl + D 组合键，生成的拉伸实体如图 3-37 所示。

图 3-37   生成的拉伸实体毛坯

3.3.2   创建恒定半径倒圆角

(1) 在【模型】选项卡中，单击工程子工具栏中的【倒圆角】图标 🔲倒圆角，系统弹出如图 3-38 所示的倒圆角操控板，接受系统默认的倒圆角模式。

图 3-38　倒圆角操控板

(2) 按 Ctrl 键，选择如图 3-39 所示的两条边线作为倒圆角对象。

(3) 在操控板中输入圆角半径为 5，单击 ✔ 按钮。

(4) 按 Ctrl+D 组合键，生成的倒圆角特征如图 3-40 所示。

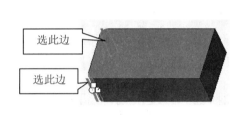

图 3-39　选择两条边线

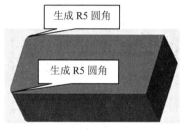

图 3-40　生成的恒定半径倒圆角特征

3.3.3　创建完全倒圆角

(1) 单击工程子工具栏中的【倒圆角】图标 倒圆角 。

(2) 按 Ctrl 键，选择如图 3-41 所示的两条平行边线作为倒圆角对象。

(3) 在操控板中单击【集】按钮，在【集】下滑面板中单击【完全倒圆角】按钮，如图 3-41 所示。

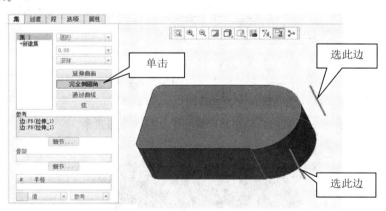

图 3-41　选择两条边建立完全倒圆角

(4) 单击 ✔ 按钮，生成的完全倒圆角特征如图 3-42 所示。

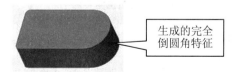

图 3-42　生成的完全倒圆角特征

❖ **注意**：对于完全倒圆角特征，不需要输入圆角半径。

3.3.4 创建可变半径倒圆角

(1) 单击工程子工具栏中的【倒圆角】图标 ⌐倒圆角 。

(2) 选择如图 3-43 所示的边线作为倒圆角对象(上表面共由包括圆角在内的六条边组成，且各相邻边均为相切关系。任选其中一条边，则系统自动将其余五条边全部选中，故最终选取了实体上表面的所有六条边为倒圆角对象)。

(3) 将鼠标指针置于图 3-43 所示的半径值(或半径控制点)上右击，在弹出的快捷菜单中选择【添加半径】命令，系统便复制出此半径控制点及其数值。再重复操作，添加 4 个新的半径控制点，如图 3-44 所示。

图 3-43 选择倒圆角对象边　　　　图 3-44 再添加 4 个半径控制点

(4) 在图 3-44 中单击左键拖动半径控制点(小圆点)并观察比率值，使控制点位于各线段的端点或中点位置(比率值为 0，1，0.5)，如图 3-45 所示。

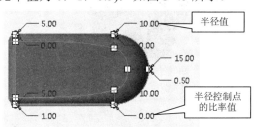

图 3-45 更改各控制点的半径值

❖ **注意**：对于可变半径倒圆角，各半径控制点(图中的小圆点)的位置由比率值来控制，设整段线长度为 1，两端点的比率值为 0 或 1，之间各点比率值在 0～1 之间，比如中点为 0.5。

(5) 在绘图区分别双击各半径控制点的半径值，将其值分别改为 5、10、15、10、5，如图 3-45 所示。

(6) 在操控板中单击 ✓ 按钮，生成可变半径倒圆角特征，整个零件完成，如图 3-35 所示。

3.3.5 倒圆角特征小结

1. 倒圆角特征类型

倒圆角特征主要有以下几种类型：

• 恒定倒圆角：在创建倒圆角特征的几何参考上圆角半径始终不变。

• 可变倒圆角：在参考边上圆角的半径值是变化的。

- 曲线倒圆角: 所创建的倒圆角通过指定的曲线。
- 完全倒圆角: 在两条边或两个面之间创建的半圆形过渡。
- 自动倒圆角: 同时在零件上创建多个恒定半径倒圆角。

2. 创建倒圆角特征注意事项

(1) 在设计过程中尽可能将圆角特征放在后边。

(2) 不要以圆角创建的边或相切边为参考标注尺寸。

3. 倒圆角特征创建流程

在【模型】选项卡的工程子工具栏中单击【倒圆角】命令→选择倒圆角对象→设置倒圆角类型→输入圆角半径(有时该步骤可以省略)→特征创建结束。

3.4 任务 10: 倒角特征的建立

在零件设计过程中,通常对零件的锐边进行倒角处理,以避免棱角过于尖锐,便于装配、方便搬运等。另外,倒角可增加零件造型的美观性。

创建如图 3-46 所示的零件。

图 3-46 带倒角零件

3.4.1 用旋转创建零件毛坯

(1) 单击【新建】图标 ，在新建对话框中选【零件】单选按钮,输入文件名 T3-46,取消选中【使用缺省模板】复选框,单击【确定】按钮,在打开的新文件选项对话框中选择 mmns_part_solid 模板,单击【确定】按钮。

(2) 在形状子工具栏单击【旋转】图标 ，以 FRONT 基准面作为草绘平面,绘制如图 3-47(a)所示的截面,旋转角度 –90°,生成的旋转零件毛坯如图 3-47(b)所示。

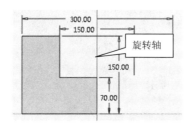

(a) 草绘旋转截面

(b) 旋转零件毛坯

图 3-47 创建旋转毛坯

3.4.2 创建 D×D 的倒角

(1) 单击工程子工具栏中的【倒角】图标 ◇倒角 (或【边倒角】图标 ◇边倒角),系统弹出如图 3-48 所示的边倒角操控板。

图 3-48 边倒角操控板

(2) 在实体中选择顶端内侧圆弧边作为要做倒角的边,如图 3-49(a)所示。

(3) 在边倒角操控板中,选择默认的"D×D"型式。

(4) 在文本框中输入倒角尺寸 D 的数值 10。

(5) 在操控板中单击 ✔ 按钮,生成"10×10"倒角特征,如图 3-49(b)所示。

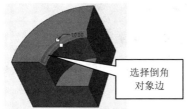

(a) 选择倒角边   (b) 生成 D×D 倒角特征

图 3-49 创建 D×D 倒角

3.4.3 创建 D1×D2 的倒角

(1) 单击工程子工具栏中【倒角】图标 ◇倒角 ,系统弹出边倒角操控板。

(2) 在实体中选择顶端外侧圆弧边作为要做倒角的边,如图 3-50(a)所示。

(3) 在边倒角操控板中选择"D1×D2"型式。

(4) 在文本框中分别输入倒角尺寸 D1 的数值为 10,D2 的数值为 20。

(5) 在边操控板中单击【预览】图标 6∂ ,以检查各要素是否正确。预览正确时单击 ✔ 按钮,生成 10×20 倒角特征,如图 3-50(b)所示。

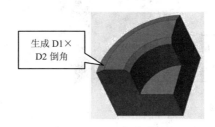

(a) 选择倒角边   (b) 生成 D1×D2 倒角特征

图 3-50 创建 D1×D2 倒角

❖ **注意**:预览 D1×D2 倒角方向不对时,单击边倒角特征操控板中的【反向】图标 ↗ 可使

D1、D2 数值互换。

3.4.4　创建角度×D 的倒角

(1) 单击工程子工具栏中【倒角】图标 ，系统弹出边倒角操控板。

(2) 在实体中选择内圆弧底边作为要做倒角的边，如图 3-51(a)所示。

(3) 在边倒角操控板中选择"角度×D"型式。

(4) 在边倒角操控板中分别输入倒角角度 30°和倒角尺寸 D 值 10。

(5) 在操控板中单击【预览】图标 ，预览正确时单击 ✔ 按钮，生成"30°×10"倒角特征，如图 3-51(b)所示。

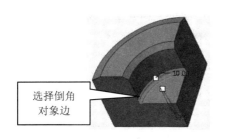
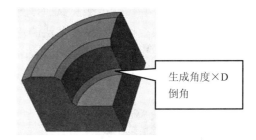

(a) 选择倒角边　　　　　　　　　　　(b) 生成角度×D 倒角特征

图 3-51　创建角度×D 倒角

3.4.5　创建 O×O 的倒角

(1) 单击【倒角】图标 ，系统弹出边倒角操控板。

(2) 在实体中选择外圆弧两端侧面竖直边作为要做倒角的边(注意：按 Ctrl 键选取两条边)，如图 3-52(a)所示。

(3) 在边倒角操控板中，角度标注型式自动显示为"O×O"。

(4) 在倒角操控板中输入倒角尺寸 O 的值 20。

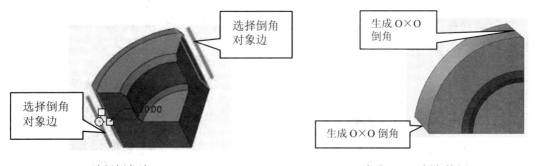

(a) 选择倒角边　　　　　　　　　　　(b) 生成 O×O 倒角特征

图 3-52　创建 O×O 倒角

(5) 在操控板中单击【预览】图标 ，预览正确时单击 ✔ 按钮，生成 20×20 倒角特征，如图 3-52(b)所示。

3.4.6　创建拐角倒角

(1) 单击工程子工具栏中【倒角】图标后的下拉箭头 ，在弹出的下拉选项中选择【拐角倒角】命令 ，系统弹出如图 3-53 所示的拐角倒角操控板。

图 3-53　拐角倒角操控板

(2) 在实体中选择如图 3-54(a)所示的顶点。

(3) 在拐角倒角操控板中分别输入 D1、D2、D3 的数值 70、60、60，如图 3-54(b)所示。

(4) 在拐角倒角操控板中单击【预览】图标 ，预览正确时单击 按钮，生成拐角倒角特征，如图 3-54(c)所示。

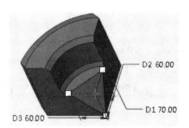

(a) 选择顶点　　　　　　　(b) 设置拐角倒角大小　　　　(c) 生成的拐角倒角特征

图 3-54　设置拐角倒角

3.4.7　倒角特征小结

1．倒角种类

按倒角的对象，可将倒角分为两种。

- 边倒角：将实体的边通过该命令改变为斜面。
- 拐角倒角：将拐角(三个面的顶点)通过该命令改变为斜面。

2．边倒角的标注形式

如图 3-55 所示，边倒角的标注形式共有以下 6 种。

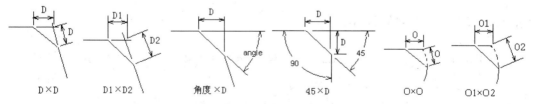

图 3-55　边倒角的标注形式

3．倒角特征创建流程

在【模型】选项卡的工程子工具栏中单击【倒角】→【边倒角】(或【拐角倒角】)命令→选择倒角对象→定义倒角标注形式→输入有关数值→特征创建结束。

3.5 任务 11：抽壳特征的建立

抽壳可用于创建薄壁中空零件，如花瓶、茶杯、盒形件和塑料制品等。使用抽壳命令创建如图 3-56 所示的零件。

图 3-56 抽壳零件

3.5.1 用拉伸创建零件毛坯

(1) 单击【新建】图标 📄，在新建对话框中选【零件】单选按钮，输入文件名 T3-56，取消选中【使用缺省模板】复选框，单击【确定】按钮，在打开的新文件选项对话框中选择 mmns_part_solid 模板，单击【确定】按钮。

(2) 单击【拉伸】图标 🔲拉伸，单击【放置】→【定义】按钮。

(3) 在绘图区选 TOP 基准面为草绘平面，单击【草绘】按钮，进入草绘模式，单击【草绘视图】图标 🔲，使选定的草绘平面与屏幕平行。

(4) 绘制如图 3-57 所示的截面，单击 确定 按钮，结束草图绘制。

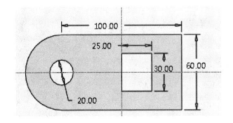

图 3-57 草绘拉伸截面

图 3-58 生成拉伸实体

(5) 在操控板中输入拉伸深度值 30。

(6) 在操控板中单击 ✔ 按钮，按 Ctrl + D 组合键，生成的拉伸实体如图 3-58 所示。

3.5.2 创建厚度均匀的抽壳零件

(1) 单击工程子工具栏中的【壳】图标 🔲壳，系统弹出如图 3-59 所示的壳特征操控板。

图 3-59 壳特征操控板

（2）选择刚生成的拉伸实体的上表面为开口面(移除的曲面)，如图 3-60 所示。在如图 3-61 所示的【参考】下滑面板中，【移除的曲面】收集器中即显示刚选中的开口曲面。

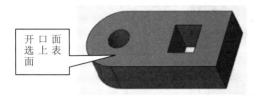

图 3-60　选择开口表面　　　　　　图 3-61　参考下滑面板中显示开口面

（3）在操控板中的【厚度】文本框中输入壳的厚度 3。

（4）在操控板中单击 ✔ 按钮，生成抽壳特征，结果如图 3-62 所示。

图 3-62　生成壁厚均匀的壳体

❖ 注意：系统默认情况下，将按输入的厚度生成壁厚均匀的壳体。

3.5.3　创建厚度不同的抽壳零件

（1）在屏幕左侧的模型树中右击刚生成的抽壳特征，在弹出的快捷菜单中选择【编辑选定对象的定义。】命令按钮 🖌，如图 3-63 所示，此时重新出现壳特征操控板。

（2）在操控板中打开【参考】下滑面板，在【非默认厚度】收集器中单击“单击此处添加项”文字将其激活，如图 3-64 所示。

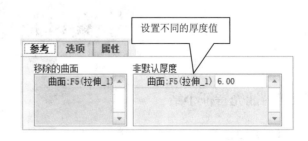

图 3-63　在模型树中右击刚生成的壳体　　　图 3-64　在参考下滑面板中设置不同厚度

（3）选实体上的孔表面为非缺省厚度面。

（4）输入新的厚度值 6。

(5) 在操控板中单击 ✅ 按钮，结果如图 3-65 所示，生成厚度不同(分别为 3，6)的壳体。

图 3-65　不同厚度的壳体

3.5.4　创建局部不参与抽壳的零件

(1) 在屏幕左侧的模型树中右击刚生成的抽壳特征，在弹出的快捷菜单中选择【编辑选定对象的定义。】命令按钮 🖱，此时重新出现壳特征操控板。

(2) 在操控板中打开【选项】选项卡，【排除的曲面】收集器中单击"单击此处添加项"文字将其激活，如图 3-66 所示。

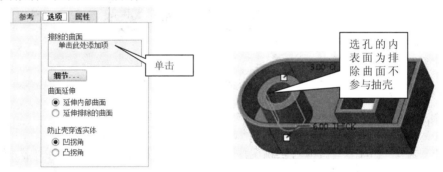

图 3-66　选项下滑面板　　　　　　　　　　图 3-67　选孔内表面不参与抽壳

(3) 选实体中孔的内表面为不参与抽壳的表面(即排除的曲面)。

(4) 在操控板中单击 ✅ 按钮，结果如图 3-68 所示，其中孔没有参与抽壳。

图 3-68　设置孔不参与抽壳产生的实体

3.5.5　抽壳特征小结

1. 开口表面

(1) 开口表面(移除曲面)可为平面，也可为曲面，如图 3-69(a)所示为弧面。

(2) 根据零件设计需要，开口表面可选择一个或多个，如图 3-69(b)所示为选择两个开口表面所产生的抽壳特征。

 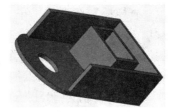

(a) 选择圆弧面为开口面　　　　　　(b) 选上表面及圆弧面为开口面

图 3-69　开口表面

(3) 如果未选取开口面(要移除的曲面)，则会创建一个"封闭"壳，将零件的整个内部都掏空，且空心部分没有入口。

2．抽壳厚度

(1) 默认情况下，抽壳产生的壳体厚度均匀一致。但也可以在操控板中打开【参考】下滑面板，在【非缺省厚度】收集器中设置不同的厚度。

(2) 输入的厚度值可正可负，正值表示由表面向内生成壳体，负值表示由表面向外生成壳体。

(3) 也可在操控板中单击图标 来使壳体生成在表面的内侧或外侧。

3．抽壳特征创建流程

在【模型】选项卡的工程子工具栏中单击【壳】命令→选择开口表面→输入壳体厚度→特征创建结束。

3.6　任务 12：筋特征的建立

在机械结构设计中，筋常用来减轻重量、增加强度、节省工件材料，特别在薄壁零件中应用十分普遍。筋可分为轮廓筋(直线筋、旋转筋)和轨迹筋。

使用筋命令分别创建如图 3-70 所示的直线筋、旋转筋和轨迹筋零件。

(a) 直线筋零件　　　　　　(b) 旋转筋零件　　　　　　　　　(c) 轨迹筋零件

图 3-70　带筋的零件

3.6.1　直筋的创建

1．用薄壁拉伸创建毛坯

(1) 单击【新建】图标 ，在新建对话框中选【零件】单选按钮，输入文件名 T3-70A，取消选中【使用缺省模板】复选框,单击【确定】按钮,在打开的新文件选项对话框中选择 mmns_part_solid 模板,单击【确定】按钮。

(2) 单击【拉伸】图标 ![拉伸],拉伸类型选【加厚草绘】。选 FRONT 基准面为草绘平面,单击【草绘视图】图标,绘制如图 3-71(a)所示的 L 型拉伸截面,对称拉伸,拉伸深度值为 200,加厚厚度值为 20,生成的拉伸特征如图 3-71(b)所示。

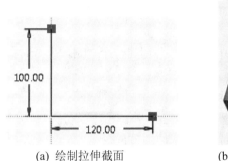

(a) 绘制拉伸截面   (b) 生成薄壁拉伸毛坯

图 3-71 用薄壁拉伸特征创建毛坯

2.创建中间筋板

(1) 单击工程子工具栏中的【筋】图标 中的【轮廓筋】,系统弹出轮廓筋特征操控板,如图 3-72 所示。

图 3-72 轮廓筋特征操控板

(2) 选择 FRONT 基准面作为草绘平面,单击【草绘视图】按钮。

(3) 绘制如图 3-73 所示的截面(一条斜线),再利用【重合】约束,使图形两个端点与实体边对齐,单击 按钮,结束草图绘制。

❖ **注意**:轮廓筋特征的截面为单一截面,必须开放,不允许封闭,两端点要与实体边对齐。

(4) 此时模型中的箭头代表筋生成的区域,在箭头处单击可改变方向(或在【参考】下滑面板中单击【反向】按钮),使箭头指向筋要生成的区域(向内),如图 3-74 所示。

(5) 在厚度文本框中输入筋厚度为 20。

(6) 在操控板中单击 按钮,生成中间筋板结果如图 3-75 所示。

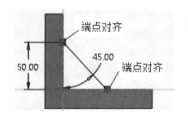      

图 3-73 草绘筋的开放截面   图 3-74 箭头指向筋生成的区域   图 3-75 生成中间筋板

3. 创建两侧筋板

(1) 单击【轮廓筋】图标 轮廓筋 。

(2) 选择实体左前侧面为草绘平面，单击【草绘视图】按钮 。

(3) 绘制如图 3-76 所示的截面，再利用【重合】约束 ，使图形两个端点与实体边对齐，单击 按钮，结束草图绘制。

(4) 在箭头上单击，改变方向使箭头向内，指向筋要生成的区域，如图 3-77 所示。

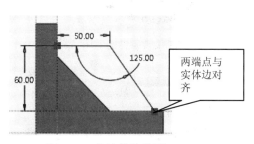

图 3-76 草绘筋的截面

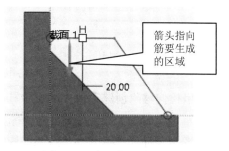

图 3-77 确定筋生成的区域

(5) 在厚度文本框中输入筋厚度为 20。

(6) 单击【已保存方向】图标 ，在下拉列表中选择 RIGHT RIGHT ，在操控板中单击 图标，观察绘图区筋厚度生成的方向(向右)，如图 3-78 所示。

❖ **注意**：筋沿绘图面生成有三种情况：沿绘图面两侧对称生成(系统默认情况)；沿绘图面一侧生成；沿绘图面另一侧生成。在特征操控板中单击 图标，可在三种厚度生成方向之间切换。筋只能在实体上生成而不能超出实体，故此图另外两种情况(向左、两侧)筋生成都会失败。

(7) 在操控板中单击 按钮，生成左侧筋板结果如图 3-79 所示。

(8) 用同样的步骤，完成右侧筋的创建，最后生成的实体如图 3-80 所示。

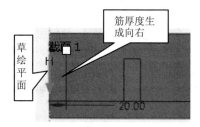

图 3-78 筋生成的厚度方向

图 3-79 生成左侧筋板

图 3-80 生成右侧筋板

3.6.2 旋转筋的创建

1. 用旋转方式创建零件毛坯

(1) 按 Ctrl + N 键，在新建对话框中选【零件】单选按钮，输入文件名 T3-70B，取消选中【使用缺省模板】复选框，单击【确定】按钮，在打开的新文件选项对话框中选择 mmns_part_solid 模板，单击【确定】按钮。

(2) 单击【旋转】图标 旋转 ，旋转类型选【加厚草绘】 。选 FRONT 基准面为草

绘平面，单击【草绘视图】图标 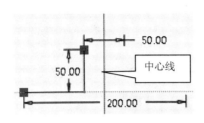，绘制如图 3-81(a)所示的 L 型旋转截面，加厚厚度为 20，旋转角度 360°，生成的旋转零件的毛坯如图 3-81(b)所示。

(a) 绘制旋转截面　　　　　　　(b) 旋转零件的毛坯

图 3-81　用旋转特征创建零件毛坯

2．用拉伸移除创建毛坯上的三个孔

(1) 单击【拉伸】图标 ，再单击【移除材料】按钮 。

(2) 选上表面为草绘平面，绘制如图 3-82(a)所示的截面，拉伸深度为【穿透】。移除三个孔后的毛坯如图 3-82(b)所示。

(a) 草绘截面(三个孔)　　　　　　(b) 生成移除三个孔后的毛坯

图 3-82　在毛坯上移除三个孔

3．建立第一个旋转筋特征

(1) 单击工程子工具栏中的【筋】图标 中的【轮廓筋】 ，系统弹出轮廓筋特征操控板。

(2) 选择 FRONT 基准面作为草绘平面，单击【草绘视图】图标 。

(3) 绘制如图 3-83(a)所示的截面(一条斜线)，再利用【重合】约束 ，使图形两个端点与实体边对齐，单击 按钮，结束草图绘制。

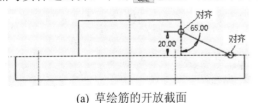 

(a) 草绘筋的开放截面　　　　　　(b) 箭头指向筋生成的区域

图 3-83　定义旋转筋

(4) 此时模型中的箭头代表筋生成的区域，在箭头处单击可改变方向(或在【参考】下滑面板中单击【反向】按钮)，使箭头指向筋要生成的区域(向内)，如图 3-83(b)所示。

(5) 在厚度文本框中输入筋厚度为 20。

(6) 在操控板中单击 按钮，生成第一条旋转筋结果如图 3-84 所示。

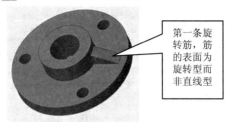

第一条旋转筋，筋的表面为旋转型而非直线型

图 3-84 生成第一条旋转筋

❖ 注意：旋转筋的草绘平面必须通过旋转实体的旋转轴，否则无法生成筋特征。

4．建立第二个旋转筋特征

(1) 单击基准子工具栏中的【基准平面】图标 ，按住 Ctrl 键，同时选择基准面 RIGHT 和旋转轴 A_1 作为参考，如图 3-85(a)所示。在弹出的如图 3-85(b)所示的基准平面对话框中输入旋转角度 30°，单击【确定】按钮，则创建一个通过 A_1 旋转轴并与基准面 RIGHT 成 30° 夹角的 DTM1 准面，如图 3-86 所示。

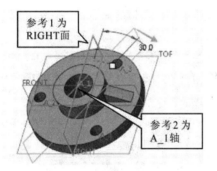

(a) 选择参考   (b) 基准平面对话框

图 3-85 创建新的基准平面

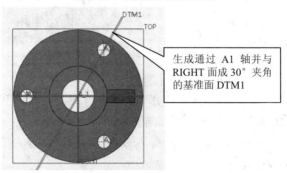

生成通过 A1 轴并与 RIGHT 面成 30° 夹角的基准面 DTM1

图 3-86 生成基准平面 DTM1

(2) 在工程子工具栏【筋】图标 中单击【轮廓筋】 ，系统弹出轮廓筋特征操控板。

(3) 选择刚创建的 DTM1 基准面作为草绘平面，单击【草绘视图】图标 。

(4) 绘制如图 3-87(a)所示的截面(一条斜线)，再利用【重合】约束 ，使图形两个端点与实体边对齐，单击 按钮，结束草图绘制。

Creo 3.0 项目化教学任务教程

(5) 在厚度文本框中输入筋厚度为 20。

(6) 在操控板中单击 ✔ 按钮，生成第二条旋转筋结果如图 3-87(b)所示。

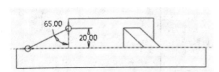
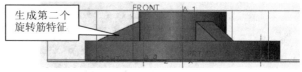

(a) 草绘第二个筋的开放截面　　　　　(b) 生成第二个旋转筋特征

图 3-87　创建第二个旋转筋

5．建立第三个旋转筋特征

用同样的方法，按照建立第二个旋转筋特征的步骤，创建一个通过 A_1 旋转轴并与基准面 FRONT 成 –30° 夹角的 DTM2 基准面，以 DTM2 基准面作为草绘平面，绘制的截面尺寸与第二个旋转筋相同，筋厚度为 20，生成的带三个互为 120° 旋转筋特征的零件如图 3-70(b)所示。

3.6.3　轨迹筋的创建

1．用拉伸、倒圆角、抽壳方法创建零件毛坯

(1) 按 Ctrl + N 键，在新建对话框中选【零件】单选按钮，输入文件名 T3-70C，取消选中【使用缺省模板】复选框，单击【确定】按钮，在打开的新文件选项对话框中选择 mmns_part_solid 模板，单击【确定】按钮。

(2) 单击【拉伸】图标 ，选 TOP 基准面为草绘平面，绘制如图 3-88(a)所示的拉伸截面，拉伸深度值为 20，生成的拉伸实体如图 3-88(b)所示。

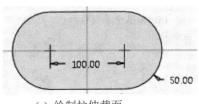
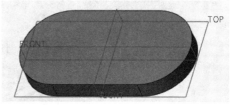

(a) 绘制拉伸截面　　　　　　(b) 生成拉伸实体

图 3-88　用拉伸特征创建毛坯

(3) 单击【倒圆角】图标 ，选择实体的底边线作为倒圆角对象，圆角半径为 10，在操控板中单击 ✔ 按钮，生成了底部倒圆角。

(4) 单击【壳】图标 ，选择拉伸实体的上表面为开口面，壳的厚度为 3，在操控板中单击 ✔ 按钮，生成抽壳特征如图 3-89 所示。

图 3-89　创建抽壳特征

(5) 单击基准子工具栏中的【基准平面】图标 ，选实体上表面作为参考，在弹出的基准平面对话框中，输入偏移距离 5，注意偏移方向箭头向下，单击【确定】按钮，则创建了一个距实体上表面向下 5 的 DTM1 基准面，如图 3-90 所示，该平面将作为轨迹筋的草绘平面。

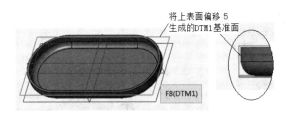

图 3-90　创建新基准面 DTM1

2. 创建轨迹筋

(1) 单击工程子工具栏中的【筋】图标 筋 中的【轨迹筋】 轨迹筋 ，系统弹出轨迹筋特征操控板，如图 3-91 所示。

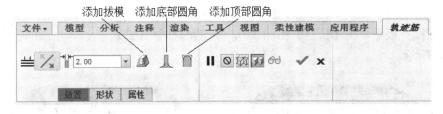

图 3-91　轨迹筋特征操控板

(2) 单击【放置】→【定义】按钮。选择刚创建的 DTM1 基准面作为草绘平面，单击【草绘】按钮，单击【草绘视图】图标 。

(3) 绘制如图 3-92 所示的截面，由二条水平线和三条垂直线共五条线段交叉组成，尺寸可以自定，完成后单击 确定 按钮，结束草图绘制。

❖ 注意：轨迹筋特征的轨迹线可以交叉，各端点不必与实体边对齐，端点既可不超出实体边，也可超出实体边。

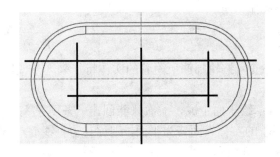

图 3-92　草绘筋的轨迹截面

(4) 旋转实体，观察模型中黄色箭头代表筋生成的方向，在箭头处单击可改变方向，使箭头指向筋要生成的区域(朝里)。

（5）输入筋厚度为 2。

（6）在操控板中打开【形状】选项卡如图 3-93 所示，分别单击【添加拔模】、【添加底部倒圆角】、【添加顶部倒圆角】图标，对筋进行拔模斜度 1°、底部倒圆角 1 和顶部倒圆角 0.5 的设置，如图 3-94 所示。

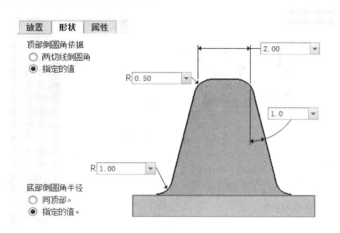

图 3-93　在形状下滑面板中设置筋的细节

（7）在操控板中单击【预览】图标，预览正确时单击✔按钮，生成的轨迹筋特征如图 3-95 所示。

图 3-94　轨迹筋的参数

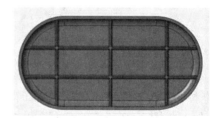

图 3-95　生成的轨迹筋(俯视)

❖ 注意：不用输入轨迹筋的高度，其高度是由轨迹筋的草绘平面到筋所附着实体的距离来自定的。

3.6.4　筋特征小结

1. 筋的分类

筋分为轮廓筋和轨迹筋，按轮廓筋所附着的实体特征来区分，轮廓筋又分为直线筋和旋转筋。

（1）轮廓筋：筋沿着草绘平面生成，一次只能创建一条筋。

① 直线筋：筋所附着的实体表面皆为平面，则称其为直线筋，其特点是筋特征表面也为平面，如图 3-75 和图 3-80 所示。

② 旋转筋：筋所附着的实体表面中有旋转曲面，则称其为旋转筋，其特点是筋特征表面也为旋转曲面，如图 3-84 所示。

（2）轨迹筋：筋垂直于草绘平面生成。轨迹筋的生成更有灵活性，在特征操控板中可对其进行拔模及倒圆角设置，可一次性创建多条筋。

2．筋的截面

1) 轮廓筋的截面

(1) 轮廓筋特征的截面为单一截面。

(2) 轮廓筋截面必须开放，不允许封闭。

(3) 筋开放截面的两个端点要与实体边对齐，可以利用约束工具中的【重合】 ⊸，使图形两个端点与实体边对齐。

2) 轨迹筋的截面

(1) 轨迹筋的截面轨迹线既可为单条线段，也可为多条线段，各线段间可相交。

(2) 轨迹筋的截面轨迹线既可开放，也可封闭。

(3) 开放的截面轨迹线可以与实体相交(超出实体)，也可以在实体内未超出实体，但延伸线要与实体相交，如图3-92所示。

3．筋特征的厚度定义方式

(1) 轮廓筋特征(不管是直线筋还是旋转筋)，其厚度沿绘图面生成有三种情况。

① 两侧对称生成，此为默认情况；

② 沿一侧生成；

③ 沿另一侧生成。

通过在筋操控板中单击 图标，可在三种厚度生成方式之间切换，如图3-96所示。

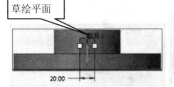 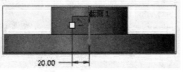 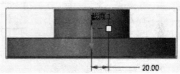

(a) 沿草绘平面对称生成　　　　(b) 在草绘平面左侧生成　　　　(c) 在草绘平面右侧生成

图3-96　轮廓筋厚度生成的方式

(2) 对轨迹筋，其厚度只能沿轨迹线两侧对称生成。

(3) 筋只能在其附着的实体上生成而不能超出实体。

4．筋特征创建流程

在【模型】选项卡的工程子工具栏中，单击【筋】→【轨迹筋】或【轮廓筋】命令→选择草绘平面→绘制筋的截面(轨迹或轮廓)→确定筋所涵盖的区域→输入筋的厚度→对轮廓筋确定筋厚度生成的侧面方向→特征创建结束。

3.7　任务13：拔模特征的建立

在结构设计中，凡是以开模方式(如注塑模、压铸模、铸造和锻造模等)生成的零件，开模时考虑到成型工艺性，零件一般都要沿开模方向设计出拔模斜度，以便从模具中取出零件，根据零件材料及成型工艺的不同，对拔模角大小也有不同的要求。

使用拔模特征创建如图 3-97 所示的塑料盆。

图 3-97　用拔模创建的塑料盆

3.7.1　用旋转创建毛坯

单击【新建】图标 ，在新建对话框中选【零件】单选按钮，输入文件名 T3-97，取消选中【使用缺省模板】复选框，单击【确定】按钮，在打开的新文件选项对话框中选择 mmns_part_solid 模板，单击【确定】按钮。

1．用旋转创建毛坯

单击【旋转】图标 。以 FRONT 基准面为草绘平面，绘制如图 3-98(a)所示的截面，旋转角度 360°，生成的旋转特征如图 3-98(b)所示。

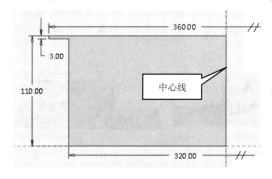

(a) 绘制旋转截面

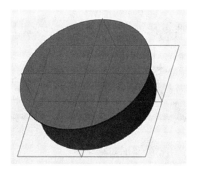

(b) 生成旋转毛坯

图 3-98　用旋转特征创建零件毛坯

2．用旋转移除创建盆底凹面

单击【旋转】图标 ，再单击【移除材料】图标 。以 FRONT 基准面为草绘平面，绘制如图 3-99 所示的截面，旋转角度 360°，生成的用旋转移除方法切除盆底凹面如图 3-100 所示。

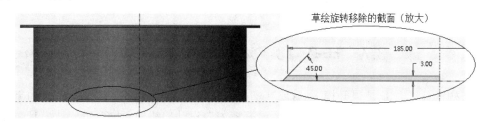

图 3-99　用旋转移除特征切除盆底凹面的草绘截面

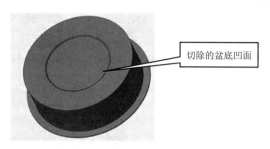

图 3-100 用旋转移除方法切除的盆底凹面

3.7.2 创建拔模特征

(1) 单击工程子工具栏中的【拔模】图标 拔模 ，弹出拔模特征操控板，如图 3-101 所示。

图 3-101 拔模特征操控板

(2) 在绘图区选择如图 3-102 所示的圆周侧表面作为拔模表面(对象)。

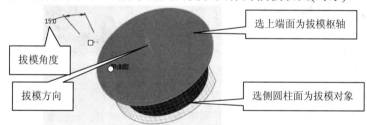

图 3-102 选择拔模面、拔模枢轴、拔模方向

(3) 在拔模操控板中单击左侧的【单击此处添加项】 ● 单击此处添加项 ，在模型中选择如图 3-102 所示的上端面为拔模枢轴。此时系统会以所选的拔模对象与枢轴平面的交线作为拔模枢轴。

(4) 系统在操控板右侧的【单击此处添加项】 ● 单击此处添加项 自动显示上步选取的上端面，如图 3-102 所示，即系统默认该平面的法线方向为拖动方向(出现黄色箭头)。

❖ 注意：在默认情况下，系统自动以选取的拔模枢轴平面的法线方向作为拔模方向。用系统默认时，此步可以省略。

(5) 输入拔模角 15°，通过单击 图标可以更改拔模角度方向，如图 3-103 所示。

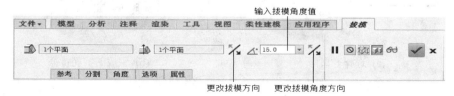

图 3-103 在操控板中输入拔模角度

Creo 3.0 项目化教学任务教程

❖ **注意**：定义拔模曲面、拔模枢轴、拖动方向也可以在特征操控板中单击【参考】选项卡，
【参考】下滑面板中实现，如图 3-104 所示。

(6) 在拔模操控板中单击 ✔ 按钮，生成的拔模特征如图 3-105 所示。

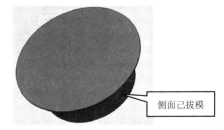

图 3-104　参考下滑面板　　　　图 3-105　生成拔模特征

3.7.3　创建等半径倒圆角

单击工程子工具栏中的【倒圆角】图标 ，选择如图 3-106(a)所示的四条棱边，
分别创建半径 R10、R30、R6、R3 的倒圆角，生成的实体如图 3-106(b)所示。

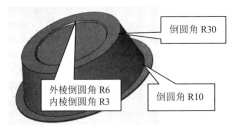

(a) 选择边线倒圆角　　　　　　　　(b) 生成的圆角特征

图 3-106　创建倒圆角特征

❖ **注意**：倒圆角只能在拔模之后进行，否则不能创建拔模特征。

3.7.4　创建抽壳实体

单击工程子工具栏中的【壳】图标 ，选择如图 3-107(a)所示的表面作为开口面，
抽壳厚度为 3，生成的盆如图 3-107(b)所示，该零件创建完毕。

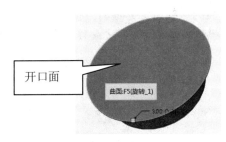

(a) 选择开口面　　　　　　　　　(b) 生成的抽壳特征

图 3-107　用抽壳特征最终完成创建盆

❖ **注意**：抽壳一般在拔模之后进行，以保证零件壁厚的均匀性。

3.7.5 拔模特征小结

1. 拔模类型

拔模分为基本拔模、分割拔模、可变拔模三种类型。

(1) 基本拔模：也叫恒定拔模，在整个拔模曲面上拔模角度恒定不变。

(2) 分割拔模：在拔模曲面的不同部分，可设置不同的拔模角度。

(3) 可变拔模：在整个拔模曲面上拔模角度变化，在拔模曲面上设置控制点，各控制点可有不同的拔模角度。

本教材只介绍基本拔模，对分割拔模和可变拔模读者可参阅其他参考资料学习。

2. 几个与拔模特征有关的名词

(1) 拔模曲面：要实施拔模的曲面，即拔模对象。

(2) 拔模枢轴：曲面围绕其旋转的拔模曲面上的线。可通过选择平面(在此情况下拔模曲面围绕它们与此平面的交线旋转)或选择拔模曲面上的单个曲线链来定义拔模枢轴。

(3) 拖动方向(拔模方向)：用于测量拔模角度的方向，通常为模具开模的方向。可通过选择平面(在这种情况下拖拉方向垂直于此平面)、直边、基准轴或坐标系的轴来定义它。

(4) 拔模角度：拔模方向与生成的拔模曲面之间的角度，在 $-89.9°\sim89.9°$ 之间。

3. 对拔模曲面的要求

(1) 拔模曲面只能是平面或可展开成为平面的柱面(如通过拉伸特征产生的表面)。锥面、球形面及非柱状曲面不能产生拔模特征。

(2) 带圆角的面不能拔模。所以如果一个实体上同时有拔模和倒圆角特征时，一定要先拔模，后倒圆角。

4. 拔模特征、倒圆角特征、抽壳特征三者之间的创建顺序

在零件设计过程中，如一个零件同时存在拔模特征、倒圆角特征和抽壳特征，则这 3 类特征的创建顺序会对造型产生重要影响，甚至会导致特征实体创建失败，综合分析如表 3-1 所示。读者可按表 3-1 中列出的 6 种不同顺序分别创建任务 13 中的盆，看看有什么结果，以加深对表中内容的充分理解。

表 3-1 拔模、圆角和抽壳特征创建顺序对结果的影响

序号	特征创建顺序	结 果		原因分析
1	抽壳→圆角→拔模	特征产生失败		带圆角的表面不能产生拔模特征，故圆角不能在拔模前产生
2	圆角→抽壳→拔模	特征产生失败		
3	圆角→拔模→抽壳	特征产生失败		
4	抽壳→拔模→圆角	成功、壁厚不匀、壳体内无圆角、结果不理想	壁厚不匀，内无圆角	抽壳后再拔模会产生壁厚不匀；抽壳后再倒圆角会产生壳体内无圆角现象

序号	特征创建顺序	结　　果	原因分析
5	拔模→抽壳→圆角	成功、壁厚均匀，但壳体内无圆角、结果不理想	壁厚均匀，内无圆角	拔模后再抽壳壁厚均匀；抽壳后再倒圆角会产生壳体内无圆角现象
6	拔模→圆角→抽壳	成功、壁厚均匀、壳体内有圆角、结果理想	壁厚均匀，内有圆角	拔模必须在圆角之前产生，最后抽壳可使壁厚均匀、壳体内外均有圆角

5．拔模特征创建流程

在【模型】选项卡的工程子工具栏中单击【斜度】命令→选取拔模曲面→定义拔模枢轴→确定拔模方向→输入拔模角度→特征创建结束。

3.8 任务 14：孔特征的建立

孔在各种零件中最为常见，孔的用途非常广泛，如各种零件的连接部位常有销孔、螺纹连接过孔、沉孔、螺纹孔等。使用孔工具可以方便地创建各种直孔、锥孔、台阶孔、螺纹孔等。

下面使用孔特征创建如图 3-108 所示连接块上的孔。该零件左右两侧为穿 M8 螺钉的沉头过孔，中部有贯穿实体的 M6×1 螺纹顶丝孔。

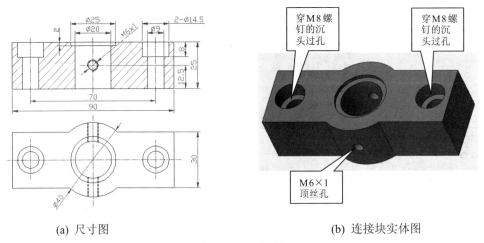

(a) 尺寸图	(b) 连接块实体图

图 3-108　连接块

3.8.1　用拉伸创建连接块毛坯

(1) 单击【新建】图标 ，在新建对话框中选【零件】单选按钮，输入文件名 T3-108，取消选中【使用缺省模板】复选框，单击【确定】按钮，在打开的新文件选项对话框中选择 mmns_part_solid 模板，单击【确定】按钮。

❖ **注意**：由于零件上有螺纹孔，螺纹孔尺寸为公制单位，其拉伸实体也应为公制单位，如果不选择 mmns_part_solid 模板而使用英制单位制，会导致螺纹孔实际尺寸过小而几乎看不到，一定要注意选公制单位制。

(2) 单击【拉伸】图标 🔳 **拉伸**，在绘图区选 TOP 基准面为草绘平面，绘制如图 3-109(a) 所示的拉伸截面，拉伸深度值为 25，生成的拉伸特征如图 3-109(b)所示。

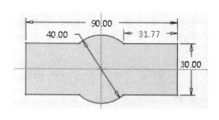
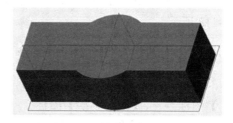

(a) 绘制拉伸截面   (b) 生成的连接块毛坯

图 3-109 用拉伸特征创建连接块毛坯

3.8.2 创建中间简单孔

(1) 单击工程子工具栏中的【孔】图标 🔳 **孔** ，弹出孔特征操控板，如图 3-110 所示。

(2) 在操控板中单击【简单孔】图标 ⊔ (此为系统默认，可省略)。

(3) 在操控板中将孔的直径设置为 20，深度类型选择 ⊥，输入孔深值 25。

图 3-110 孔特征操控板

❖ **注意**：孔深度的定义类型与拉伸特征的深度定义类型类似。

(4) 在操控板中单击【放置】按钮，打开放置下滑面板，如图 3-111(a)所示。在绘图区选择毛坯上表面作为孔的放置面。

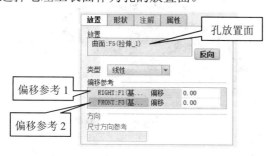
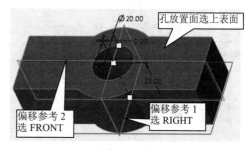

(a) 放置下滑面板   (b) 选择孔的偏移参考

图 3-111 放置下滑面板和孔的偏移参考

(5) 在【放置】下滑面板中，孔的放置类型选择【线性】。

(6) 在【偏移参考】框中单击"单击此处添加项…"文字，提示"选择 2 个项"，选择 RIGHT 基准面为第一参考；按住 Ctrl 键，选取 FRONT 基准面为第二参考，如图 3-111(b)所示。在偏移参考中，将偏移距离都设置为 0，如图 3-111(a)所示。

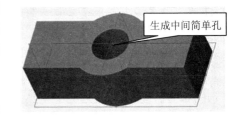

图 3-112　生成中间简单孔特征

(7) 在操控板中单击 ✓ 按钮，生成的中间简单孔如图 3-112 所示。

3.8.3　用草绘孔创建左侧台阶孔

(1) 单击工程子工具栏中的【孔】图标 孔，在如图 3-113 所示的操控板中依次单击【草绘孔】图标、【激活草绘】图标，进入草绘界面。

(2) 绘制孔的中心线及如图 3-114 所示的封闭图形，单击 确定 按钮，结束孔截面的绘制。

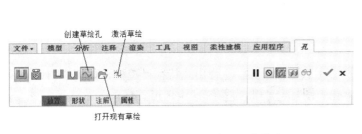

图 3-113　在孔操控板中设置草绘孔

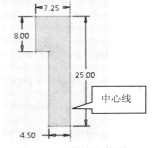

图 3-114　草绘孔截面

(3) 在操控板中单击【放置】按钮，打开放置下滑面板，在绘图区选择实体上表面作为孔的放置面。

(4) 在放置下滑面板中选择孔的放置类型为【径向】选项。

(5) 在【偏移参考】框中单击"单击此处添加项…"文字，提示"选择 2 个项"，选择刚生成直孔的轴线 A_1 为第一参考；按住 Ctrl 键，选择实体的左前侧面为第二参考。将半径值设为 35，角度值设为 0，如图 3-115 所示。

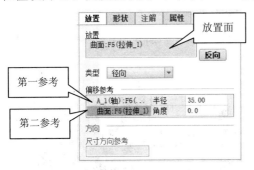

(a) 放置下滑面板及设置

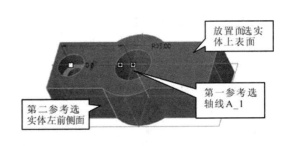

(b) 指定放置面和偏移参考

图 3-115　放置下滑面板和孔的偏移参考

❖ **注意**：角度值为要创建的新孔与所选轴线参照轴(如本例为 A_1)的连线与所选平面参考(如本例为左前侧面)的夹角。

项目三　零件设计

(6) 单击【预览】图标 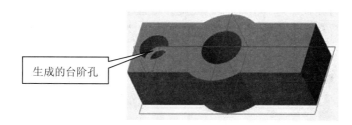，预览孔位正确时单击 ✓ 按钮，生成的左侧草绘台阶孔如图 3-116 所示。

生成的台阶孔

图 3-116　用草绘孔生成的左侧草绘台阶孔

3.8.4　用标准孔创建右侧台阶孔

(1) 单击【孔】图标 ⋔孔，在如图 3-117 所示的操控板中依次单击【标准孔】、【添加攻丝(螺纹)】 ⊕ (在此为取消添加螺纹)、【螺纹过孔】 ⊐⊏、【添加沉孔】图标 ⊣⊢。

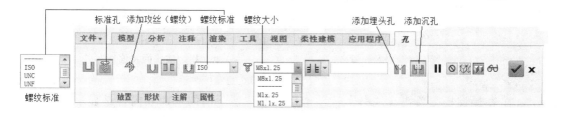

图 3-117　在孔特征操控板中设置标准孔的参数

❖ 注意：在选中【标准孔】时，系统默认同时选中【添加螺纹】 ⊕，此时为标准螺孔。由于在此要设置螺纹过孔，故要单击【添加螺纹】图标 ⊕ 而将其取消。

(2) 在操控板中选择螺纹类型为 ISO，螺纹大小为 M8 × 1.25，深度类型为【穿透】 ⊣⊢。

(3) 单击【形状】选项卡，打开形状下滑面板，选择螺钉与过孔之间的配合形式为【中等拟合】选项，则该过孔的尺寸由系统按标准尺寸自动配置为 ϕ9，如图 3-118 所示。

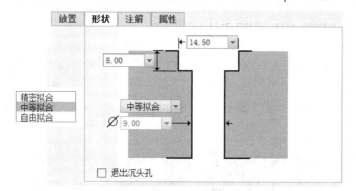

图 3-118　在形状下滑面板中设置标准孔的参数

❖ 注意：标准孔中的过孔(间隙孔)是指穿过螺纹标准件的通孔，过孔的大小根据标准件直径及其与该标准件的拟合方式来确定。拟合方式按螺纹标准件与过孔之间的间隙由小到大分为精密拟合、中等拟合和自由拟合三种。

- 91 -

(4) 在操控板中单击【放置】按钮，打开放置下滑面板，在绘图区选择实体上表面作为孔的放置面。

(5) 在放置下滑面板中选择孔的放置类型为【直径】选项。

(6) 单击【偏移参考】框的"单击此处添加项…"文字，选择中间直孔的轴线 A_1 为第一参考；按住 Ctrl 键，选择实体的右侧面为第二参考。将直径值设为 70，角度值设为 90，如图 3-119 所示。

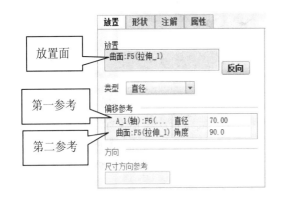

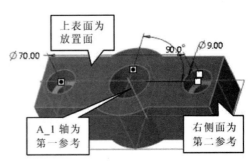

(a) 放置下滑面板及设置　　　　　　　(b) 指定放置面和偏移参考

图 3-119　放置下滑面板和孔的偏移参考

(7) 在操控板中单击【注解】选项卡，打开注解下滑面板，其内容是显示该标准孔的注解，如图 3-120 所示。选中【添加注解】复选框，则该注释添加在绘图区已创建的孔上。

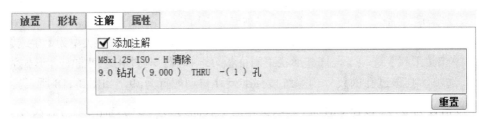

图 3-120　注解下滑面板

❖ 注意：一般情况下，为避免注释干扰视线，可取消注解下滑面板中的【添加注解】选项，使注释文字不用显示。

(8) 在操控板中单击【预览】图标 ，预览孔位正确时单击 按钮，生成的右侧台阶过孔如图 3-121 所示。

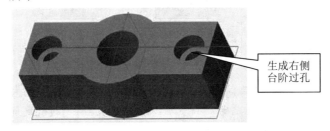

图 3-121　用标准孔生成的右侧台阶过孔特征

3.8.5 用标准孔创建中间顶丝螺纹孔

(1) 单击【孔】图标 🔩孔，在如图 3-122 所示的操控板中单击【标准孔】🔩。

图 3-122 在孔特征操控板中设置螺纹孔的参数

❖ 注意：在选中 🔩 图标时，计算机默认为同时选中【添加螺纹】图标 ⊕，故不用再单击 ⊕ 图标。

(2) 在操控板中选择螺纹类型为 ISO，螺纹大小为 M6×1，深度类型为【穿透】 ⧉。单击【形状】选项卡，打开形状下滑面板，选择螺纹长度为【全螺纹】选项，如图 3-123 所示。

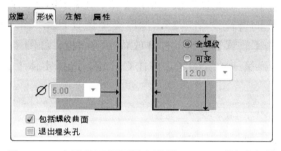

图 3-123 在形状下滑面板上设置 M6×1 顶丝孔参数

(3) 在操控板中单击【放置】按钮，打开放置下滑面板，在绘图区选择实体前侧圆弧表面作为孔的放置面。

(4) 在放置下滑面板中采用默认的孔的放置类型为【径向】选项。

(5) 单击【偏移参考】框的"单击此处添加项···"文字，选中 RIGHT 基准面为第一参考，将角度值设为 0 度；按住 Ctrl 键，选取实体的上表面为第二参考，轴向距离值设为 12.5，如图 3-124 所示。

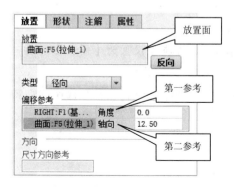

(a) 放置下滑面板及设置

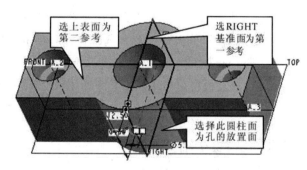

(b) 指定放置面和偏移参考

图 3-124 放置下滑面板和孔的偏移参考

(6) 在操控板中单击【预览】图标 6d，预览孔位正确时单击 ✔ 按钮，生成的中间顶丝孔 M6×1 如图 3-125 所示。

图 3-125　生成的中间顶丝孔 M6×1

❖ **注意**：此方法生成的螺孔与后面学习的用螺旋扫描方法生成的螺孔不同，螺旋扫描方法生成的螺孔为真正的螺孔，而此法生成的螺孔在着色显示时与一般孔无区别，在线框显示及工程图显示时与机械制图规则类似，有螺纹细实线。

3.8.6　创建中间台阶孔

(1) 单击【孔】图标 孔，在操控板中单击【简单孔】图标 U (此为系统默认，可省略)。

(2) 在操控板中将孔的直径设置为 25，深度类型选择 ⬆，输入孔深值 2。

(3) 在操控板中单击【放置】按钮，打开放置下滑面板，如图 3-126 所示。在绘图区选择中间直孔的轴线 A_1 为第一放置参考，按住 Ctrl 键，选择实体上表面为孔的第二放置参考；如图 3-126 所示。

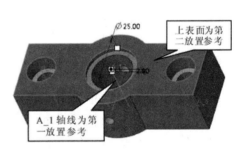

(a) 放置下滑面板及设置　　　　　　　(b) 指定两个放置参考

图 3-126　放置下滑面板和孔的放置参考

❖ **注意**：选择孔的轴线 A_1 为放置参考后，系统自动将放置类型设置为【同轴】选项，此时给定 2 个放置参考即可，不用再定义孔的偏移参考。

(4) 在操控板中单击【预览】图标 6d，预览孔位正确时单击 ✔ 按钮，生成中间台阶孔，最终完成的零件如图 3-108(b)所示。

3.8.7　孔特征小结

1. 孔特征的分类

(1) U 简单孔：孔径在轴线方向上为始终不变的孔。简单孔有不同的末端形状(平底、尖底)。

(2) ▦ 草绘孔：绘制的孔的轴向剖截面绕轴线旋转所产生的孔。

(3) ▦ 标准孔：与螺纹相关的孔，标准孔又分三种类型。

① ▦：标准螺纹孔；

② ▦：标准螺纹底孔(无螺纹)；

③ ▦：标准螺纹过孔(无螺纹)。

在标准孔孔口端部可增加埋头孔 ▦ 或沉头孔 ▦ 形状。

2．孔特征的放置参考

(1) 平面：孔的放置面可以是基准面或实体上的某一表面。此时孔的定位类型可以为【线性】、【径向】和【直径】方式。

(2) 曲面：孔的放置面可以是圆柱面或圆锥面。此时孔的定位类型只能为【径向】方式，如图 3-125 中创建的中间顶丝孔 M6 × 1。

(3) 轴和曲面：以选定的轴线或曲面(包括平面和圆柱面或圆锥面)的交点作为放置参考(轴线和曲面要垂直)。此时孔的定位类型只能为【同轴】方式，如图 3-126 中创建的中间台阶孔。

(4) 基准点：以基准点作为孔的放置参考，此时孔的定位类型只能为【在点上】方式。

3．孔特征的定位类型及其与参考之间的关系

孔的定位类型有五种，它们和放置参考及偏移参考有一定的关系。

(1) 线性：如孔的放置参考为平面，则偏移参考可选两条边或两个平面，以孔的中心线与选定的边或者面的线性距离确定孔的位置，如图 3-111 所示。

(2) 径向：按所选放置参考分两种情况。

① 如孔的放置参考为平面，则偏移参考可选一个中心轴和一个平面，用半径表示孔的中心轴到所指定的参考轴之间的距离，用角度定义孔的中心轴与参考轴连线和选定的参考平面间的夹角，如图 3-115 所示。

② 如孔的放置参考为圆柱或圆锥面，则偏移参考要选择两个平面，分别标注孔中心线到一个平面的轴向距离和中心线与另一平面的夹角，如图 3-124 所示。

(3) 【直径】：同径向，只是使用直径来标注位置尺寸，如图 3-119 所示。

(4) 【同轴】：孔的放置参考需同时选择一条已存在的轴线和一个平面，轴线作为基准轴定位孔的中心，平面作为孔的放置面，如图 3-126 所示。

(5) 【在点上】：如孔的放置参考为基准点，将孔与位于曲面上的或偏移曲面的基准点对齐，此类型不需要偏移参考。

4．标准孔中的螺纹类型

螺纹类型有三种：

(1) ISO：国际标准螺纹，我国广泛采用这种螺纹。

(2) UNC：英制粗牙螺纹。

(3) UNF：英制细牙螺纹。

5．草绘孔的截面

(1) 草绘孔截面为通过孔轴线方向的截面。

(2) 必须绘制中心线作为孔的旋转轴线，截面必须封闭且位于中心线一侧。

(3) 截面必须有与旋转轴垂直的边，否则无法生成孔，如图 3-127 所示。

如有一条垂直边，则此边在孔放置时与所选择的放置平面对齐。

如有两条垂直边，则上方的边与所选择的放置平面对齐。

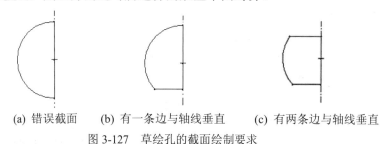

(a) 错误截面　　　　(b) 有一条边与轴线垂直　　(c) 有两条边与轴线垂直

图 3-127　草绘孔的截面绘制要求

6．孔特征创建流程

在【模型】选项卡的工程子工具栏中单击【孔】命令→设置孔的类型(简单孔、草绘孔、标准孔)→简单孔及标准孔设置孔的参数(直径、深度)/草绘孔绘制孔的截面→指定孔的放置参考→指定孔的定位类型→指定孔的偏移参考→孔特征创建结束。

3.9　任务 15：恒定截面扫描特征的建立

扫描特征是指草绘截面沿着一定的轨迹线扫描而生成的一类特征，它需要分别创建扫描轨迹线和草绘截面。

使用扫描特征创建如图 3-128 所示的零件。

图 3-128　U 型架零件

3.9.1　用扫描特征创建 U 型实体

1．建立新文件

(1) 单击快速访问工具栏中的【新建】图标 □ (或按 Ctrl + N 键)，系统弹出新建对话框。

(2) 在新建对话框中的【类型】选项组中选中【零件】单选按钮(此项为系统默认设置)。

(3) 在【名称】文本框中输入文件名 T3-128。

(4) 取消选中【使用缺省模板】复选框，单击【确定】按钮，系统弹出新文件选项对话框，选用 mmns_part_solid 模板，单击【确定】按钮，进入草绘模式。

2. 用草绘命令创建扫描轨迹

(1) 单击基准子工具栏中的【草绘】图标 ⚙ **草绘**，弹出草绘对话框，在绘图区选 TOP 基准面为草绘平面，在对话框中单击【草绘】按钮，进入草绘模式。

(2) 单击设置子工具栏中的【草绘视图】图标 ⚙，使选定的草绘平面与屏幕平行。

(3) 绘制一水平中心线，再绘制如图 3-129 所示的图形，单击 ✔确定 按钮完成草绘轨迹，生成的扫描轨迹线如图 3-130 所示。

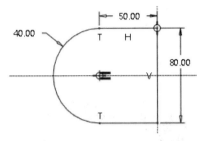

图 3-129　草绘扫描轨迹

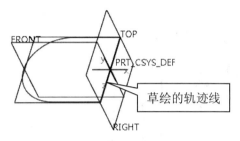

图 3-130　生成的扫描轨迹线

3. 用扫描特征创建 U 型实体

(1) 单击形状子工具栏中的【扫描】图标 ✏️扫描，弹出扫描特征操控板，如图 3-131 所示。

图 3-131　扫描操控板

(2) 在扫描操控板中单击【实体】□ 和【恒定截面扫描】 ⊥ 图标(系统默认)。

(3) 在绘图区选取刚绘制的封闭图形为扫描轨迹(图中显示为原点轨迹)，如图 3-132(a) 所示，图中圆圈及箭头表示扫描的起点和方向(通常系统会自动选取刚绘的草绘轨迹)。单击【参考】选项卡，在参考下滑面板中会显示刚选取的扫描轨迹，如图 3-132(b)所示。

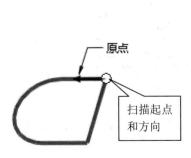

(a) 选取扫描轨迹

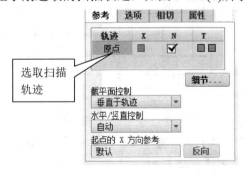

(b) 在参考下滑面板中显示选取的轨迹

图 3-132　选取扫描轨迹

❖ 注意：在轨迹线中扫描起点箭头上单击，可改变扫描方向(如轨迹线开放，则起点位置会更改到另一端点处)。

(4) 在扫描操控板中单击【创建或编辑扫描截面】图标 ✎，此时系统会自动旋转至与扫描轨迹垂直的面作为截面的绘图面，且显示以扫描轨迹起点为交点的十字线。

(5) 单击设置子工具栏中的【草绘视图】图标 ⬚，使草绘平面与屏幕平行。

(6) 以十字线为基准，绘制封闭截面如图 3-133 所示，单击 按钮，结束截面绘制。

(7) 在扫描操控板中单击 ✔ 按钮，按 Ctrl + D 键，生成扫描 U 型架扫描实体如图 3-134 所示。

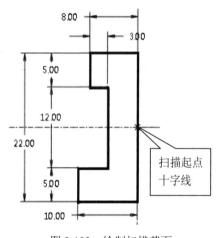

图 3-133　绘制扫描截面

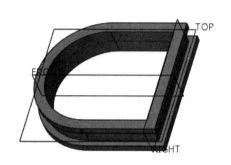

图 3-134　生成的 U 型架扫描实体

3.9.2　用拉伸移除材料切除腰型槽

(1) 单击【拉伸】图标 拉伸，在弹出的拉伸操控板上再选择 。

(2) 在绘图区选 FRONT 基准面为草绘平面，单击【草绘】按钮，进入草绘模式。

(3) 单击设置子工具栏中的【草绘视图】图标 ⬚，使草绘平面与屏幕平行。

(4) 绘制如图 3-135 所示的拉伸移除截面，完成后单击 按钮，结束草图绘制。

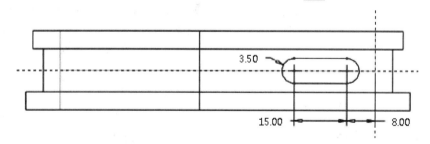

图 3-135　绘制拉伸移除截面

(5) 在操控板中单击【选项】选项卡，在如图 3-136 所示的选项下滑面板中设置两侧拉伸深度皆为【穿透】 。

(6) 在操控板中单击 ✔ 按钮，按 Ctrl + D 组合键，移除材料生成腰型槽后的零件如图 3-137 所示。

图 3-136　在选项下滑面板中设置两侧拉伸深度　　　图 3-137　拉伸移除材料切除的腰型槽

3.9.3　修改扫描特征的轨迹

（1）在左侧的模型树中右击扫描轨迹"草绘 1"，在弹出的快捷菜单中选择【编辑选定对象】按钮 ，如图 3-138(a)及(b)所示，此时系统自动切换至绘图界面。

（2）删除如图 3-138(c)所示的竖直线段，将扫描截面由封闭修改为开放，完成后单击 按钮，结束截面的修改。

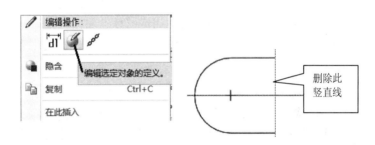

（a）在模型树中选草绘 1　　　　（b）在快捷菜单中单击编辑按钮　　　（c）删除线条将轨迹变为开放

图 3-138　将扫描轨迹由封闭改为开放

（3）在扫描操控板中单击 按钮，按 Ctrl + D 组合键，修改后的扫描特征如图 3-139 所示。

图 3-139　轨迹线开放时生成的扫描实体

3.9.4　隐藏扫描轨迹线

在左侧的模型树中右击扫描轨迹"草绘 1"，在弹出的快捷菜单中选择【隐藏】命令，则此时系统自动将图中的轨迹线隐藏起来，如图 3-140 所示。

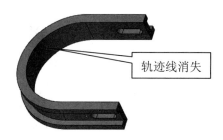

图 3-140　将轨迹线隐藏起来

❖ **注意**：如要重新显示隐藏的轨迹线，则在左侧的模型树中右击扫描轨迹"草绘 1"，在弹出的快捷菜单中选择【取消隐藏】命令，则此时系统将图中隐藏的轨迹线重新标示出来。

3.9.5　扫描特征小结

1．扫描特征的类型

扫描特征按截面是否变化分类，可分为恒定截面扫描 ⊢ 和变截面扫描 ⌐ 。

按实体生成方式分类，可分为增加材料和移除材料两大类。

按特征类别分类，可分为实体扫描 ▢ 、曲面扫描 ▣ 、薄壁扫描 ⊏ 等。

移除材料是在已有的特征上进行切除材料操作，使用方法同增加材料一样。

2．扫描轨迹

扫描轨迹的建立有两种方式：

- 草绘轨迹：选择草绘平面，在其上绘制轨迹曲线(二维曲线)。
- 选取轨迹：选择已存在的曲线或实体上的边作为轨迹路线。

创建扫描轨迹应注意：

(1) 扫描轨迹线可以封闭，也可以开放。

(2) 扫描轨迹自身不能交叉。

(3) 相对于扫描截面的大小，扫描轨迹中的弧或样条半径不能太小，否则可能会产生干涉而使创建特征实体失败。

3．扫描截面

(1) 扫描截面的绘制平面过扫描迹线的起点且垂直于扫描轨迹线，如图 3-141 所示。

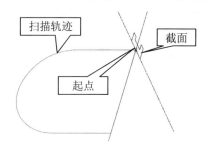

图 3-141　扫描轨迹与截面的位置关系

(2) 对于扫描实体，其扫描截面必须封闭。

4．扫描选项

当扫描轨迹开放且其一端位于已有的实体特征上时，在如图 3-142 所示的选项下滑面板中。

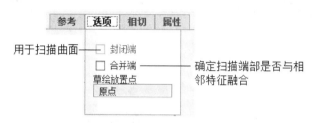

图 3-142　扫描选项下滑面板

其中封闭端和合并端的含义为：

(1) 封闭端：用于扫描曲面时，两端是否需要封闭的设置。

(2) 合并端：扫描轨迹的头尾端截面和其他特征是否融合。例如在如图 3-143 所示中的实体上，通过是否在选项下滑面板中勾选合并端来决定杯子手把和杯体连接端点是否融合为一体。

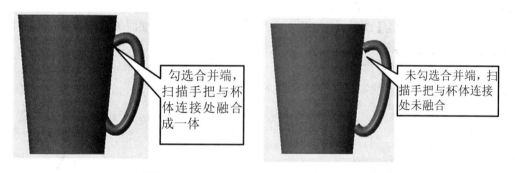

(a) 勾选合并端时　　　　　　　　　　　　(b) 不勾选合并端时

图 3-143　轨迹开放时的选项和对应的扫描实体

5．扫描特征创建流程

选择草绘平面，绘制一条扫描轨迹线→在形状子工具栏中单击【扫描】命令→选择扫描轨迹线→草绘扫描截面→定义扫描选项→特征创建结束。

3.10　任务 16：可变截面扫描特征的建立

可变截面扫描特征是指沿着一个或多个选定轨迹扫描截面时，通过轨迹来控制截面的形状和大小的变化，进而得到较为复杂的形状。它可以说是扫描和混合特征的综合，兼具两者的长处，使用灵活、功能强大。

可变截面扫描需要分别创建多条扫描轨迹线和草绘截面。

使用扫描命令创建如图 3-144 所示的包装瓶。

图 3-144　包装瓶

3.10.1　用可变截面扫描创建瓶体

1. 建立新文件

单击【新建】图标 📄 (或按 Ctrl + N 键)，在新建对话框中选【零件】单选按钮，输入文件名 T3-144，取消选中【使用缺省模板】复选框，单击【确定】按钮，在打开的新文件选项对话框中选择 mmns_part_solid 模板，单击【确定】按钮。

2. 用草绘命令创建扫描轨迹

(1) 单击基准子工具栏中的【草绘】图标 ⚒ **草绘**，在绘图区选 FRONT 基准面为草绘平面，单击【草绘】按钮，单击【草绘视图】图标 📲，绘制如图 3-145(a)所示的两条轨迹线，分别为一条直线和一条折线，单击 ✔ 按钮完成草绘轨迹。

(2) 再次单击【草绘】图标 ⚒ **草绘**，在绘图区选 RIGHT 基准面为草绘平面，单击【草绘】按钮，单击【草绘视图】图标 📲，绘制如图 3-145(b)所示的一条折线为轨迹线，单击 ✔ 按钮完成草绘轨迹。

(3) 按 Ctrl + D 键，绘制的三条轨迹线如图 3-145(c)所示。

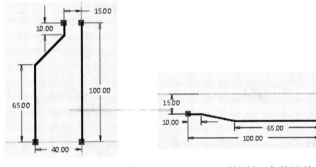
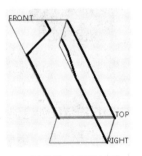

(a) FRONT 面绘制两条轨迹线　　(b) RIGHT 面绘制一条轨迹线　　(c) 创建的三条轨迹线

图 3-145　用草绘创建三条扫描轨迹线

3. 用可变截面扫描特征创建瓶体毛坯

(1) 单击形状子工具栏中的【扫描】图标 📎扫描，弹出扫描操控板，如图 3-146 所示。

图 3-146　扫描操控板

(2) 在扫描操控板中单击【实体】🔲 和【可变截面扫描】☑ 图标。

(3) 先选直线作为原点轨迹线，然后按 Ctrl 键依次选取其他两条线作为辅助轨迹线，如图 3-147 所示。图中箭头代表扫描起点及方向，在箭头上单击可改变起点位置及方向。

(4) 在扫描操控板中单击【创建或编辑扫描截面】图标 🖉，此时系统会自动旋转至与扫描原点轨迹垂直的面作为截面的绘图面，且显示以扫描轨迹起点为交点的十字线。

(5) 单击设置子工具栏中的【草绘视图】图标 🖹，使草绘平面与屏幕平行。

(6) 以十字线为基准，绘制一个中心在十字线上，长半轴及短半轴分别通过辅助轨迹线端点的椭圆，如图 3-148 所示，单击 按钮，结束截面绘制。

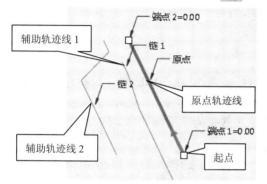

图 3-147 选取三条轨迹线

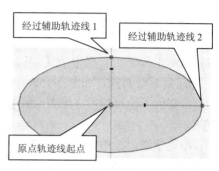

图 3-148 绘制扫描截面椭圆

(7) 在扫描操控板中单击 ✔ 按钮，按 Ctrl + D 键，生成的可变截面扫描瓶体如图 3-149 和图 3-150 所示。

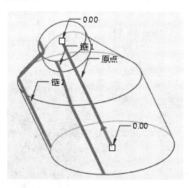

图 3-149 瓶体预览

图 3-150 生成瓶体毛坯

❖ **注意**：系统默认是以扫描原点轨迹线垂直的平面作为截面的草绘平面，而以原点轨迹的起点位置为十字线交点(坐标原点)。

(8) 按住 Ctrl 键，在左侧模型树中同时选取"草绘 1"、"草绘 2"，右击，在快捷菜单中选【隐藏】命令，将三条轨迹线隐藏起来。

3.10.2 用拉伸移除材料创建瓶底凹面

(1) 单击【拉伸】图标 拉伸，在弹出的拉伸操控板上再单击【移除材料】按钮 ◢。

(2) 在绘图区选瓶体毛坯的底面为草绘平面，单击【偏移】图标 偏移，选瓶底轮廓线，向里偏移 8，生成的椭圆轮廓线如图 3-151(a)所示，单击 ✔ 按钮，结束截面绘制。

(3) 输入拉伸深度 1，在操控板中单击 ✔ 按钮，生成的底凹面如图 3-151(b)所示。

(a) 绘制偏移截面　　　　　　　　(b) 生成移除凹面

图 3-151　在瓶底移除材料生成凹面

3.10.3　瓶体倒圆角

(1) 单击工程子工具栏中的【倒圆角】图标 ⌐倒圆角，在倒圆角操控板中单击【集】选项，打开集下滑面板，如图 3-152(a)所示。

(2) 在瓶体上选择如图 3-152(b)所示的集 1 边线作为倒圆角对象，在集下滑面板中输入圆角值 3。

(3) 在集下滑面板中单击【新建集】命令，在瓶体上选择如图 3-152(b)所示的集 2 边线作为倒圆角对象，输入圆角值 10。

(4) 在集下滑面板中再次单击【新建集】命令，在瓶体上选择如图 3-152(b)所示的集 3 边线作为倒圆角对象，输入圆角值 5。

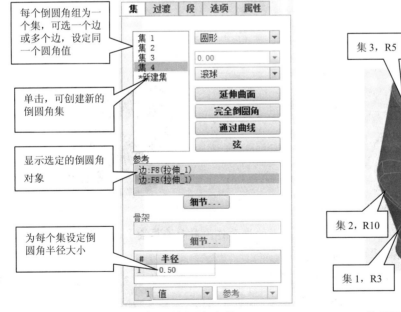

(a) 在集下滑面板中设置倒圆角参数　　　　(b) 选择倒圆角边

图 3-152　创建瓶体倒圆角特征

(5) 在集下滑面板中单击【新建集】命令，按 Ctrl 键，在瓶体上选择如图 3-152(b)所示的集 4 边线(两条)作为倒圆角对象，输入圆角值 0.5。

(6) 在操控板中单击 ✔ 按钮，完成四组瓶体倒圆角。

3.10.4　用抽壳创建包装瓶

单击工程子工具栏中的【壳】图标 ▣壳 ，选择瓶口上表面为开口面，壳的厚度为 1，在操控板中单击 ✔ 按钮，生成的空心瓶如图 3-153 所示。

图 3-153　创建抽壳特征

3.10.5　用扫描创建瓶口凸环

(1) 单击形状子工具栏中的【扫描】图标 📄扫描 。

(2) 在绘图区选择瓶口外棱边为扫描轨迹线(先选一半，按 Shift 键再选另一半)。

❖ 注意：选择由多段线组成的扫描轨迹线，从第二段开始，必须同时按 Shift 键(非 Ctrl 键)。

(3) 在扫描特征操控板中单击【创建或编辑扫描截面】图标 ✐ ，此时系统会自动旋转至与扫描原点轨迹垂直的面作为截面的绘图面，且显示以扫描轨迹起点为交点的十字线，如图 3-154(a)所示。

(4) 单击设置子工具栏中的【草绘视图】图标 ⮂ ，使草绘平面与屏幕平行。

(5) 以十字线为基准，绘制一个中心在十字线上，直径为 2 的圆，如图 3-154(b)所示，单击 确定 按钮，结束截面绘制。

(6) 在扫描操控板中单击 ✔ 按钮，按 Ctrl + D 键，生成的扫描瓶口凸环如图 3-155 所示。

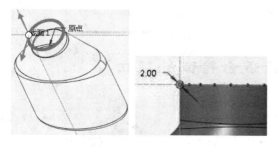

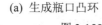
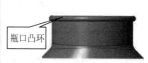

(a) 选瓶口外轮廓为扫描轨迹　(b) 扫描截面　　　　　(a) 生成瓶口凸环　　　　(b) 瓶口凸环正面放大

图 3-154　在瓶口设置扫描轨迹和截面　　　　　图 3-155　生成瓶口凸环

3.10.6　可变截面扫描特征小结

1. 可变截面扫描特征的轨迹线

可变截面扫描有多条轨迹线(如图 3-147 所示)，其中原点轨迹线是必需的，辅助轨迹线是可选的。

· 原点轨迹线：只有一条，控制扫描的路径，一旦选取不能删除，但可以代替。

· 辅助轨迹线：可有多条，控制截面形状及尺寸变化。

在选取轨迹线时，需注意下列原则：

(1) 选择的第一条轨迹线为原点轨迹，然后按 Ctrl 键才能选取辅助轨迹。

(2) 各轨迹线长度可不一致，此时系统按最短原则确定扫描起点和终点。

(3) 辅助轨迹线端点可落在原点轨迹线上，但不可与原点轨迹线交叉。

(4) 若截面控制为系统默认的【垂直于轨迹】方式，则原点轨迹线上各段必须相切。

(5) 单击原点轨迹线上的起点箭头可切换起点至轨迹线的另一端。

2. 可变截面扫描的截面

(1) 草绘截面的位置是由原点轨迹线来确定的，在整个扫描过程中截面一直以原点轨迹线上的点作为坐标原点来定位。

(2) 在草绘截面时，应将截面图元与辅助轨迹线建立尺寸参照关系，如本任务中通过增加约束的方法，让截面中绘制的边经过辅助轨迹线。扫描过程中，截面的边一直保持与辅助轨迹线重合，使形状尺寸不断变化形成可变截面扫描。

(3) 可以通过修改辅助轨迹线来得到所需的扫描形状。

3. 扫描截面在扫描中的控制方式

在可变截面扫描操控板中，参考下滑面板中【截平面控制】有三种方式：

(1) 垂直于轨迹：指扫描截面始终与扫描轨迹垂直，此为系统默认。

(2) 垂直于投影：指扫描截面始终与扫描轨迹向某一平面的投影相垂直。

(3) 恒定法向：指扫描截面始终垂直于所指定的一参考方向。

4. 可变截面扫描特征创建流程

选择草绘平面，绘制多条扫描轨迹→单击形状子工具栏中的【扫描】图标→在扫描操控板中单击【可变截面扫描】图标→选择多条扫描轨迹线→草绘扫描截面→定义扫描选项→特征创建结束。

3.11 任务 17：平行混合特征的建立

混合特征是由两个或两个以上草绘截面通过特定的方式连接而成的一类特征，截面之间的特征形状是渐变的。

混合特征按其生成方式的不同可分为平行混合、旋转混合和一般混合三类。

平行混合的特点是特征各截面之间相互平行而且位于同一个草绘平面。

下面使用平行混合方式创建如图 3-156 所示的实体零件。

图 3-156　平行混合实体零件

3.11.1 用平行混合创建杯体毛坯

1．建立新文件

单击【新建】图标 （或按 Ctrl + N 键），在新建对话框中选【零件】单选按钮，输入文件名 T3-156，取消选中【使用缺省模板】复选框，单击【确定】按钮，在打开的新文件选项对话框中选择 mmns_part_solid 模板，单击【确定】按钮。

2．用平行混合特征创建杯体毛坯

(1) 单击形状子工具栏 形状 下的【混合】图标 混合 ，弹出如图 3-157 所示的混合特征操控板。

图 3-157 混合特征操控板

(2) 在操控板中单击【截面】选项卡，在如图 3-158 所示的截面下滑面板中，单击【定义】按钮，在绘图区选 TOP 基准面为草绘平面，单击【草绘】按钮，进入草绘模式。

图 3-158 在截面下滑面板中设置第一个截面

(3) 单击设置子工具栏中的【草绘视图】图标 ，使选定的草绘平面与屏幕平行。

(4) 绘制如图 3-159 所示的边长为 30 的正六边形，单击 确定 按钮，完成第一个截面的绘制。

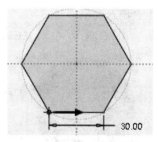

30.00

图 3-159 第一个截面

(5) 在操控板中单击【截面】选项卡，在如图 3-160 所示的截面下滑面板中，输入截面 2 偏移的距离 120。

(6) 【截面】下滑面板中自动显示截面2，单击【草绘】按钮，进入截面2的绘制。绘制一个直径100的圆，再绘制两条通过圆心和正六边形顶点的中心线，如图3-161所示。再用【分割】图标 🖉 在中心线与圆的交点处将整圆分割成六等分，单击 🔲 按钮，完成第二个截面的绘制。

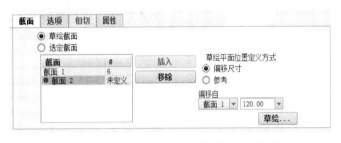

图3-160　在截面下滑面板中设置第二个截面　　　　图3-161　第二个截面

❖ 注意：

① 在每个草绘截面上会产生一个箭头，代表该截面的起点位置和方向。

② 将整圆分割成6段圆弧是为了使两截面的元素数量相等。

③ 打断的次序按照顺时针或逆时针进行。

(7) 在混合操控板中单击 ✅ 按钮，按 Ctrl + D 键，生成的杯体毛坯如图3-162所示。

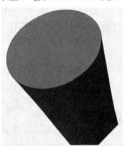

图3-162　生成杯体毛坯

3.11.2　用抽壳创建杯子模型

(1) 单击工程子工具栏中的【壳】图标 🔲 壳 。

(2) 选择上表面为开口面(移除的曲面)。

(3) 在操控板中的厚度文本框中输入壳的厚度3。

(4) 在操控板中单击 ✅ 按钮，壳特征建立完成，生成如图3-163所示的杯子模型。

图3-163　生成杯子模型

3.11.3 平行混合特征小结

1. 混合特征的分类

混合特征分以下三类：

(1) 平行混合：特征的各截面平行，并有一定距离。

(2) 旋转混合：各截面可绕设定的轴旋转，旋转角度范围为 –120°～120°。

(3) 常规混合：也称为一般混合，各截面可以绕 X 轴、Y 轴、Z 轴旋转，旋转范围为 –120°～120°，各截面也可沿着 X 轴、Y 轴、Z 轴平移。每个截面都单独草绘，并用截面坐标系对齐。

2. 混合特征选项

选项用于决定混合特征的各截面之间用何种方式进行连接，有两种方式，如图 3-164(a) 所示。

(1) 直：各截面间直接连接，如图 3-164(b)所示，3 个截面间以直线连接。

(2) 平滑：各截面间平滑连接，如图 3-164(c)所示，3 个截面间以平滑连接。

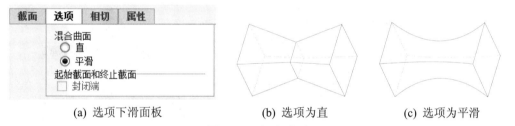

| (a) 选项下滑面板 | (b) 选项为直 | (c) 选项为平滑 |

图 3-164 混合选项

当混合特征的截面数为 2 个时，选项【直】和【平滑】没有区别；当截面数为 3 个或 3 个以上时，它们才有区别。

3. 混合特征的截面

(1) 混合特征的截面数量必须为 2 个或 2 个以上。

(2) 混合特征的截面必须是封闭的，且各截面只能有一个封闭轮廓。

(3) 混合特征各截面的元素数量(点、线段)必须相等。

(4) 保证各截面元素数相等的常用方法有两种：

① 分割法：将某条边分割成几段保证两个截面的元素数相等。如本任务中，截面 1 为正六边形，该截面元素数为 6；截面 2 为圆，其元素数为 1，因此必须将圆分割成 6 段圆弧。

② 增加混合顶点法：在某个顶点处增加一个"混合顶点"。该混合顶点同时代表两个点，相邻截面上的两点会连接至所指定的混合顶点。注意起点不能设置为混合顶点，一个截面中可增加多个混合顶点。

设置混合顶点的步骤如下：

a. 单击截面中的一个现有顶点(该点变为红色)。

b. 在【草绘】选项卡的设置子工具栏中单击【特征工具】→【混合顶点】命令，此时在该顶点处会显示一个小圆圈，表示混合顶点创建成功，如图 3-165(a)所示，生成的平行混合特征如图 3-165(b)所示。

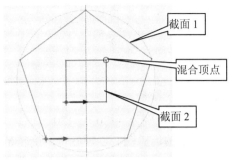

(a) 在截面2中增加混合顶点

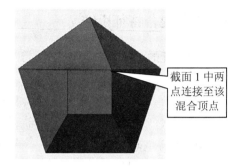

(b) 生成的平行混合特征

图 3-165　截面元素数不等时设置混合顶点

(5) 有一种特殊情况，截面之间的元素数可以不同，即第一个或最后一个截面可以是一个构造点。该点使用草绘子工具栏中的【点】  图标绘制(注意并非为混合顶点)，在图 3-166(a)中，截面 1 为四边形，截面 2 为 1 个构造点，生成的平行混合特征如图 3-166(b)所示。

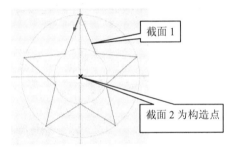

(a) 截面 2 为 1 个构造点

(b) 生成的平行混合特征

图 3-166　第一个或最后一个截面为构造点的平行混合特征

4．混合特征的起点

各截面之间有特定的连接顺序，起点方位不同，会产生不同的混合结果。

(1) 各截面的起点如果位于相同的方位，则产生的混合特征比较平直，如任务 17。

(2) 各截面的起点如果位于不同的方位，产生的混合特征会发生扭曲，如将任务 17 中截面 2 的起点位置由左下角更改为右下角，如图 3-167(a)所示，产生的混合特征会发生扭曲，如图 3-167(b)所示。

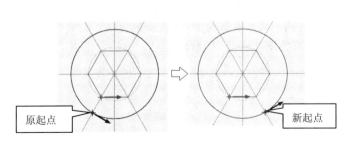

(a) 两截面起点方位不同

(b) 生成的特征产生扭曲

图 3-167　起点方位不一致产生的混合特征发生扭曲

(3) 每个截面都有 1 个起点，起点的方位可以根据设计需要而改变。

改变截面起点方位或方向的步骤如下：

① 选择要设置为新起点的点(如要改变原起点的方向，则单击原起点)。

② 单击鼠标右键，在弹出的快捷菜单中选择【起点】命令，或在【草绘】选项卡的设置子工具栏中，单击【特征工具】→【起点】命令，即可改变起点的位置(或方向)。

5．平行混合特征的创建流程

在【模型】选项卡的形状子工具栏中，单击【混合】命令→【截面】→【定义】→选取草绘平面→绘制第 1 个截面→确定下一个截面与上个截面的距离→绘制其他截面→截面数足够时结束截面绘制→设置混合选项→特征创建结束。

3.12　任务 18：旋转混合特征的建立

旋转混合特征是各截面依照所定义的旋转轴旋转，其最大角度可达 120°(有效范围为 −120°～120°)，各截面在不同的草绘平面绘制。旋转混合特征的创建步骤和平行混合特征的创建步骤类似，最大的不同之处是旋转混合特征需要定义旋转轴。

使用旋转混合创建如图 3-168 所示的半圆导轨零件。

图 3-168　用旋转混合特征创建的半圆导轨零件

3.12.1　用旋转混合创建半圆导轨零件

1．建立新文件

单击【新建】图标 ☐ (或按 Ctrl＋N 键)，在新建对话框中选【零件】单选按钮，输入文件名 T3-168，取消选中【使用缺省模板】复选框，单击【确定】按钮，在打开的新文件选项对话框中选择 mmns_part_solid 模板，单击【确定】按钮。

2．用旋转混合特征创建半圆导轨零件

(1) 单击形状子工具栏 形状▾ 下的【旋转混合】图标 ⚙ 旋转混合 ，弹出如图 3-169 所示的旋转混合特征操控板。

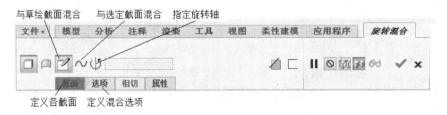

图 3-169　旋转混合特征操控板

(2) 在操控板中选中【实体】按钮和【与草绘截面混合】按钮(此为系统默认)。单击【创建薄特征】□ 按钮，输入薄壁厚度 10，再单击【截面】选项卡，在如图 3-170(a)所示的截面下滑面板中，单击【定义】按钮，在绘图区选 FRONT 基准面为草绘平面，单击草绘对话框中的【草绘】按钮，进入草绘模式。

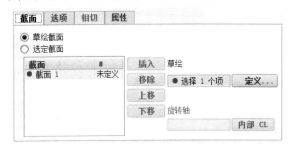

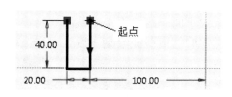

<table>
<tr><td>(a) 截面下滑面板</td><td>(b) 草绘第一个截面</td></tr>
</table>

图 3-170　绘制第一个截面

该旋转混合特征共有 5 个截面，要分别进行绘制。

① 绘制第一个截面。

a. 单击设置子工具栏中的【草绘视图】图标 ，使选定的草绘平面与屏幕平行，绘制三条线段并将尺寸修改为与如图 3-170(b)一致。

b. 在主菜单中单击【文件】→【另存为】→【保存副本】命令，出现保存副本对话框，在【新建名称】文本框中输入截面名称 T3-168，单击【确定】按钮，将绘制的第一个截面保存，以便绘制后续截面时使用。

c. 单击 ✓ 按钮，完成第一个截面的绘制。

d. 操控板中的"旋转轴"收集器 (↻ 选择项)处于激活状态，在绘图区选择基准坐标系中的 Y 轴来定义旋转轴。

② 绘制第二个截面。

a. 单击【截面】选项卡，在如图 3-171 所示的截面下滑面板中单击【插入】按钮，设置草绘平面位置定义方式为【偏移尺寸】，从【偏移自】下拉列表中选择【截面 1】选项，输入旋转偏移角度值为 45。

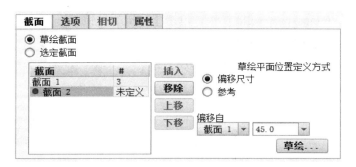

图 3-171　截面下滑板面设置第二个截面

b. 截面下滑面板中出现"截面 2" ● 截面 2 ，单击【草绘】按钮，进入截面 2 的绘制。

c. 在【草绘】选项卡的获取数据子工具栏中，单击【文件系统】图标 ，在系统弹出的打开对话框中选择 t3-168.sec 文件，单击【打开】按钮。

d. 鼠标指针右下角出现"+"号,在绘图区单击鼠标左键,将复制的截面 1 放置在绘图区,出现如图 3-172 所示的图元操作图及导入截面操控板。将缩放比例改为 1,单击 ✔ 按钮。

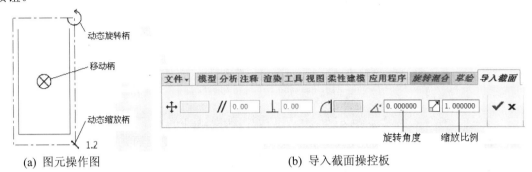

(a) 图元操作图　　　　　　　　　　　(b) 导入截面操控板

图 3-172　复制的图元及导入截面操控板

e. 将截面高度由 40 改为 25,其余尺寸不变,如图 3-173 所示。单击 ✔ 按钮,完成第二个截面的绘制。

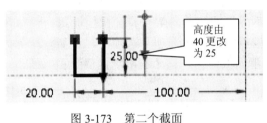

图 3-173　第二个截面

③ 绘制第三截面。

a. 单击【截面】选项卡,在截面下滑面板中单击【插入】按钮,设置草绘平面位置定义方式为【偏移尺寸】,从【偏移自】下拉列表框中选择【截面 2】选项,输入旋转偏移值为 45。

b. 截面下滑面板中自动显示截面 3,单击【草绘】按钮,进入截面 3 的绘制。

c. 在【草绘】选项卡的获取数据子工具栏中,单击【文件系统】图标,在系统弹出的打开对话框中选择 t3-168.sec 文件,单击【打开】按钮。

d. 鼠标指针右下角出现"+"号,在绘图区单击鼠标左键,将复制的截面 1 放置在绘图区正确位置,将缩放比例改为 1,单击 ✔ 按钮。

e. 截面 3 与截面 1 尺寸相同,不做改变,单击 ✔ 按钮,完成第三个截面的绘制。

④ 绘制第四个截面。

a. 截面 4 的旋转角度为 45°。

b. 与第②步一样,将截面 1 复制到截面 4。

c. 将截面矩形高度由 40 改为 25,与截面 2 一致,单击 ✔ 按钮,完成第四个截面的绘制。

⑤ 绘制第五个截面。

a. 截面 5 的旋转角度为 45°。

b. 与第②步一样,将截面 1 复制到截面 5。截面 5 与截面 1 一致,不作改变,单击 ✔ 按钮,完成第五个截面的绘制。

(3) 在旋转混合操控板中单击【选项】选项卡，在如图 3-174 所示的选项下滑面板中选择【平滑】选项。

图 3-174　在选项下滑面板中选择平滑

(4) 在旋转混合操控板中单击 ✔ 按钮，按 Ctrl + D 键，生成的毛坯如图 3-168 所示。

3.12.2　用旋转混合创建圆导轨

(1) 在屏幕左侧的模型树中右击刚生成的旋转混合特征 ▶ 旋转混合 1，在弹出的快捷菜单中选择【编辑选定对象】命令按钮 👆，此时重新出现旋转混合特征操控板。

(2) 在旋转混合操控板中单击【选项】选项卡，在如图 3-174 所示的选项下滑面板中，勾选【连接终止截面和起始截面】。

(3) 在旋转混合操控板中单击 ✔ 按钮，按 Ctrl + D 键，生成的圆导轨如图 3-175 所示。

图 3-175　将选项设置为连接终止截面和起始截面

3.12.3　用旋转混合创建直线型导轨

(1) 在屏幕左侧的模型树中右击刚生成的旋转混合特征 ▶ 旋转混合 1，在弹出的快捷菜单中选择【编辑选定对象】命令按钮 👆，此时重新出现旋转混合特征操控板。

(2) 在旋转混合操控板中单击【选项】选项卡，在如图 3-174 所示的选项下滑面板中，取消勾选【连接终止截面和起始截面】，选择【直】选项。

(3) 在旋转混合操控板中单击 ✔ 按钮，按 Ctrl + D 键，生成的直线连接导轨如图 3-176 所示。

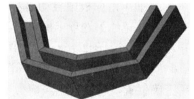

图 3-176　选项设置为直

3.12.4　旋转混合特征小结

1. 旋转混合特征的选项

特征选项用于确定特征的各截面间用何种方式进行连接，有以下几种连接方式：

(1) 直：各截面间以直线方式连接，为必选项。

(2) 平滑：各截面间光滑连接，为必选项。

(3) 连接终止截面和起始截面：特征通过最后一个截面连接到第一个截面，生成封闭实体，为可选项。不能与直组合，只能与平滑组合。该选项只有在截面数达到三个及三个以上时才可用。

(4) 封闭端：只能用于曲面，为可选项。

【直】和【平滑】为二选一的必选项，只能选一个。

2．旋转轴

(1) 创建旋转混合特征时，必须有旋转轴，截面的旋转范围为 0°～120°。

(2) 旋转轴的设置，有两种方法：

① 草绘旋转轴。在草绘第一个截面时，若绘制了中心线作为旋转轴，则在绘制第二个及更多截面时，无需再绘制中心线。

② 选取旋转轴。如第一个截面没有绘制中心线，则在绘制第二个截面前，旋转轴收集器处于激活状态，必须选定旋转轴，可选直线、边线、轴线或坐标系的某个轴(X 轴、Y 轴、Z 轴)等作为旋转轴，如图 3-177 所示。

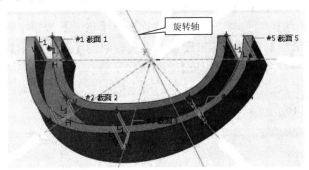

图 3-177　旋转混合的旋转轴

(3) 有了旋转轴，才可进一步进行后续操作。

3．截面

(1) 要创建实体，各截面具有单一性和封闭性，即每个截面只能有一个封闭图形(薄壁及曲面除外)，如图 3-177 所示。

(2) 所有截面必须具有相同的旋转轴，如图 3-177 所示。

(3) 各截面起点的方位必须一致，避免生成实体的扭曲变形，更改起点操作方法同平行混合相同。

4．旋转混合特征创建流程

在【模型】选项卡的形状子工具栏中单击【旋转混合】命令→【截面】→【定义】→选取草绘平面→绘制第一个截面(包括中心线)→(如第一个截面未绘中心线)指定旋转轴→确定下一个截面与上个截面的旋转角度→绘制其他截面→截面数足够时结束截面绘制→设置混合选项→特征创建结束。

3.13　任务 19：螺旋扫描特征的建立

在日常生活及工程领域中，我们经常会碰到弹簧、螺纹连接件(如螺栓、螺钉、螺母)、螺纹传送件(如丝杠、丝母等)等具有螺旋特征的标准件，用螺旋扫描特征可以方便地创建

Creo 3.0 项目化教学任务教程

出此类零件。

　　螺旋扫描是沿着一个旋转面上的扫描轨迹产生螺旋特征，特征建立过程中用到的轨迹和旋转面都不会在最后的零件上显示出来。

　　下面通过创建如图 3-178 所示的 M10×40(GB/T 5780—2000)六角头螺栓(螺距 1.5，螺纹长度 32)，来学习螺旋扫描特征的创建方法。

图 3-178　M10×40 六角头螺栓

3.13.1　用拉伸创建六角头

　　(1) 按 Ctrl＋N 键，在新建对话框中选【零件】单选按钮，输入文件名 T3-178，取消选中【使用缺省模板】复选框，单击【确定】按钮，在打开的新文件选项对话框中选择 mmns_part_solid 模板，单击【确定】按钮。

　　(2) 单击【拉伸】图标 **拉伸**，单击【放置】→【定义】按钮，选 RIGHT 基准面作为草绘平面，单击【草绘】按钮，单击设置子工具栏中的【草绘视图】图标 。

　　(3) 在草绘子工具栏中单击【选项板】图标 ，在弹出的如图 3-179(a)所示的草绘器调色板对话框中，选取六边形项目，将其拖动至坐标系原点位置，则六边形中心会自动定位在原点，如图 3-179(b)所示。

(a) 草绘器调色板对话框

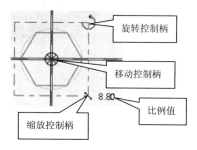

(b) 带控制柄的六边形图元

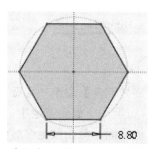

(c) 边长为 8.8 的正六边形截面

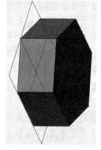

(d) 生成六角头拉伸实体

图 3-179　创建六角头拉伸实体

　　(4) 输入缩放比例 8.8，在导入截面操控板中单击 ，生成如图 3-179(c)所示的边长为 8.8 的正六边形截面，单击 按钮完成拉伸截面。

　　(5) 在拉伸操控板中输入拉伸深度 6.4，单击 按钮，按 Ctrl＋D 键，生成的六角头拉伸实体如图 3-179(d)所示。

- 116 -

3.13.2 用拉伸创建螺杆毛坯

(1) 单击【拉伸】图标 拉伸，单击【放置】→【定义】按钮。

(2) 选择刚生成的六角头右端面作为草绘平面，单击【草绘】按钮，单击设置子工具栏中的【草绘视图】图标，使选定的草绘平面与屏幕平行。

(3) 绘制直径为 10 的圆，如图 3-180(a)所示，单击 确定 按钮完成拉伸截面。

(4) 在拉伸操控板中输入拉伸深度 40，单击 ✔ 按钮，按 Ctrl + D 键，生成的螺杆拉伸毛坯如图 3-180(b)所示。

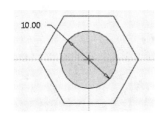 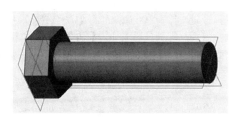

(a) 绘制螺杆拉伸截面 　　　　　　　　　(b) 生成螺杆拉伸毛坯

图 3-180　创建螺杆毛坯

3.13.3 用旋转移除创建六角头倒斜角

(1) 单击形状子工具栏【旋转】图标 旋转，在弹出的旋转操控板上单击【移除材料】图标，单击【放置】→【定义】按钮。

(2) 选择 FRONT 基准面作为草绘平面，单击【草绘】按钮，单击设置子工具栏中的【草绘视图】图标，使选定的草绘平面与屏幕平行。

(3) 绘制一条水平旋转中心线及一条斜线，注意斜线左端点位于水平中心线上，另一端点只要超出要切削的六角头实体即可(长度任意)，保证两个尺寸(4 和 120°)，如图 3-181(a)所示，单击 确定 按钮完成截面绘制。

(4) 切除方向朝六角头外，旋转角度为 360°，生成的六角头倒斜角如图 3-181(b)所示。

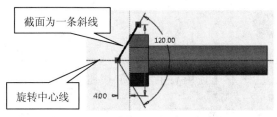 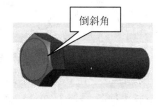

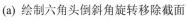

(a) 绘制六角头倒斜角旋转移除截面 　　　　(b) 生成六角头倒斜角

图 3-181　用旋转移除创建六角头倒斜角

❖ 注意：此处六角头端部斜角不能用倒角命令来创建。

3.13.4 创建六角头与螺杆间的倒圆角

(1) 单击工程子工具栏中的【倒圆角】图标 倒圆角。

(2) 选择六角头与螺杆毛坯部的交线为倒圆角对象，输入圆角半径 0.4，完成的倒圆角特征如图 3-182 所示。

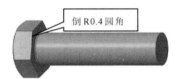

图 3-182　生成倒圆角特征

3.13.5　创建螺杆毛坯端部倒角

(1) 单击工程子工具栏中的【边倒角】图标 ❯边倒角 。

(2) 选择螺杆毛坯端部边线为倒角边，输入倒角 D 值 1.5，生成的端部倒角如图 3-183 所示。

图 3-183　生成端部倒角特征

3.13.6　用螺旋扫描创建螺纹

(1) 单击形状子工具栏中的【扫描】图标 ❙扫描▼ 右侧的 ▼ ，选择弹出的【螺旋扫描】命令 ∞∞ 螺旋扫描 ，弹出如图 3-184 所示的螺旋扫描特征操控板。

图 3-184　螺旋扫描特征操控板

(2) 在操控板中确认【实体】按钮 ▢ 和【使用右手定则】按钮 ◎ 被按下(此为系统默认)，单击【移除材料】按钮 ◿ 。

(3) 在操控板中单击【参考】选项卡，在如图 3-185 所示的参考下滑面板中单击【定义】按钮，系统弹出草绘对话框，选择基准面 FRONT 作为草绘平面，单击【草绘】按钮，进入草绘界面。

(4) 单击设置子工具栏中的【草绘视图】图标 ⊞ ，使选定的草绘平面与屏幕平行。

(5) 绘制一条直线与螺杆毛坯轮廓线重合，作为扫描轮廓线。图 3-186 中箭头显示扫描轮廓线的起点及方向，尺寸如图所示，单击 ✔ 按钮，扫描轮廓线绘制完成。

图 3-185　参考下滑面板

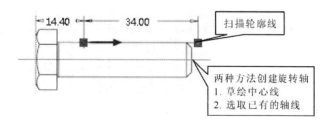

图 3-186　绘制扫描轮廓线

（6）选择螺杆毛坯轴线 A_1 为螺旋扫描的旋转轴，则在如图 3-185 所示的参考下滑面板中"旋转轴"收集器中会显示刚选中的轴线 A_1。

❖ **注意**：螺旋扫描的旋转轴，可以选取已有实体的边线或轴线，也可以在草绘扫描轮廓线时同时草绘中心线作为旋转轴。

（7）在操控板的间距输入框 <img 1.5> 中输入螺距值 1.5 并按 Enter 键。

（8）在操控板中单击【创建或编辑扫描截面】按钮 ，单击【草绘视图】图标 ，使选定的草绘平面与屏幕平行。

（9）在扫描轮廓线起点位置显示十字中心线，在此绘制边长为 1.4 的正三角形，注意三角形的竖直边与轮廓线重合，如图 3-187 所示，单击 确定 按钮完成截面绘制。

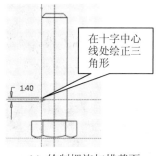

（a）绘制螺旋扫描截面

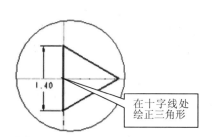

（b）螺纹截面放大图

图 3-187　绘制正三角形螺纹截面

❖ **注意**：绘制的截面边长尺寸值不能大于螺距值，否则创建会失败。

（10）图中出现红色箭头代表移除材料方向，注意箭头指向正三角形截面内。在螺旋扫描操控板中单击 按钮，完成螺纹部分的创建，结果如图 3-188 所示。

图 3-188　用螺旋扫描切除的螺纹

3.13.7　用旋转混合移除创建螺纹收尾

（1）在形状子工具栏中单击 形状▾ 下的【旋转混合】命令 旋转混合 。

(2) 在操控板中确保选中【实体】按钮和【与草绘截面混合】按钮(此为系统默认)，单击【移除材料】按钮 。

(3) 单击【截面】选项卡，在截面下滑面板中单击【定义】按钮，选 FRONT 基准面为草绘平面，单击【草绘】按钮，进入草绘模式。

(4) 单击设置子工具栏中的【草绘视图】图标 ，使选定的草绘平面与屏幕平行。在草绘子工具栏中单击【投影】 图标，选择螺纹三角形边作为第一个截面，如图 3-189 所示，单击 按钮，完成第一个截面的绘制。

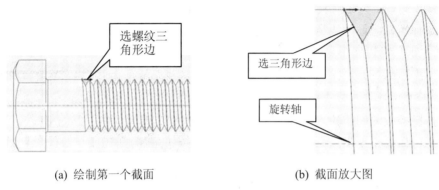

(a) 绘制第一个截面　　　　　　　　　　(b) 截面放大图

图 3-189　绘制旋转混合第一个截面

(5) 操控板中的"旋转轴"收集器 处于激活状态，在绘图区选择螺杆的轴线 A_1 作为旋转混合的旋转轴。

(6) 单击【截面】选项卡，在截面下滑面板中单击【插入】按钮，设置草绘平面位置定义方式为【偏移尺寸】，从【偏移自】下拉列表框中选择【截面 1】选项，输入旋转偏移值为 −45。

❖ 注意：旋转混合的截面绕设定的旋转轴，旋转方向可用【偏移自】文本输入框中输入角度的正负号来控制，即预览旋转方向不对时，可在角度值前加"—"号。

(7) 在截面下滑面板中自动显示截面 2，单击【草绘】按钮，进入截面 2 的绘制。第二个截面为一个构造点，用【点】 命令绘制，该点离三角形中心的水平尺寸为螺纹旋转 45° 在轴线方向上前进的距离(1.5/8 = 0.1875)，尺寸如图 3-190 所示，单击 按钮，完成截面 2 的绘制。

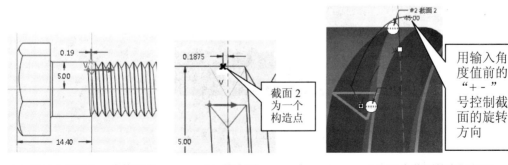

(a) 第二个截面为一个构造点　　　(b) 放大图　　　(c) 两个截面的空间位置

图 3-190　第二个截面为一个构造点

(8) 在旋转混合操控板中单击【选项】选项卡，在弹出的选项下滑面板中选择【平滑】命令。

(9) 在旋转混合操控板中单击【相切】选项卡，在弹出的相切下滑面板中的"边界"条件中的【开始截面】中选【相切】选项，如图 3-191 所示。在模型中逐一依据红色高亮显示的边出现的位置，选择与其相邻的曲面定义相切，如图 3-192 所示共有三条边。

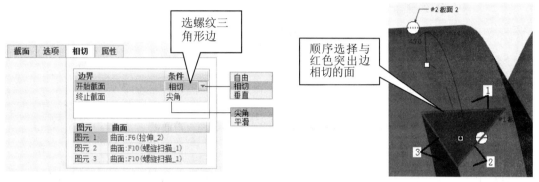

图 3-191　相切下滑面板　　　　　图 3-192　在实体中设置相切关系

(10) 在旋转混合操控板中单击 ✓ 按钮，按 Ctrl + D 键，生成的螺纹收尾如图 3-193 所示。至此，六角头螺栓创建完成，如图 3-194 所示。

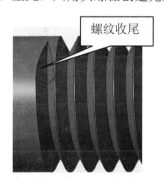

图 3-193　生成螺纹收尾

图 3-194　完成的六角头螺栓

3.13.8　螺旋扫描特征小结

1．螺旋扫描特征的旋向

在如图 3-184 所示的螺旋扫描操控板中，对螺旋方向有如下定义：

(1) ⟳ 右手定则：特征的螺旋方向为右旋。因右旋在工程上用得较多，故设为系统默认。

(2) ⟲ 左手定则：特征的螺旋方向为左旋。

2．螺旋扫描特征的间距

螺旋扫描的间距，在螺纹中叫螺距，在弹簧中叫节距。在如图 3-195 所示的螺旋扫描操控板及间距下滑面板中，对间距有如下定义：

(1) 常数：螺旋扫描特征的间距为常数。

(2) 可变：螺旋扫描特征的间距是可变的，由螺距位置控制点参数来控制间距变化。

图 3-195　螺旋扫描操控板及间距下滑面板

3．螺旋扫描的扫描轮廓

(1) 在扫描轮廓线上会显示起点，扫描轮廓线会绕旋转轴旋转以定义旋转曲面，如图 3-196(a)所示。

(2) 扫描轮廓线必须开放，不允许封闭，如图 3-196(b)所示。

(3) 扫描轮廓线不可与中心线垂直，如图 3-196(c)所示。

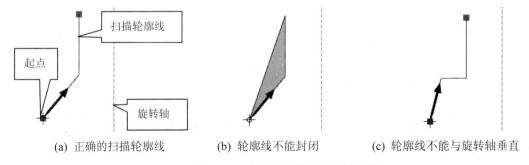

(a) 正确的扫描轮廓线　　　　(b) 轮廓线不能封闭　　　　(c) 轮廓线不能与旋转轴垂直

图 3-196　螺旋扫描特征的扫描轮廓

4．螺旋扫描特征的旋转轴

螺旋扫描特征的旋转轴有以下两种定义方式：

(1) 在绘制扫描轮廓时，同时绘制中心线，用该中心线作为螺旋扫描的旋转轴。

(2) 若在绘制扫描轮廓时未绘制中心线，也可以选直线、边线、轴线或坐标系的某个轴(X 轴、Y 轴、Z 轴)作为旋转轴。

5．螺旋扫描特征的截面

(1) 系统会在扫描轮廓线的起点处显示两条正交中心线，以便绘制截面，如图 3-197(a)所示。截面的方向有【穿过旋转轴】和【垂直于轨迹】两个选项，系统默认为第一项，如图 3-185 所示。

① 穿过旋转轴：螺旋扫描特征的截面位于穿过旋转轴的平面内。

② 垂直于轨迹：截面垂直于特征轨迹线。

与扫描类似，在定义好扫描轮廓线和截面后，按定义的间距生成的螺旋扫描特征如图

3-197(b)所示。

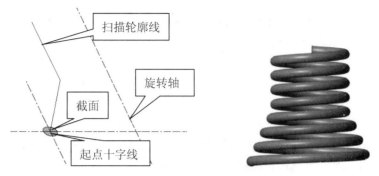

(a) 扫描轮廓与截面　　　(b) 生成的螺旋扫描特征(弹簧)

图 3-197　螺旋扫描特征的扫描轮廓与截面

(2) 螺旋扫描的截面必须封闭。

6. 扫描、可变截面扫描、螺旋扫描、混合、旋转混合特征的比较(见表 3-2)

表 3-2 以创建实体为例对扫描、可变截面扫描、螺旋扫描、混合、旋转混合特征进行比较。

表 3-2　扫描、螺旋扫描、可变截面扫描、混合、旋转混合的比较

特征名称	轨迹线	截　面	特　点
扫描	1 个/开放或封闭	1 个/封闭	在扫描过程中，截面始终与轨迹线垂直，且截面保持不变
可变截面扫描	多个/开放或封闭	1 个/封闭	在扫描过程中，截面始终与轨迹线垂直(默认)，且截面尺寸可以变化
螺旋扫描	1 个/必须开放	1 个/必须封闭	截面绕旋转轴旋转的同时，沿轮廓线作螺旋运动
混合旋转混合	无	至少 2 个/必须封闭	不需要轨迹线，各截面所含元素数相等，特殊情况第一或最后一个截面可为一点

7. 螺旋扫描特征创建流程

在【模型】选项卡的形状子工具栏中单击【螺旋扫描】命令→【参考】→【定义】→选取草绘平面→绘制扫描轮廓线(包括中心线)→(如绘制扫描轮廓时未绘中心线)指定旋转轴→确定间距(螺纹的螺距或弹簧的节距)→绘制截面→特征创建结束。

小　结

项目三通过 13 个任务介绍了 Creo 3.0 零件设计中基于特征的建模过程,并介绍了常用的各种特征的创建方法。读者通过任务的训练可了解零件建模中各种特征的创建方法和一般的创建流程,任何复杂的零件都可通过这些基本的简单特征互相叠加、移除等组合而成。

要想更好地掌握 Creo 3.0 中零件创建方法,需要读者通过各种练习,在实践中不断掌

握技巧并积累经验。

在 Creo 3.0 中以特征作为零件设计的最小单元。特征又可分为基准特征、基础特征、工程特征(构造特征)和扭曲特征等。

(1) 基准特征：主要作为零件设计时的参考。包括基准平面、基准轴、基准曲线、基准点和基准坐标系，其创建方法见项目二的任务 6。如果零件上没有合适的平面，则可以创建基准平面作为草绘平面，也可以根据一个基准平面进行尺寸标注；基准轴可以作为孔的放置参考和具有旋转特征的旋转轴；基准坐标轴可以作为旋转轴等。

(2) 基础特征：是最基本的实体造型特征。需通过绘制 2D 截面产生的特征，它包括拉伸、旋转、扫描、混合等，它通常用来产生基础模型。

(3) 工程特征：是基于父特征而创建的实体造型。在已产生的模型中单击适当的参考位置，再将孔、倒圆角、倒角、抽壳、筋、拔模等放置于模型中，也叫放置型特征。

(4) 扭曲特征：利用扭曲特征可以对一些已有的几何进行一些比例缩放(单向和多向)、变形(局部和整体)等几何级的操作，在一些特殊的造型场合下使用往往有事半功倍的作用(本书不做介绍，可参考其他书籍学习)。

在创建基础特征及部分工程特征时，都要绘制各种截面，故熟练掌握常用的截面绘制技巧是十分必要的。

在创建特征时，在绘图区上方(或下方)会出现该特征的操控板，创建该特征的所有设置都在该操控板中进行。读者可对各种特征的操控板进行比较，找出个性和共性以加深理解。

练 习 题

1. 通常在新建特征时，为什么不使用系统默认模板，而选用 mmns_part_solid 模板？

2. 拉伸特征深度定义有哪些方法，各代表什么含义？

3. 旋转特征的旋转轴如何定义？旋转截面能否跨在旋转轴的两侧？

4. 创建拉伸特征时，绘制截面应注意哪些问题？

5. 边倒角的标注形式共有几种？其中 D × D 和 O × O 有什么区别？

6. 使用抽壳特征时，能否将同一壳体在不同部位设置不同厚度？

7. 筋分为哪几类？绘制筋截面时要注意什么问题？

8. 恒定截面扫描特征与可变截面扫描特征有何不同？可变截面扫描的截面变化是由什么来控制的？

9. 如何创建各截面之间元素数不等的混合特征？起点位置对混合特征有何影响？如何更改起点位置及方向？

10. 拔模特征的枢轴有什么作用？

11. 孔特征分为哪几类？孔的放置类型有哪些？孔的放置类型与放置参考之间有何关系？

12. 在零件设计过程中，若在同一零件中同时存在倒圆角特征、抽壳特征及拔模特征，这三者之间的创建顺序对结果有何影响？

13. 用拉伸特征创建如图 3-198 所示零件的三维实体。

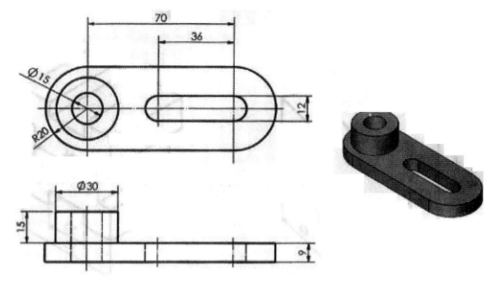

图 3-198　拉伸实体

14. 用拉伸特征创建如图 3-199 所示零件的三维实体。

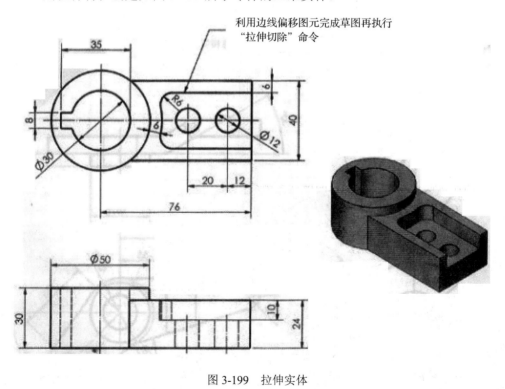

图 3-199　拉伸实体

15. 综合练习：作出如图 3-200 所示零件的三维实体。

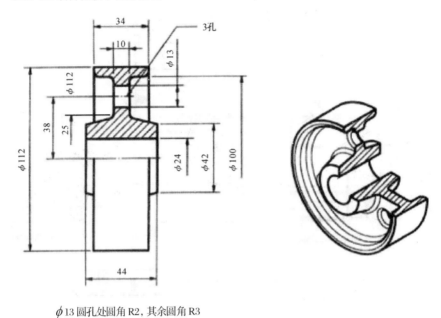

ϕ13 圆孔处圆角 R2, 其余圆角 R3

图 3-200　第 15 题图

16. 综合练习：作出如图 3-201 所示零件的三维实体。

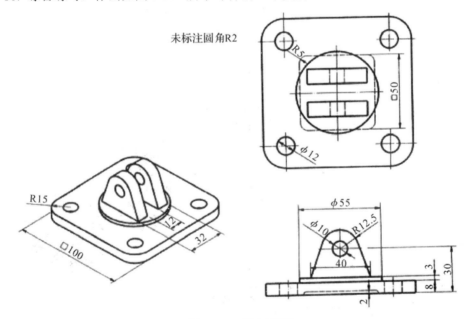

图 3-201　第 16 题图

17. 综合练习：作出如图 3-202 所示零件的三维实体。

提示：① 拉伸底板；② 在底板上切 2 个孔 ϕ15 孔；③ 用草绘在前侧面内作距离左前侧棱边为 33 的平行线；④ 创建通过刚做成的平行线且与前侧面成 30° 角的基准平面 DTM1；⑤ 在创建的平面上绘斜台的拉伸截面，两侧拉伸(在拉伸操控面板中选择【选项】选项卡，拉伸深度在侧 1 和侧 2 都定义为【到选定项】选项，元素分别选取前侧面、后侧面)；⑥ 用同样方法在 DTM1 上草绘 ϕ16 圆，两侧拉伸(在拉伸操控面板中选择【选项】选项卡，拉伸深度在侧 1 和侧 2 都定义为【穿透】)切除出 ϕ16 孔；⑦ 倒两处 R3 圆角。

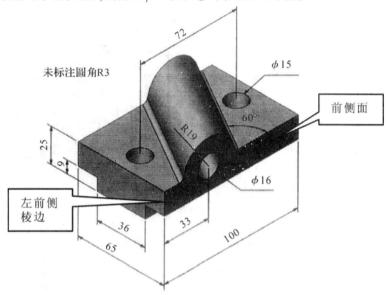

图 3-202　第 17 题图

18. 综合练习：作出如图 3-203 所示零件的三维实体。

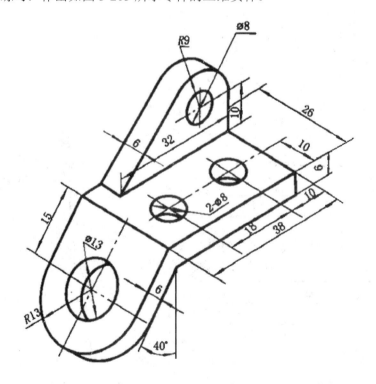

图 3-203　第 18 题图

19. 综合练习：作出如图3-204所示零件的三维实体。

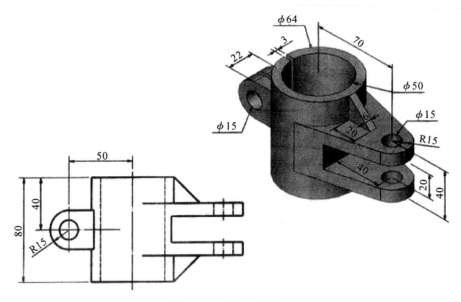

图 3-204　第 19 题图

20. 综合练习：作出如图3-205所示零件的三维实体。

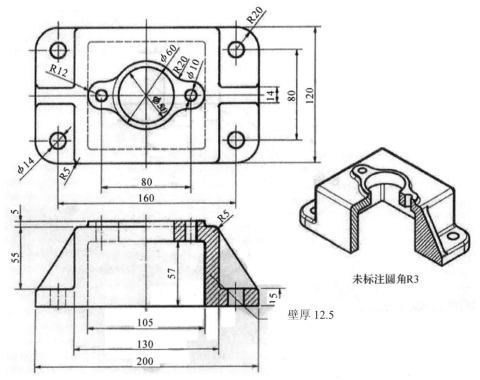

未标注圆角R3

壁厚 12.5

图 3-205　第 20 题图

21. 综合练习：根据图 3-206 所示尺寸作出三维实体(注：以下各题视图均给出第三角投影)。

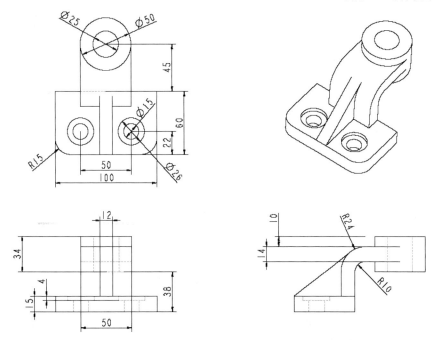

图 3-206 第 21 题图

22. 综合练习：根据图 3-207 所示尺寸作出三维实体。

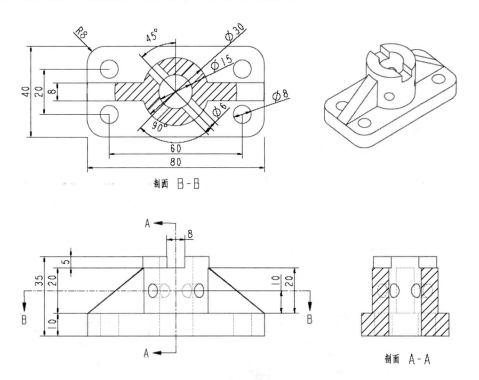

图 3-207 第 22 题图

23. 根据如图 3-208 所示的 3 个截面，用混合完成其造型，分别选择特征选项为直和平滑。图中的截面 1 是边长为 10×5 的矩形，截面 2 是长轴 Rx10、短轴 Ry5 的椭圆，截面 3 是一个构造点。截面 1 与截面 2 的距离为 8，截面 2 与截面 3 的距离为 5。

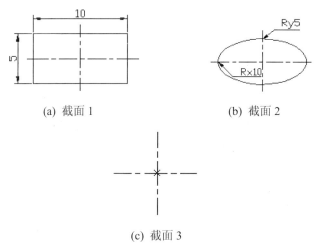

(a) 截面 1   (b) 截面 2

(c) 截面 3

图 3-208   平行混合特征的截面

24. 用平行混合完成如图 3-209(a)所示的五角星造型。截面 1 尺寸如图 3-209(b)所示，截面 2 为一个构造点，如图 3-209(c)所示，两截面的距离为 15。

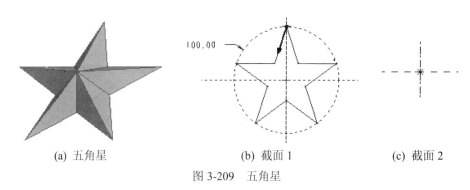

(a) 五角星   (b) 截面 1   (c) 截面 2

图 3-209   五角星

25. 用扫描移除特征创建如图 3-210 所示的实体。

提示：① 创建 $100 \times 60 \times 40$ 的长方体；② 用扫描切除方式去除两侧槽。

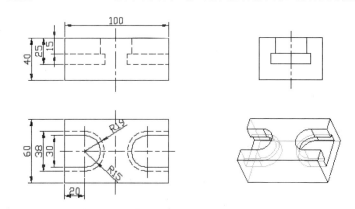

图 3-210   第 25 题图

26. 综合练习：作出如图 3-211 所示零件的三维实体。

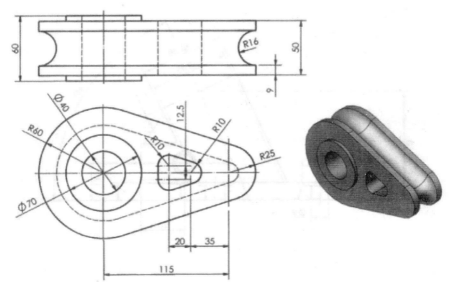

图 3-211　第 26 题图

27. 创建如图 3-212 所示的壁厚为 2 的烟灰缸(四角内侧及外侧棱边各倒 R10 圆角)。

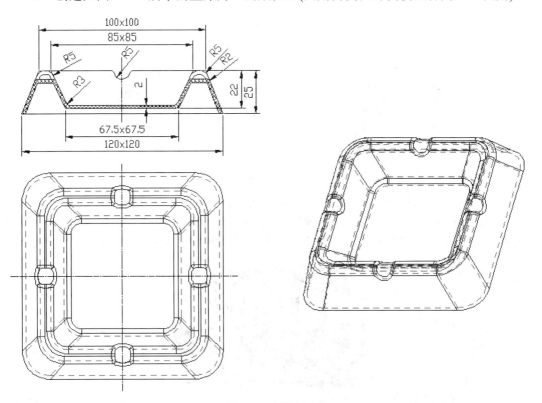

图 3-212　烟灰缸

28. 创建如图 3-213 所示的杯托模型，壁厚为 2。

提示：① 用平行混合做杯体；② 用样条曲线(给定三个控制点尺寸，其余自定)拉伸切除杯口；③ 杯体抽壳；④ 扫描手把。

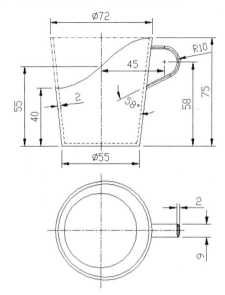

图 3-213　杯托

29. 用螺旋扫描创建如图 3-214 所示的 M20 × 2.5 六角螺母造型。

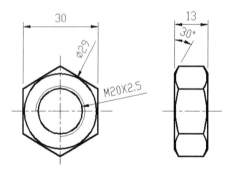

图 3-214　六角螺母

30. 用螺旋扫描特征创建如图 3-215 所示的弹簧实体，尺寸参数为：弹簧中径为 18，钢丝直径为 3，节距为 5，两端磨平后弹簧高度为 29(弹簧自由高度为 32)。

提示：① 按高度 32 作出弹簧；② 用拉伸切除将两端去除，保留中间弹簧高度 29。

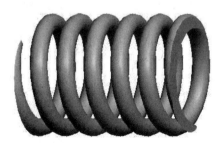

图 3-215　螺旋弹簧

31. 综合练习：根据图 3-216 所示尺寸作出三维实体。

提示：① 用扫描命令做中间弯管；② 用拉伸命令分别做两端凸台；③ 创建基准面；

④ 用创建的基准面作草绘平面拉伸 R6 拱形柱；⑤ 用孔特征创建孔。

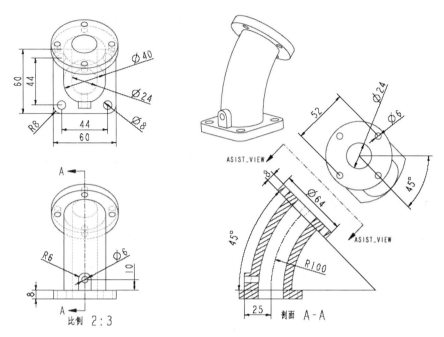

图 3-216　第 31 题图

32. 综合练习：根据图 3-217 所示尺寸作出三维实体。

提示：① 创建基板拉伸特征；② 创建斜基准面作草绘平面；③ 创建拉伸直径为 20 的圆柱体，拉伸至基板下表面；④ 创建孔特征。

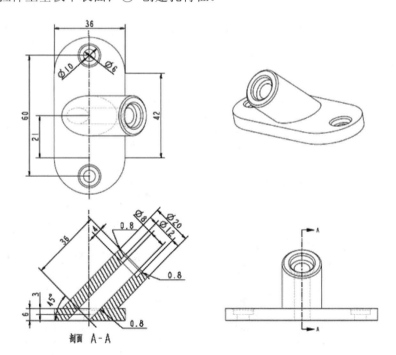

图 3-217　第 32 题图

33. 综合练习：作出如图 3-218 所示零件的三维实体。

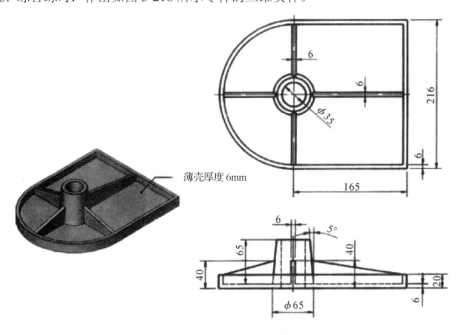

薄壳厚度6mm

图 3-218　第 33 题图

项目四　三维实体特征的编辑及操作

◆ 学习目的

在 Creo 3.0 系统中，对于三维实体的建模，除了用基础特征和工程特征等方法来创建实体特征外，系统还提供了对已经创建特征的编辑操作以及快速创建重复特征的功能。

特征操作是零件创建过程中不可缺少的重要组成部分，熟练掌握特征操作工具可以提高零件的创建效率以及简化创建过程。本项目主要介绍特征的修改、模型树的操作、特征的复制、阵列以及特征之间关系式的建立等内容。

编辑特征主要是改变特征的整体形状，概括来说包括特征的复制、移动、镜像、阵列等，极大地方便了特征的建立。用户使用特征编辑方法可以方便、快速地建立相同或相似的特征。学会使用这些编辑操作方法，可以创建更复杂的图形，提高设计工作效率。

◆ 学习要点

(1) 特征的镜像、复制、移动、阵列。

(2) 特征的参数关系式。

(3) 特征的基本操作及修改。

(4) 特征的调序。

4.1　任务 20：特征的镜像复制

4.1.1　创建主体特征

1. 创建风扇壳基础实体

(1) 用拉伸创建 80×80×5 的长方体底板，草绘平面为 TOP 基准面，左右、前后对称。

(2) 对四条竖直侧棱边倒 R5 的圆角。

(3) 在底板上表面用拉伸创建 $\phi55×20$ 的圆柱。

(4) 对已经创建好的实体进行抽壳，厚度为 2，开口面为下底面，生成的实体如图 4-1 所示。

图 4-1　生成的风扇壳基础实体

2. 在底板上创建圆孔

单击【拉伸】图标 ，再单击【移除材料】按钮 ，将底板的上表面作为草绘平面，绘制如图 4-2 所示的直径为 8 的圆，拉伸方式为穿透 ，生成的拉伸实体如图 4-3 所示。

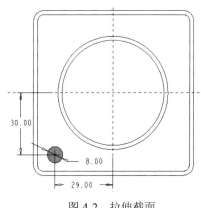

图 4-2　拉伸截面

图 4-3　生成圆孔特征

4.1.2　镜像特征

(1) 选取需要镜像的孔特征,在【模型】选项卡的编辑子工具栏中单击【镜像】图标 ，弹出如图 4-4 所示的镜像操控板。

(2) 选取基准平面 RIGHT 为镜像中心平面,在操控板中单击 按钮,完成镜像复制操作,结果如图 4-5 所示。

图 4-4　镜像操控板

图 4-5　镜像结果

❖ **注意**：在进行镜像时，所产生的特征与源特征对所选定的参考是对称分布的；若选取的镜像面不同，则镜像结果也不同；镜像特征生成后在模型树中以组特征的形式出现。

图 4-4 中【选项】下滑面板如图 4-6 所示，系统默认镜像出的特征与源特征为从属关系，并且为部分从属，即当重定义从属特征的尺寸时，所有尺寸都显示在源特征上；当修改源特征的尺寸时，系统同时更新从属特征。

当需要副本特征独立于源特征时，可在此下滑面板中取消【从属副本】的选择。

图 4-6　选项下滑面板

4.2 任务 21：相同参考的特征复制

使用相同参考复制圆孔的方法如下：

1. 调取【继承】工具

(1) 选择【文件】主菜单中的【选项】命令，系统弹出选项对话框，如图 4-7 所示，在选项对话框中选取【自定义功能区】选项。

(2) 在【从下列位置选取命令】区中选择【所有命令】选项，单击 ⬤【继承】命令，如图 4-7 所示。

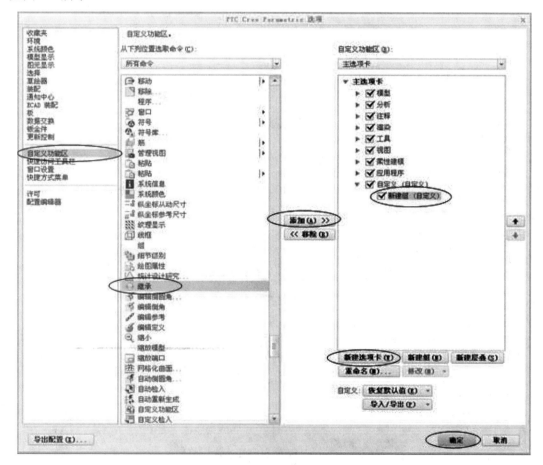

图 4-7 选项对话框

(3) 在对话框的右侧【自定义功能区】中单击【新建选项卡】新建一个选项卡，如图 4-8 所示。选取此选项卡，单击【自定义功能区】下方的【重命名】按钮，将此选项卡重命名为【自定义】。

(4) 单击图 4-7 右侧的按钮，将【自定义】选项卡移至 ⬍ 最下方位置。

(5) 在【自定义(自定义)】选项卡中选择【新建组(自定义)】，单击【添加】按钮，将【继承】命令添加到【自定义(自定义)】选项卡中，如图 4-9 所示。

图 4-8　新建选项卡　　　　　图 4-9　添加【继承】命令

(6) 单击选项对话框中的【确定】按钮，系统会在功能区的【应用程序】选项卡后方生成【自定义】选项卡，如图 4-10 所示。

文件 ▾	模型	分析	注释	渲染	工具	视图	柔性建模	应用程序	自定义

● 继承

图 4-10　生成的自定义功能选项卡

2．使用相同参考复制圆孔

(1) 选择功能区中的【自定义】选项卡→【继承】命令，系统弹出继承零件菜单，如图 4-11 所示。在菜单中选择【特征】命令，又弹出特征菜单。在特征菜单中单击【复制】命令，系统弹出复制特征菜单，如图 4-12 所示。

(2) 在复制特征菜单中选择【相同参考】→【选择】→【独立】→【完成】命令，系统会弹出选取特征菜单，并提示选取特征。

(3) 在模型树中选择图 4-3 的圆孔，单击选取特征菜单的【完成】命令，系统弹出组元素对话框，如图 4-13 所示，同时弹出【组可变尺寸】菜单，如图 4-14 所示。

图 4-11　继承零件菜单　图 4-12　复制特征菜单　图 4-13　组元素对话框　图 4-14　组可变尺寸菜单

(4) 系统显示出圆孔特征的所有尺寸参数,在组可变尺寸菜单中选择 Dim3 选项,然后单击【完成】命令。

(5) 在信息文本框中将尺寸 29 修改为 −29。

(6) 单击组元素对话框中的【确定】按钮,复制后的新特征如图 4-15 所示。

图 4-15　用复制命令生成的孔

4.3　任务 22：新参考的特征复制

4.3.1　创建主体特征

(1) 用拉伸创建 100×60×30 的长方体底板,草绘平面为 TOP 基准面,左右、前后对称,拉伸截面如图 4-16 所示,生成的底板特征如图 4-17 所示。

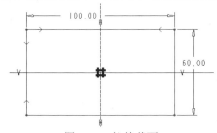

图 4-16　拉伸截面 1

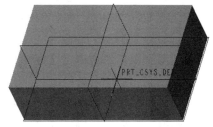

图 4-17　生成的底板特征

(2) 用拉伸在底板上创建 $\phi15×20$ 的圆柱体,拉伸截面如图 4-18 所示,生成的圆柱特征如图 4-19 所示。

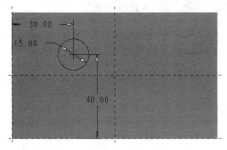

图 4-18　拉伸截面 2

图 4-19　生成的圆柱特征

4.3.2　使用新参考复制圆柱

(1) 选择功能区中的【自定义】选项卡→【继承】命令,系统弹出继承零件菜单,如

图 4-20 所示。在菜单中选择【特征】命令，在弹出的特征菜单中单击【复制】命令，再弹出复制特征菜单，如图 4-21 所示。

（2）在复制特征菜单中选择【新参考】→【选择】→【独立】→【完成】命令，系统弹出选取特征菜单，并提示选取特征。

（3）在模型树中选择图 4-19 的圆柱，单击选取特征菜单的【完成】命令，系统弹出组元素对话框，如图 4-22 所示，同时弹出组可变尺寸菜单，如图 4-23 所示。

图 4-20　继承零件菜单　图 4-21　复制特征菜单　图 4-22　组元素对话框　图 4-23　组可变尺寸菜单图

（4）系统显示出圆柱特征的所有尺寸参数，在组可变尺寸菜单中选择要改变的尺寸 Dim3 和 Dim4 复选框，然后单击【完成】命令。

（5）在信息文本框中依次将尺寸 30、40 修改为 –50、–15。

（6）在图 4-24 所示的参考菜单中选择【替代】命令，详情见图 4-25 中的注释和说明。

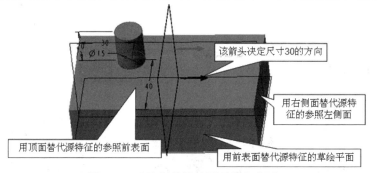

图 4-24　参考菜单　　　　　　图 4-25　选取新特征放置面和参考面

（7）按照系统提示，选择草绘平面参考对应于加亮的曲面，选择前表面为新特征的草绘放置面，如图 4-25 所示。

（8）按照系统提示，选择垂直草绘参考对应于加亮的曲面，选择参考菜单中的【相同】按钮。

（9）按照系统提示，选择截面尺寸标注参考对应于加亮的曲面，选择右侧面替代源特征的参照左侧面，如图 4-25 所示。

(10) 按照系统提示，选择截面尺寸标注参考对应于加亮的曲面，选择长方体的顶面替代源特征的参照前表面，如图 4-25 所示。

(11) 在弹出的方向菜单中选择【确定】命令，系统弹出组放置菜单。

(12) 在组放置菜单中选择【显示结果】命令，可预览复制的特征，再选择【完成】命令，新参考复制后的圆柱如图 4-26 所示。

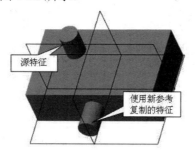

图 4-26 使用新参考复制的圆柱特征

4.4 任务 23：特征的移动复制

4.4.1 特征的平移复制

此处仍然在图 4-15 所示的零件上进行操作。

(1) 单击功能区自定义选项卡中的【继承】→【特征】命令，在弹出的特征菜单中选择【复制】命令，再在弹出的复制特征菜单中选择【移动】→【选择】→【独立】→【完成】命令，又弹出选择特征菜单。

(2) 选择图 4-15 中左侧的圆孔，在选取特征菜单中单击【完成】命令，系统弹出移动特征菜单，如图 4-27 所示。

(3) 在菜单中选择【平移】→【平面】命令，如图 4-28 所示。

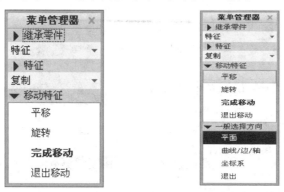

图 4-27 移动特征菜单　　　　图 4-28 一般选择方向菜单

(4) 选择 RIGHT 基准面为平移方向参考面，模型中出现平移方向的箭头，如图 4-29 所示。在方向菜单中选取【确定】命令，输入平移的距离 60，并按回车键，在移动特征菜单中单击【完成移动】命令。

Creo 3.0 项目化教学任务教程

(5) 在组可变尺寸菜单中选择【完成】命令，再单击组元素对话框中的【确定】按钮，完成的平移复制特征如图 4-30 所示。

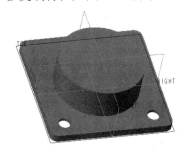

图 4-29　平移方向

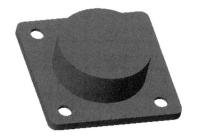

图 4-30　平移复制特征

❖ **注意**：平移操作过程中，在系统弹出组元素对话框和组可变尺寸菜单时，会在模型上显示源特征的所有尺寸，当把鼠标指针移至 Dim1、Dim2 或 Dim3 尺寸时，系统就加亮显示模型上的相应尺寸。如果在移动复制的同时要改变特征的某个尺寸，则从屏幕选取该尺寸或在组可变尺寸菜单中选择【尺寸】命令，再选择【完成】命令。此时系统弹出信息文本输入框，然后输入新值并按回车键。如果在复制时不想改变特征的尺寸，可直接选择完成命令。选择方向菜单中的各个命令介绍如下：

(1) 平面：选择一个平面，或创建一个新基准平面为平移方向参考面，平移方向为该平面或基准平面的法线方向。

(2) 曲线/边/轴：选取曲线、边或轴为平移方向。如果选择非线性边或曲线，则系统提示选择该边或曲线上的一个现有基准点来指定方向。

(3) 坐标系：选择坐标系的一个轴为平移方向。

4.4.2　特征的旋转复制

此处接着在图 4-30 所示的零件上进行操作。

(1) 单击自定义选项卡中的【继承】→【特征】→【复制】命令，弹出复制特征菜单，如图 4-31 所示，选择【移动】→【选择】→【独立】→【完成】命令，弹出选取特征菜单。

(2) 在模型树中选择左下角的圆孔特征，在选取特征菜单中单击【完成】命令，弹出移动特征菜单，如图 4-32 所示。

(3) 选择移动特征菜单中的【旋转】→【曲线/边/轴】命令，然后选择轴线 A_1，红色箭头方向由右手定则判定，旋转方向如图 4-33 所示，在弹出的方向菜单中选择【确定】命令。

图 4-31　复制特征菜单　　图 4-32　移动特征菜单

(4) 在弹出的信息文本框中输入旋转角度 180，单击 ✓ 按钮。

(5) 在移动特征菜单中选择【完成移动】命令，在组可变尺寸菜单中选择【完成】命令，单击组元素对话框中的【确定】按钮，完成后的旋转复制特征如图 4-34 所示。

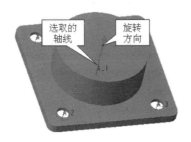

图 4-33　选取轴线　　　　　　　　图 4-34　完成后的旋转复制特征

4.5　任务 24：尺寸阵列

4.5.1　尺寸阵列

1．创建手机保护壳实体

(1) 用拉伸创建 $140 \times 70 \times 9$ 的长方体。

(2) 对四条侧棱边倒 R10 的圆角及底边倒 R5 的圆角。

(3) 抽壳，选取顶面为开口面，抽壳厚度为 1。

(4) 用拉伸移除材料创建摄像头条形孔，草图如图 4-35 所示。

(5) 用拉伸移除前侧及右侧的缺口，前侧缺口尺寸为 $50 \times 6.5 \times 5$，右侧缺口尺寸为 $38 \times 6.5 \times 5$。

(6) 用拉伸在四个侧面的上边沿创建 $0.5 \times 0.5 \times 0.8$ 的卡边，生成的实体如图 4-36 所示。

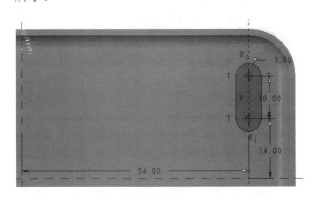

图 4-35　摄像头条形孔草绘截面　　　　图 4-36　生成的手机保护壳基础实体

2．在底板上创建圆孔

用拉伸移除命令，选择底板的上表面为草绘平面，绘制如图 4-37 所示的直径为 4 mm 的圆，深度为穿透 ⊞⊟ ，生成的圆孔如图 4-38 所示。

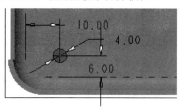

图 4-37　拉伸移除孔截面尺寸

图 4-38　拉伸移除生成的圆孔

3．对孔特征进行尺寸阵列

(1) 选取上步所创建的圆孔特征，在编辑子工具栏中单击【阵列】图标  ，或者在模型树中的孔特征上单击右键，在快捷菜单中选择【阵列】命令 ，弹出如图 4-39 所示的阵列特征操控板。

图 4-39　阵列特征操控板

(2) 单击操控板中的【尺寸】按钮，弹出尺寸下滑面板，在方向 1 中选取模型的参考尺寸 10，输入增量 8，在操控板的第一方向阵列个数栏 `1 10` 中输入 10；在方向 2 中选取模型的参考尺寸 6，输入增量 6，在操控板的第二个方向阵列个数栏 `2 9` 中输入 9，完成操作后的界面如图 4-40 所示，在操控板中单击【完成】按钮 ，创建的阵列特征如图 4-41 所示。

图 4-40　完成操作后的尺寸下滑面板

图 4-41　生成的阵列特征

❖ 注意：

① 一次只能选取一个特征进行阵列，如果要同时阵列多个特征，应预先把这些特征组成一个组。

② 为尺寸输入一个增量值，这种阵列方式的关键是要选取一个或多个合适的尺寸。如果尺寸为线性尺寸，则得到的阵列为矩形阵列或斜一字形阵列；如果尺寸为角度尺寸，则得到的阵列为环形阵列。

③ 删除阵列时，在模型树中选择 阵列 1 / 拉伸 6 ，再单击右键，选择【删除阵列】命令，即可删除阵列特征，源特征仍然保留。如果选择【删除】命令，则不但删除了阵列特征，源特征也一并被删除。

4.5.2 多尺寸驱动阵列

1. 双尺寸同时驱动阵列

(1) 选取图 4-38 中的圆孔，单击编辑子工具栏中的【阵列】图标 ▦ 。

(2) 单击操控板中的【尺寸】按钮，弹出尺寸下滑面板，选取模型第一方向的第一个引导尺寸 10，输入增量 8；按住 Ctrl 键再选取第一方向的第二个引导尺寸 6，输入增量 6。完成操作后的尺寸下滑面板如图 4-42 所示。

(3) 在操控板中的第一方向的阵列个数栏 1 ⬚9⬚ 中输入 9。

(4) 单击阵列特征操控板中的【完成】按钮 ✓ ，创建的阵列特征如图 4-43 所示。

❖ 注意：斜向阵列中，阵列方向由两个尺寸同时驱动。

图 4-42 设置好的尺寸下滑面板

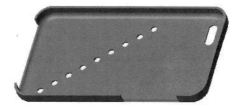
图 4-43 完成的阵列特征

2. 三尺寸或四尺寸驱动阵列

(1) 选取图 4-38 中的圆孔，单击【阵列】图标 ▦ 。

(2) 单击【尺寸】下滑面板，选取模型第一方向的第一个引导尺寸 10，输入增量 15，按住 Ctrl 键再选取第一方向的第二个引导尺寸 $\phi4$，输入增量 1；单击如图 4-42 所示的【方向 2】区域内的【单击此处添加】字符，选取第二方向的第一个引导尺寸 6，输入增量 15。完成操作后的尺寸下滑面板如图 4-44 所示。

(3) 在操控板第一方向的阵列个数栏 1 ⬚6⬚ 中输入 6，第二方向的阵列个数栏 2 ⬚4⬚ 中输入 4。

(4) 单击操控板中的 ✓ 按钮，创建的阵列特征如图 4-45 所示。

图 4-44 设置好的尺寸下滑面板

图 4-45 完成的阵列特征

4.5.3　圆周阵列

1．用拉伸创建圆盘零件

用拉伸，选取 TOP 基准平面为草绘平面，在坐标系原点处绘制直径为 100 的圆，拉伸深度 20，生成圆盘实体。

2．在圆盘中切除圆孔

用旋转移除方法，单击【基准平面】图标 ⟋，系统弹出【基准平面】对话框，按住 Ctrl 键选择圆盘轴线 A_1 和 RIGHT 基准面，在【旋转】文本框中输入角度值 60，单击【确定】按钮，创建一个穿过指定轴线 A_1 并且与基准面 RIGHT 成 60°的临时基准面 DTM1。在 DTM1 面中绘制如图 4-46 所示的中心线和旋转截面，旋转角 360°，生成的圆孔如图 4-47 所示。

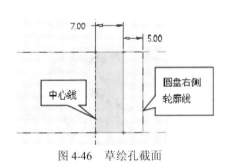

图 4-46　草绘孔截面

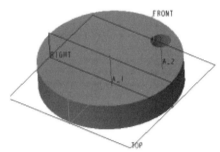

图 4-47　生成的圆孔

3．对圆盘中的圆孔进行圆周阵列

(1) 选取上一步所创建的孔特征，单击【阵列】图标 ⊞，弹出阵列特征操控板。

(2) 打开尺寸下滑面板，【方向1】直接选取设计区图中的旋转角度尺寸 60，输入增量为 60，在阵列特征操控板中的"输入第一方向的阵列成员数"文本框中输入个数 6；在【方向2】下的"单击此处添加项"上单击，然后在设计区选取如图 4-46 所示的尺寸 5，输入增量为 15，再按住 Ctrl 键选取图中尺寸 7，输入增量为-2，尺寸下滑面板显示如图 4-48 所示。再在阵列特征操控板中的"输入第二方向的阵列成员数"文本框中输入方向 2 上的阵列个数为 3。

(3) 单击阵列特征操控板中的 ✔ 按钮，创建的阵列特征如图 4-49 所示。

图 4-48　尺寸下滑面板设置

图 4-49　完成的阵列特征

❖ **注意**：单击阵列特征操控板中的【选项】按钮，有以下 3 种方式：

① 相同：所有阵列的特征大小相同，阵列而成的特征的大小和放置平面与原始特征一致，阵列的特征不能与放置曲面边、任何其他特征边或放置曲面以外任何特征的边相交，特征之间不能相互干涉，如图 4-50 所示。相同阵列再生的速度最快。

② 可变：阵列而成的特征与原始特征的大小尺寸可以有所变化，但阵列出来的特征成员之间不存在体积相互重叠的现象，如图 4-51 所示。

③ 常规：系统分别计算每个特征的数据，并分别对每个特征求交，如图 4-52 所示。可用该命令使特征与其他特征接触、自交，或与曲面边界交叉。此选项为默认项，具有较大的自由度，但再生所需要的时间较长。为了确保阵列创建成功，建议读者优先选择【常规】选项。

图 4-50　相同阵列方式

图 4-51　可变阵列方式

图 4-52　常规阵列方式

4.6　任务 25：方向和轴阵列

4.6.1　方向阵列

(1) 打开图 4-38 所示零件，选择孔特征，单击模型选项卡编辑子工具栏中的【阵列】图标 ▦ 。

(2) 在操控板的下拉列表框中选择【方向】选项，选择如图 4-53 所示的边线为阵列第一方向，在操控板中输入第一方向的成员数 10、第一方向的阵列成员间的间距 8。

(3) 单击操控板中方向 2 后的【单击此处添加】字符，再选取如图 4-54 所示的边线为阵列第二方向，在操控板中输入第二方向的成员数 9、第二方向的阵列成员间的间距 6，单击反向 ⚡ 图标进行第二方向反向，操控板设置如图 4-55 所示。

图 4-53　选取第一方向参考边

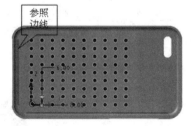
图 4-54　选取第二方向参考边

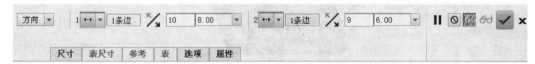
图 4-55　阵列特征操控板设置

(4) 单击阵列特征操控板中的【完成】 ✓ 按钮，生成的方向阵列特征如图 4-56 所示。

图 4-56　生成的方向阵列特征

4.6.2　轴阵列

1. 创建基础特征

打开图 4-34，用拉伸移除方法在壳体的上表面绘制如图 4-57 所示的拉伸截面。穿透后，生成的腰型孔特征如图 4-58 所示。

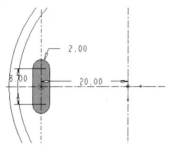

图 4-57　草绘截面

图 4-58　生成的腰型孔特征

2. 创建轴阵列特征

(1) 选择前面所创建的长孔特征，单击【阵列】图标 ▦，打开阵列操控板。

(2) 在阵列操控板的下拉列表框中选择【轴】选项 轴 ▼，在模型中选择壳的中心轴 A_1 为阵列中心。

(3) 在阵列操控板中输入阵列成员数 4、角度增量 90；输入第二方向的阵列成员数 3、阵列成员间的径向距离 6。操控板设置如图 4-59 所示。

图 4-59　轴阵列操控板的设置

(4) 单击阵列操控板中的 ✓ 按钮，生成的轴阵列特征如图 4-60 所示。

图 4-60　生成的轴阵列特征

(5) 选择前面所创建的阵列特征,单击右键选择【编辑定义】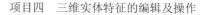命令,重新打开轴阵列操控板。在轴阵列操控板中输入圆周上要创建的阵列成员数 6,选择角度范围 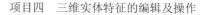 为 360;输入第二方向的阵列成员数 4、阵列成员间的径向距离 5。操控板设置如图 4-61 所示。

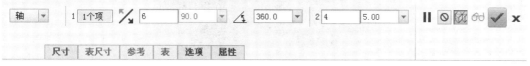

图 4-61 轴阵列操控板的设置

(6) 在尺寸下滑面板的方向 2 中,选取尺寸 8,增量设置为 –2.5,如图 4-62 所示。

(7) 单击阵列操控板中的 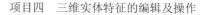 按钮,生成的轴阵列特征如图 4-63 所示。

图 4-62 尺寸下滑面板设置　　　　图 4-63 生成的轴阵列特征

4.7 任务 26：填充和曲线阵列

4.7.1 填充阵列

(1) 选择图 4-38 所示的圆孔特征,单击【阵列】图标 ⊞ ,打开阵列特征操控板。

(2) 在图 4-64 所示的阵列特征操控板中选择【填充】选项,单击【参考】选项卡,打开参考下滑面板,单击【定义】按钮,打开草绘对话框。

图 4-64 阵列特征操控板

(3) 选择底板的上表面为草绘平面,绘制如图 4-65 所示的长方形,单击草绘工具栏中的 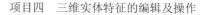 图标,结束草绘。

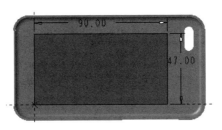

图 4-65　绘制矩形填充区域

（4）系统弹出如图 4-66 所示的操控板，在其中选择【菱形】 ⊕ 选项，输入阵列成员间的间隔 ⇈ 10、阵列成员中心和草绘边界之间的最小距离 ◌ 0、栅格绕原点的旋转角度 ∠ 0。

图 4-66　填充阵列特征操控板的设置

（5）单击阵列特征操控板中的 ✓ 按钮，生成的填充阵列特征如图 4-67 所示。

图 4-67　生成的填充阵列特征

❖ **注意**：填充阵列是根据栅格、栅格方向和成员间的间距从原点变换成员位置而创建的，草绘区域和边界余量决定着将创建哪些成员，边界余量不会改变成员的位置。系统提供的栅格类型有方形、菱形、六边形、同心圆、螺旋线和沿草绘曲线。

图 4-66 的填充阵列特征操控板中部分图标功能说明如下：

⇈ 设置阵列成员中心间的间距。

◌ 设置阵列成员中心和草绘边界之间的最小距离。此值可正可负，负值表示阵列成员中心位于草绘图形之外。

∠ 设置栅格绕原点的旋转角度。

⤢ 设置圆形或螺旋栅格的径向间距。

4.7.2　曲线阵列

（1）打开如图 4-38 所示的基础特征，选择模型中的圆孔特征，单击【阵列】图标 ▦ 。

（2）在阵列特征操控板中选择【曲线】选项，单击【参考】，打开参考下滑面板，单击【定义】按钮，打开草绘对话框。

（3）选择底板的上表面为草绘平面，绘制如图 4-68 所示的样条曲线，单击草绘工具栏

中的 ✓ 图标，结束草绘。

(4) 在操控板的 ⬚ 10.00 框中输入阵列成员间的间距 10。

(5) 单击阵列特征操控板中的 ✓ 按钮，生成的曲线阵列如图 4-69 所示。

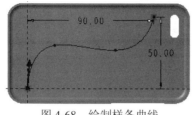
图 4-68　绘制样条曲线

图 4-69　生成的曲线阵列

4.8　任务 27：表阵列

创建表阵列特征的步骤如下：

(1) 选择图 4-38 所示的圆孔特征，单击【阵列】图标 ⬚，打开阵列特征操控板，如图 4-70 所示。

图 4-70　阵列特征操控板

(2) 在阵列特征操控板中选择【表】选项，单击【表尺寸】选项卡，表尺寸 1 选择尺寸 50.5，按下 Ctrl 键同时选取尺寸 24.5 为表尺寸 2，如图 4-71 所示。

(3) 在选择操控板中单击【编辑】按钮，打开表编辑器窗口，输入阵列各孔的序号和孔中心位置尺寸，如图 4-72 所示。

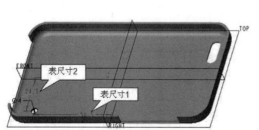
图 4-71　阵列尺寸参考

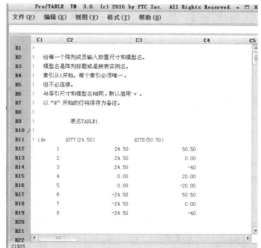
图 4-72　表编辑器

(4) 输入完毕后，选择表编辑器上方的【文件】→【保存】命令，然后退出编辑器，单击操控板的【确定】 ✔ 按钮，生成的表阵列特征如图 4-73 所示，为 8 个指定位置的孔。

图 4-73　生成的表阵列特征

4.9　任务 28：建立零件模型的参数关系式

本任务是创建如图 4-74 所示的轴承模型。该轴承由外圈、内圈及滚动体三部分组成。绘制过程中使用了参数关系式，就是在软件中添加了程序语句，执行这些程序语句可绘制图形，提高了设计效率。

图 4-74　轴承模型

4.9.1　创建轴承

1. 新建图形文件

(1) 单击【旋转】图标 ，选择 FRONT 为草绘平面，绘制如图 4-75 所示的截面。

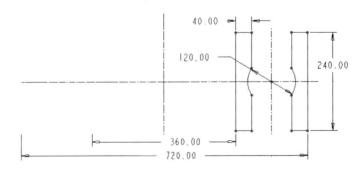

图 4-75　草绘选择截面

(2) 在草绘模式下，单击【工具】选项卡模型树子工具栏中的【切换尺寸】图标 ，其截面尺寸参数如图 4-76 所示，选择【关系】图标 ，弹出关系对话框，如图 4-77 所示。在关系对话框中输入关系式(sd20 = sd18*2、sd21 = (sd20-sd18)/3、sd16 = sd21*2、sd17 = sd21/3)，单击【确定】按钮，然后单击草绘工具栏中的 ✔ 图标。

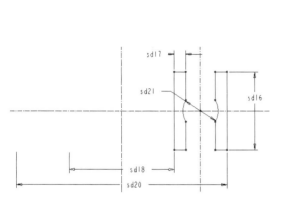

图 4-76 截面尺寸参数

图 4-77 关系对话框

(3) 设置旋转角度值为 360°，单击操控板中的 ✔ 按钮，完成轴承的主体特征。

2．创建滚珠

单击【旋转】图标 ⬡，选择 FRONT 为草绘平面，绘制如图 4-78 所示的草绘截面，旋转角度为 360°，生成的滚珠如图 4-79 所示。

图 4-78 草绘滚珠截面

图 4-79 生成单个滚珠

3．阵列滚珠

选择滚珠，单击【阵列】图标 ▦，选择【轴】阵列。选取轴线 A_1 为阵列中心，阵列成员数 7，角度增量 360/7，阵列结果如图 4-80 所示。

图 4-80 阵列生成的所有滚珠

4.9.2 建立零件模型参数关系式注意事项

在零件设计中，除了利用尺寸来控制大小外，尺寸和尺寸之间还可以创建参数关系式。

通过关系式使相关参数联系起来，便于编辑修改，从而更好地进行参数化设计。

例如：打开图 4-80，在模型树中右击特征【旋转 1】，在弹出的快捷菜单中选择【编辑定义】命令，单击【放置】→【编辑】按钮，进入如图 4-75 所示的草绘界面，双击尺寸 sd18 的值 360，输入 300，按回车键，则各个尺寸随之发生改变，结果如图 4-81 所示。

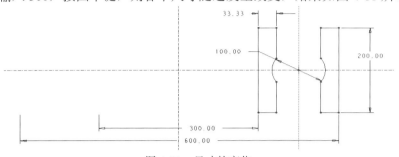

图 4-81　尺寸的变化

4.10　任务 29：特征的修改

4.10.1　特征的编辑

1．创建零件模型

(1) 用拉伸创建 $\phi50 \times 20$ 的圆柱体。

(2) 用拉伸去除材料在圆柱体中心位置创建 20×20 的通孔，生成的实体如图 4-82 所示。

图 4-82　生成的实体

2．特征的编辑

(1) 在模型树中选取方孔特征，在右键快捷菜单中单击【编辑】图标 ，绘图区显示出方孔特征的所有尺寸。

(2) 在出现的尺寸中双击尺寸值 20，输入 30，如图 4-83 所示，完成后按回车键确认。

(3) 在快速访问工具栏中单击【重新生成】图标 ，结果如图 4-84 所示。

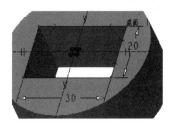

图 4-83　修改尺寸

图 4-84　编辑后的特征

4.10.2 特征的编辑定义

(1) 在模型树中选择方孔特征，右键单击，在弹出的快捷菜单中选择【编辑定义】图标 ，系统弹出拉伸特征操控板。

(2) 单击放置下滑面板中的【编辑】选项，系统返回到方孔特征创建时的草绘状态，在草绘界面中删除原有的正方形，在中心位置绘制$\phi20$的圆，如图 4-85 所示，单击草绘工具栏中的 ✔ 图标，再单击拉伸特征操控板中的 ✔ 按钮，结果如图 4-86 所示。

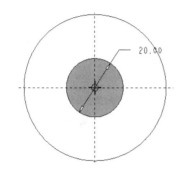

图 4-85 将拉伸截面由方形改为圆形　　　　图 4-86 编辑定义后的特征

4.11 任务 30：特征顺序的调整

4.11.1 特征的插入

(1) 打开图 4-86 所示的实体零件，单击工程工具栏中的【抽壳】图标 壳，选取顶面为开口面，抽壳厚度为 3，如图 4-87 所示。

(2) 在模型树中选择【在此插入】图标 ➡ 在此插入 ，并将其拖至圆孔(拉伸 2)前，结果如图 4-88 所示。此时系统会自动隐藏圆孔及抽壳特征，如图 4-89 所示。

图 4-87 生成的抽壳特征　　图 4-88 将【在此插入】拖至圆孔前　　图 4-89 生成的特征

(3) 单击【倒角】命令 ◇，在基础圆柱体的底边创建 5×5 的倒角，如图 4-90 所示。

(4) 在模型树中选择【在此插入】图标 ➡ 在此插入 ，并将其拖至特征树的尾部，隐藏的

Creo 3.0 项目化教学任务教程

方孔特征和抽壳特征会自动恢复。系统自动重新生成的模型如图 4-91 所示。

图 4-90 生成的倒角特征

图 4-91 孔和抽壳恢复后的特征

4.11.2 特征的调序

在窗口左侧的模型树中选取壳特征，将其向上拖动至圆孔特征之前放开，则孔特征被调到抽壳特征之后。

图 4-92 为调序之前的模型树，图 4-93 为调序之前的模型。图 4-94 为调序之后的模型树，图 4-95 为调序之后的模型。通过壳特征的调序我们发现，零件结构会随着特征顺序的变化而改变。

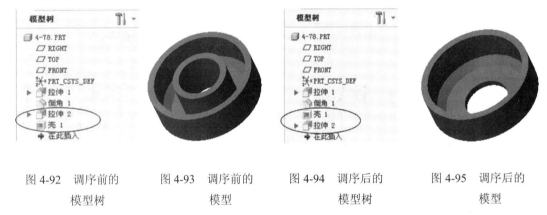

图 4-92 调序前的
模型树

图 4-93 调序前的
模型

图 4-94 调序后的
模型树

图 4-95 调序后的
模型

4.12 任务 31：特征的基本操作

4.12.1 特征的隐含

(1) 打开图 4-95 所示的零件，在模型树中选取抽壳特征，单击鼠标右键，在弹出的右键快捷菜单中选择【隐含】图标 隐含，系统弹出如图 4-96 所示的隐含对话框。

(2) 单击对话框中的【确定】按钮，抽壳特征被隐含，结果如图 4-97 所示。

图 4-96 隐含对话框

图 4-97 隐含壳后的特征

4.12.2　特征的恢复

(1) 在【模型】功能选项卡中，单击操作子工具栏的【操作】 操作▾ ，弹出操作下拉菜单，如图 4-98 所示。

(2) 选择下拉菜单中的【恢复】→【恢复全部】命令，如图 4-99 所示，即恢复所有被隐含的特征，壳特征重新恢复，零件如图 4-95 所示。

图 4-98　操作菜单

图 4-99　恢复子菜单

4.12.3　特征的删除

(1) 在模型树中选择壳特征，单击鼠标右键，在弹出的快捷菜单中选择【删除】命令，系统弹出如图 4-100 所示的删除对话框。

(2) 单击对话框中的【确定】按钮，即完成壳特征的删除。

图 4-100　删除对话框

4.13　任务 32：特征编辑综合实例

1. 创建泵盖外形主体

(1) 单击【新建】图标 ，在新建对话框中选【零件】单选按钮，输入文件名 T4-122，取消选中【使用缺省模板】复选框，单击【确定】按钮，在打开的新文件选项对话框中选择 mmns_part_solid 模板，单击【确定】按钮。

(2) 单击【拉伸】图标 ，选择 TOP 面为草绘平面，绘制截面如图 4-101 所示，拉伸深度设置为 15，生成的底板如图 4-102 所示。

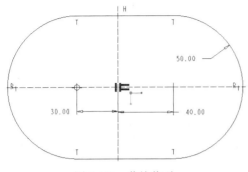

图 4-101　草绘截面

图 4-102　生成的底板

(3) 单击【拉伸】图标 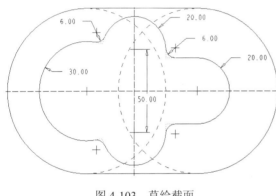，选择底板的上表面为草绘平面，绘制截面如图 4-103 所示，拉伸深度设置为 10，创建的实体如图 4-104 所示。

图 4-103　草绘截面

图 4-104　创建的实体

2. 创建基准平面

(1) 单击基准子工具栏中的【平面】图标 ⬭，在基准平面对话框的参考中选取 FRONT 平面为参考平面。

(2) 输入偏移距离 35，如图 4-105 所示，单击【确定】按钮，创建的基准平面 DTM1 如图 4-106 所示。

图 4-105　基准平面对话框

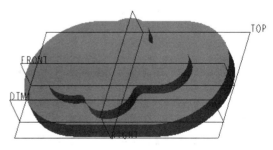

图 4-106　创建的基准平面 DTM1

3. 创建阶梯孔

单击【旋转】图标 oⓞo，再单击【去除材料】图标 ◿，选择 DTM1 为草绘平面，草绘一条中心线为旋转轴，绘制截面形状如图 4-107 所示，旋转角度为 360°。旋转移除的阶梯孔如图 4-108 所示。

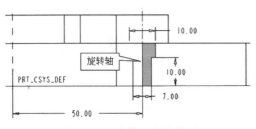

图 4-107　阶梯孔草绘截面

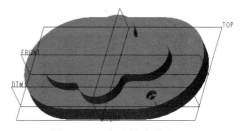

图 4-108　生成的阶梯孔

4．创建组特征

按住 Ctrl 键，在模型树中依次选择前面创建的基准平面 DTM1 和阶梯孔，单击右键，在弹出的如图 4-109 所示的右键快捷菜单中选择【Group】→【组】命令，创建的组如图 4-110 所示。

图 4-109　右键快捷菜单

图 4-110　创建的组

5．阵列其余阶梯孔

(1) 在模型树上选择上一步创建的组特征，单击【阵列】图标 ⊞ ，弹出阵列特征操控板。

(2) 在阵列方式中选择【表】选项，按住 Ctrl 键，在工作区中选择 35 和 50 两个尺寸，阵列参考如图 4-111 所示。

图 4-111　阵列特征操控板

(3) 在阵列特征操控板中单击【编辑】按钮，打开表编辑器窗口，输入尺寸数据(各孔的序号和孔中心位置尺寸)，如图 4-112 所示。

(4) 输入完毕后，选择表编辑器上方的【文件】→【保存】命令，退出编辑器，设置完后单击阵列特征操控板中的 ✓ 按钮，阵列结果如图 4-113 所示。

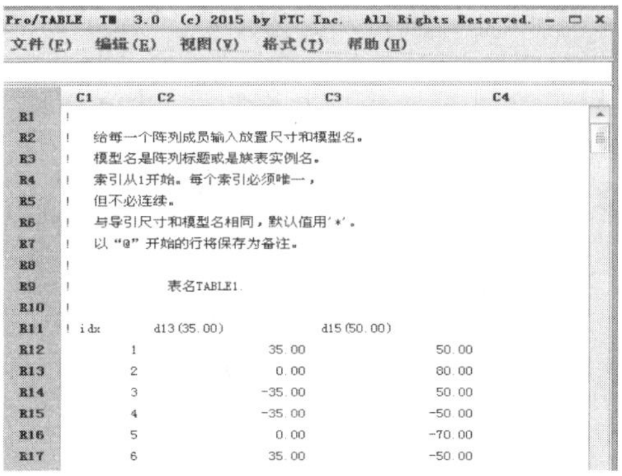

图 4-112　表编辑器

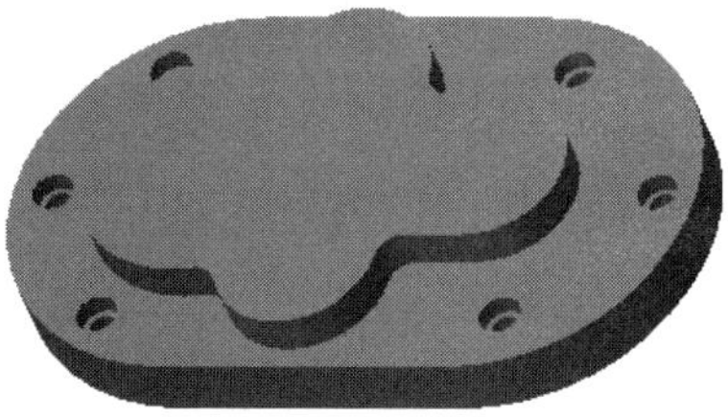

图 4-113　生成的孔阵列

6. 创建定位销孔

单击【拉伸】图标，选择【去除材料】图标，选择 TOP 基准平面为草绘平面，草绘截面如图 4-114 所示。草绘时先绘制两个 R40 的构建圆，再绘制与水平面成 25°夹角的两条平行参考线，然后在交点处绘制直径为 6 的圆，单击草绘工具栏中的图标，单击拉伸特征操控板中的按钮，生成的销孔如图 4-115 所示。

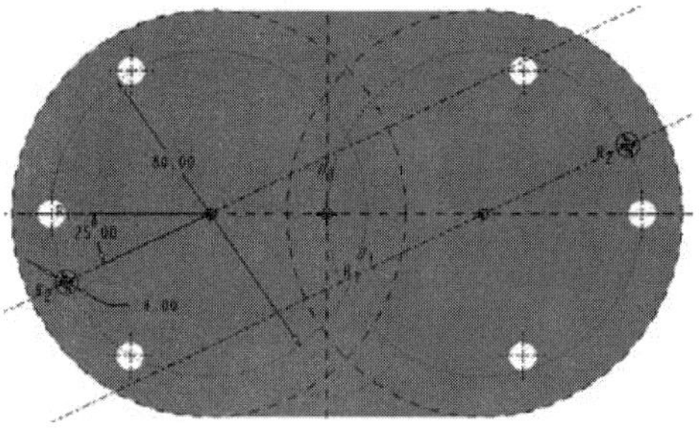

图 4-114　草绘截面

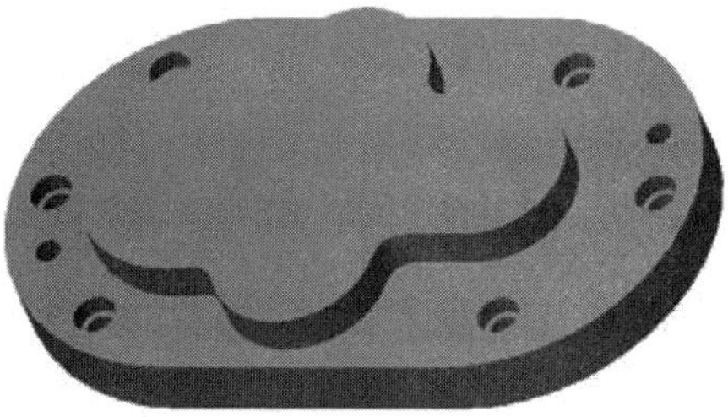

图 4-115　生成的销孔

7. 创建孔

(1) 单击【孔工具】图标，在孔特征操控板中设置孔直径为 32，孔深方式为穿透，如图 4-116 所示。

(2) 单击【放置】按钮，打开放置下滑面板，单击基准子工具栏中的 轴命令，通过凸台右侧 R30 的圆心创建基准轴 A_10，选取轴 A_10 为主参考，按 Ctrl 键选择凸台的上表面为放置平面，生成的孔特征如图 4-117 所示。

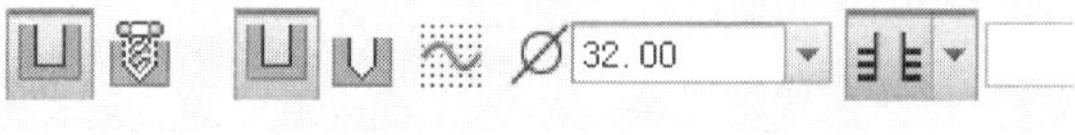

图 4-116　在孔特征操控板中设置孔的尺寸

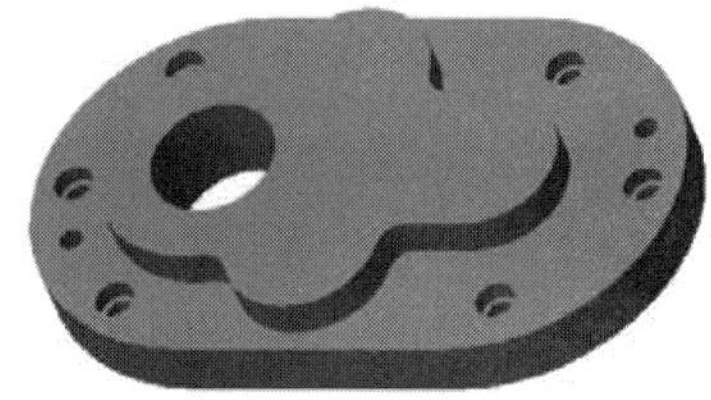

图 4-117　生成的孔特征

(3) 单击【孔工具】图标，在孔特征操控板中单击【草绘孔】图标→【激活草绘】图标，进入草绘界面，绘制如图 4-118 所示的孔截面。

(4) 单击【放置】按钮，打开放置下滑面板，选择上表面为放置平面，RIGHT 平面为第一偏移参考，偏移值为 40，再选择 FRONT 平面为第二偏移参考，偏移值为 0，生成的台阶孔特征如图 4-119 所示。

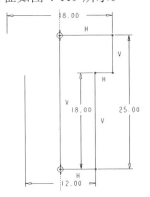

图 4-118　草绘孔截面

图 4-119　生成的台阶孔特征

(5) 单击【孔工具】图标 ，在孔特征操控板中选择【标准孔】图标 ▓ →【添加攻丝】图标 ⊕ ，设置 ISO 标准下的 M16×1.5，孔深方式为穿透 ▓ ，如图 4-120 所示。

图 4-120　【孔】特征操控板

(6) 单击【放置】按钮，打开放置下滑面板，选择上表面为放置平面，RIGHT 平面为第一偏移参考，偏移值为 0，再选择 FRONT 平面为第二偏移参考，偏移值为 25，生成的螺纹孔特征如图 4-121 所示。

(7) 在模型树中选择上一步创建的螺纹孔特征，单击【镜像】图标 ▯▮ ，选择 FRONT 平面为镜像平面，生成另一侧螺纹孔特征，结果如图 4-122 所示。

图 4-121　生成的螺纹孔特征

图 4-122　镜像生成的孔特征

泵盖零件创建完毕。

　小　结

1. 特征的镜像

特征的镜像就是将源特征相对一个平面进行镜像来生成对称的结构，既保证了特征结构的一致性，又减少了设计工作量。

2. 特征的复制

使用复制的方法，可以把一个特征复制成另一个近似模样的特征；把一个或多个位置上的特征复制到另一个位置，创建与源特征相同或相似的新特征。

3．特征的阵列

特征阵列是按照一定的排列方式复制特征。在创建阵列时，通过修改阵列参数，比如阵列个数、阵列特征之间的间距和原始特征尺寸，即可修改相关的阵列特征。特征阵列有尺寸、方向、轴、填充、表、参考、曲线和点多种类型，其中尺寸阵列的结果为矩形阵列，而轴阵列的结果为圆形阵列。

(1) 尺寸阵列：通过使用驱动尺寸并指定阵列的增量来控制阵列。

(2) 方向阵列：通过指定方向并使用拖动控制滑块设置阵列增长的方向和增量来创建自由形式的阵列。

(3) 轴阵列：通过设置阵列的角增量和径向增量来创建自由形式的圆周阵列。

(4) 填充阵列：通过选定栅格，在物体表面或部分表面区域生成均匀的阵列。

(5) 表阵列：通过使用阵列表并为每一阵列实体指定尺寸值来控制阵列。当阵列的特征之间没有规律可循时，可以通过应用尺寸表来实现特征的阵列。

(6) 参考阵列：通过参考另一阵列来控制阵列，操作过程中首先需要创建一个阵列，然后在该阵列的基础上创建一个参考阵列。

(7) 曲线阵列：通过指定沿着曲线的阵列成员间的距离或阵列成员的数目来控制阵列。

(8) 点阵列：使用基准点或几何点来创建阵列特征。

4．特征参数关系式

进行零件设计时，可以根据参数尺寸之间所创建的数学关系式来控制尺寸的大小。

5．特征的重定义、修改、排序、删除

对完成的或正在建立中的零件模型进行修改或重新定义时，应根据实际需要对参数做调整。在零件的创建过程中，特征是可以随着创建的需要而隐藏、显示、隐含和恢复的。隐藏与显示相对应，隐含与恢复相对应。

6．在原有的特征之间插入新特征

使用特征插入模式在已有特征顺序队伍中插入新的特征，可改变模型树中特征的创建顺序。应根据需要添加细节特征或修改特征顺序。

通过本项目的学习，使读者进一步了解特征造型的各种操作方法以及最常用的修改工具。特征创建后可以利用重新定义、调序等方法进一步完善其造型，经过再生可以获得新的设计结果。对于设计中的一个或多个特征，可以使用特征的阵列、复制、镜像的方法产生数目众多的相类似的特征，从而快速地生成符合要求的几何造型。

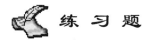 练 习 题

1．使用尺寸阵列方式，在长方体 $100 \times 50 \times 10$ 上制作如图 4-123(a)所示的钳口板，槽的截面形状为如图 4-123(b)所示的三角形。

提示：① 创建与长方体侧面成 30°夹角的基准平面 DTM1；② 以创建的基准面 DTM1 为草绘平面，拉伸切除一个 V 型槽；③ 用尺寸阵列方式阵列 V 型槽，阵列增量为 5；④ 镜像阵列的 V 型槽。

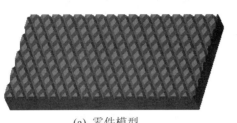

(a) 零件模型

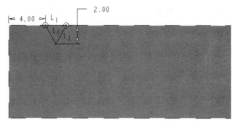

(b) 槽截面图

图 4-123 钳口板

2. 使用轴阵列的方式，制作如图 4-124 所示的法兰盘。

提示：① 使用旋转创建法兰盘基础实体；② 绘制孔；③ 用轴阵列功能阵列孔；④ 创建矩形槽；⑤ 阵列槽；⑥ 创建 M8 螺孔并阵列。

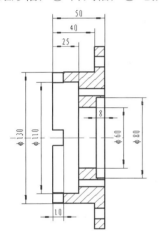

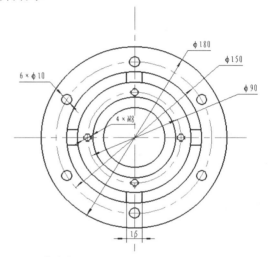

图 4-124 法兰盘

3. 制作如图 4-125 所示的旋转楼梯。

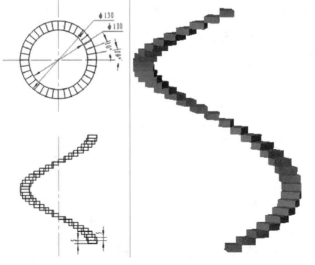

图 4-125 旋转楼梯

提示：① 用旋转创建第一个台阶(注意：台阶的下表面和基准平面之间要标出尺寸)；② 旋转复制第二个台阶，旋转角度为 10°，上升高度为 5；③ 尺寸阵列台阶，阵列的个数为 35，圆周上增量为 10，高度增量为 5。

4．制作如图 4-126 所示的香皂盒(注：以下各题均为第三角投影)。

提示：① 拉伸外形；② 创建底面过渡圆角；③ 抽壳；④ 创建底部φ4 圆孔；⑤ 阵列。

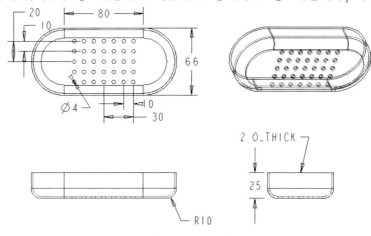

图 4-126　香皂盒

5．根据如图 4-127 所示的尺寸，制作提篮的造型。

提示：① 拉伸 300×200×150 雏形；② 侧面进行 15° 拔模；③ 创建侧耳；④ 抽壳厚度为 10；⑤ 创建前后两侧的矩形切口 180×8；⑥ 阵列切口；⑦ 创建底面φ15 圆孔；⑧ 阵列圆孔。

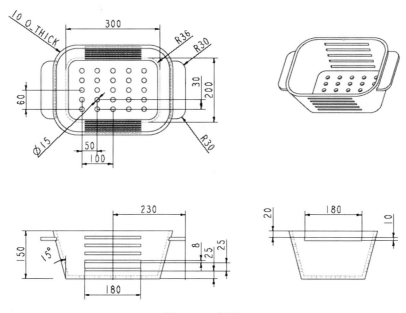

图 4-127　提篮

6．根据如图 4-128 所示的尺寸制作十字形连接管。

提示：① 用旋转方式绘制φ16、φ32 的旋转特征(创建 1/4)；② 用旋转和阵列的方法创建详细视图中的ϕ4 圆环特征；③ 阵列所有特征；④ 创建ϕ10 的孔；⑤ 创建 R1、R3 的倒角特征。

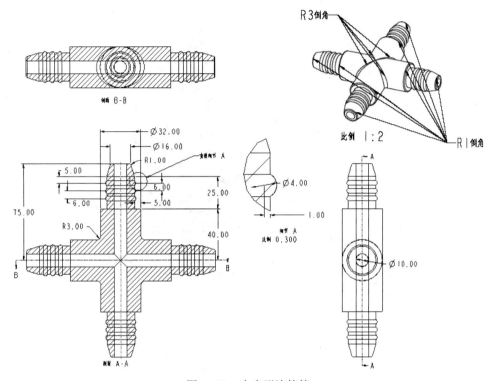

图 4-128　十字形连接管

7．根据如图 4-129 所示的尺寸，制作支架的造型。

提示：① 拉伸底板和左右圆柱及中间圆柱；② 顶面切除ϕ25 的半球凹坑；③ 阵列 6 个凹坑；④ 创建厚 20 的筋板；⑤ 打 3 个大通孔；⑥ 进行圆柱端部 3 处 5×5 倒棱角。

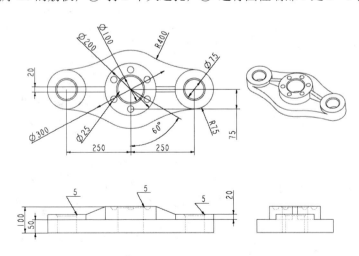

图 4-129　支架

8．使用轴阵列完成如图 4-130 所示的造型。

提示：① 用旋转创建内侧第一根圆柱，高度 100，直径ϕ3；② 轴阵列圆柱，中心轴为 Z

轴，阵列个数为 68，角度为 15°，高度增量为 –1.5，径向增量为 0.5。

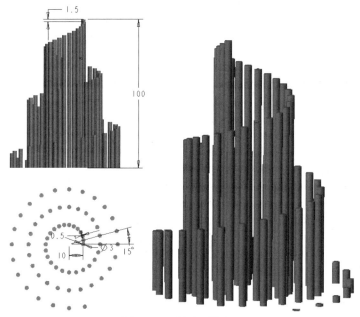

图 4-130　轴阵列特征

项目五　曲面特征的建立

◆ 学习目的

为了创建复杂的工业产品造型，Creo 3.0 提供了曲面设计功能，与实体特征的创建相比，曲面特征的技巧性更强，相应的知识点较多。曲面造型在工业设计中具有举足轻重的作用。在现代工业产品造型中，基本上都涉及曲面造型，因此掌握曲面造型的方法与技巧很有必要。

本项目主要通过实例介绍不同方法的曲面特征创建过程，主要包括拉伸曲面、旋转曲面、扫描曲面、混合曲面、扫描混合曲面、边界混合曲面以及造型曲面等。通过学习使读者对曲面特征的创建过程以及有关参数的设置有一个了解，并且模仿实例即可进行曲面特征的基本操作。

◆ 学习要点

1) 面组

面组是连接非实体曲面的"拼接体"，是曲面的集合，可以由单个曲面或多个曲面(曲面集)所组成。它包含所有组成面组的曲面的集合信息以及面组曲面的"缝合"(相连或相交)方式信息。

2) 曲面的分类

Creo 3.0 提供了强大的曲面功能，可创建的曲面有：专业曲面、样式曲面(也称造型曲面)、逆向曲面、自由式曲面。

应用曲面创建产品时，主要思路如下：

(1) 创建多个单独的曲面；

(2) 对曲面进行编辑操作；

(3) 将单独曲面合并为一个整体的面组；

(4) 通过实体化、加厚等命令将面组转化为实体特征。

5.1　任务 33：用拉伸、旋转、扫描、混合的方式创建曲面

5.1.1　用拉伸方式创建曲面

1. 建立新文件

(1) 单击【文件】主菜单→【管理会话】→【选择工作目录】命令 ，系统弹出选择工作目录窗口。

(2) 在该窗口左侧的公用文件夹中先单击 图标，再双击(D:)盘盘符按钮 (D:)，系统打开 D 盘根目录。接着在 D 盘根目录中的空白处单击右键，在快捷菜单中选择[新建

文件夹]命令，系统弹出新建文件夹对话框。在该对话框的新目录文本框中输入 cp5(项目5)，如图 5-1 所示，单击确定按钮。最后单击选择工作目录对话框中的【确定】按钮。

图 5-1　选择工作目录对话框

（3）单击【新建】图标 □ ，系统弹出新建对话框。在名称文本框中输入文件名 T5-9，取消使用默认模板选项，单击【确定】按钮。在新文件选项对话框中，选择 mmns_part_solid 选项，单击【确定】按钮。

2. 用拉伸方式创建曲面特征

（1）在模型选项卡中单击【拉伸】图标 ◇ ，在拉伸操控板中单击【拉伸为曲面】图标 △ ，选择 TOP 基准面为草绘平面，单击【草绘视图】图标 ▧ 使草绘平面与屏幕平行。

（2）以坐标系原点为圆心，绘制直径为 300 的圆，如图 5-2 所示。

（3）单击【确定】按钮 ✔ ，系统返回到拉伸操控板，输入拉伸深度 100，回车，单击该操控板的 ✔ 图标，拉伸生成的曲面特征如图 5-3 所示。

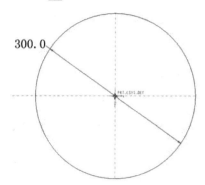

图 5-2　绘制的二维草图

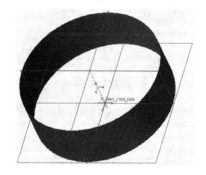

图 5-3　创建的拉伸曲面特征

❖ **注意**：在左侧的模型树中可看到曲面特征已经创建，但在绘图区看不到曲面模型。此时按住鼠标中键，移动鼠标即可将创建好的曲面模型进行旋转，就可以看到创建好的曲面模型了。

（4）在模型树中选择刚创建的拉伸曲面 ⬛拉伸 1 ，单击右键，在快捷菜单中选择【编辑选定对象的定义】图标  ，系统返回到拉伸操控板。单击【选项】下滑面板，勾选【封闭端】选项，如图 5-4 所示，单击 ✔ 按钮，结果生成两端封闭的拉伸曲面如图 5-5 所示。

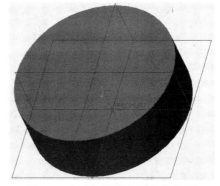

图 5-4 在选项下拉面板中选封闭端　　　图 5-5 生成两端封闭的拉伸曲面

(5) 在模型树中选择刚创建的拉伸曲面 拉伸1，单击右键，在快捷菜单中选择【编辑选定对象的定义】图标 。在选项下滑面板中，取消勾选【封闭端】选项，改为勾选【添加锥度】选项，输入锥度值 30，回车，如图 5-6 所示。单击 ✔ 按钮，生成带锥度的拉伸曲面如图 5-7 所示。

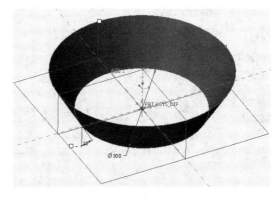

图 5-6 勾选添加锥度选项　　　　图 5-7 生成带锥度的拉伸曲面

5.1.2 用旋转方式创建曲面

1. 建立新文件

单击【新建】图标 ，系统弹出新建对话框。在名称文本框中输入文件名 T5-9，取消使用默认模板选项，单击【确定】按钮。在新文件选项对话框中，选择 mmns_part_solid 选项，单击【确定】按钮。

2. 用旋转方式创建曲面特征

(1) 单击【旋转】图标 旋转，在旋转操控板中单击【作为曲面旋转】图标 ，选择 FRONT 基准面为草绘平面，单击【草绘视图】图标 使草绘平面与屏幕平行。

(2) 绘制如图 5-8 所示的截面及中心线。

(3) 单击【确定】按钮 ✔，系统返回到旋转操控板，输入旋转角度 360，回车，在操

控板中单击 ✔ 按钮，生成的旋转曲面特征如图 5-9 所示。

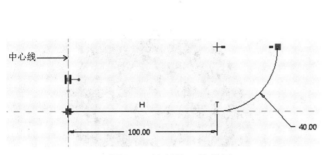

图 5-8　绘制的二维草图　　　　图 5-9　创建的旋转曲面特征

5.1.3　用扫描方式创建曲面

1. 建立新文件

单击【新建】图标 ▢，系统弹出新建对话框。在名称文本框中输入文件名 T5-12，取消使用默认模板选项，单击【确定】按钮。在新文件选项对话框中，选择 mmns_part_solid 选项，单击【确定】按钮。

2. 用扫描方式创建曲面特征

(1) 单击基准子工具栏中的【草绘】图标 ～ 草绘，弹出草绘对话框，选 TOP 基准面为草绘平面，在对话框中单击【草绘】按钮，进入草绘模式。单击【草绘视图】图标 ⟲，使选定的草绘平面与屏幕平行。

(2) 以坐标系的原点为圆心，绘制一个直径为 300 的圆和四个直径为 150 的圆，经编辑后如图 5-10 所示，单击 确定 按钮完成草绘轨迹。

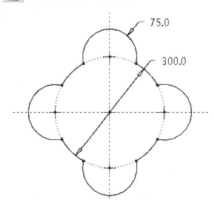

图 5-10　绘制的二维草图

(3) 单击形状子工具栏中的【扫描】图标 ▨扫描，弹出扫描特征操控板。单击【曲面】图标 ▨ 和【恒定截面扫描】 ├ 图标。

(4) 选取刚绘制的封闭图形为扫描轨迹(图中显示为原点轨迹)。

(5) 在扫描操控板中单击【创建或编辑扫描截面】图标 ☑，此时系统会自动旋转至与扫描轨迹垂直的面作为截面的绘图面，且显示以扫描轨迹起点为交点的十字线。

(6) 单击【草绘视图】图标 ，使草绘平面与屏幕平行。以十字线为基准，绘制直径为 50 的圆作为截面，如图 5-11 所示，单击 按钮，结束截面绘制。

(7) 在扫描操控板中单击 按钮，按 Ctrl + D 键，生成扫描曲面如图 5-12 所示。

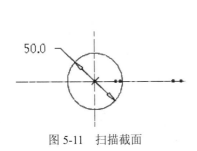

图 5-11　扫描截面

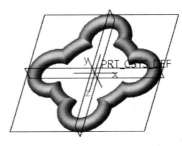

图 5-12　创建的扫描曲面

5.1.4　用平行混合的方式创建曲面

1. 建立新文件

单击【新建】图标 ，系统弹出新建对话框。在名称文本框中输入文件名 T5-18，取消使用默认模板选项，单击【确定】按钮。在新文件选项对话框中，选择 mmns_part_solid 选项，单击【确定】按钮。

2. 用平行混合方式创建曲面特征

(1) 单击形状子工具栏 形状 下的【混合】图标 混合，在操控板中先单击【混合为曲面】图标 ，再单击【截面】→【定义】按钮，系统弹出草绘对话框，选择 TOP 基准面为草绘平面单击【草绘】按钮。

(2) 单击【草绘视图】图标 ，绘制 300 × 200 的矩形，如图 5-13 所示。单击 按钮，完成第一个截面的绘制。

(3) 在操控板中单击【截面】选项卡，在如图 5-14 所示的截面下滑面板中，输入截面 2 偏移的距离 300。

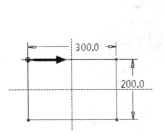

图 5-13　绘制的第一个截面

图 5-14　在截面下滑面板中设置参数

(4) 单击【草绘】按钮，进入截面 2 的绘制，绘制 200 × 100 的矩形，如图 5-15 所示。单击 按钮，完成第二个截面的绘制。

(5) 在截面下滑面板中单击【插入】按钮 插入 ，此时增加了一个截面 3。在偏移自【截面 2】后的文本框中输入 500，如图 5-16 所示。

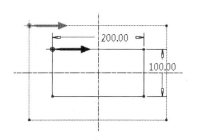

图 5-15　绘制的第二个截面　　　　　　图 5-16　截面下滑面板中的参数设置

(6) 单击【草绘】按钮，进入截面 3 的绘制，绘制一个直径 300 的圆，再绘制两条通过圆心和外侧矩形顶点的中心线，如图 5-17 所示，再用【分割】图标 ⨍ 在中心线与圆的交点处将整圆分割成四段。单击 ✔确定 按钮，完成第三个截面的绘制。

(7) 在混合操控板中单击 ✔ 按钮，按 Ctrl + D 键，生成平行混合曲面如图 5-18 所示。

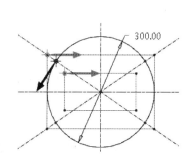

图 5-17　绘制的第三个截面　　　　　　图 5-18　创建的平行混合曲面

(8) 在左侧的模型树中选择刚生成的曲面 ⬡ 混合 1，单击右键，在快捷菜单中选择【编辑选定对象的定义】图标 ✋，系统返回到混合操控板。在操控板中单击【选项】，在【混合曲面】区下选择【直】命令，如图 5-19 所示。单击操控板的 ✔ 按钮，生成选项为直的混合曲面，如图 5-20 所示。

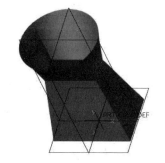

图 5-19　选项下滑面板　　　　　　　　图 5-20　选项为直的平行混合曲面

5.2　任务 34：用螺旋扫描的方式创建曲面

1. 建立新文件

单击【新建】图标 ▯，系统弹出新建对话框。在名称文本框中输入文件名 T5-23，取消使用默认模板选项，单击【确定】按钮。在新文件选项对话框中，选择 mmns_part_solid 选项，单击【确定】按钮。

2. 用螺旋扫描方式创建曲面特征

(1) 单击形状子工具栏中的【扫描】右侧的下拉按钮 ▼，在其中选择【螺旋扫描】 ꝏ 螺旋扫描 命令，系统弹出螺旋扫描操控板。在该操控板中先单击【扫描为曲面】图标 ◻，再单击【参考】→【定义】按钮，系统弹出草绘对话框，选择 FRONT 基准面为草绘平面，单击【草绘】按钮。

(2) 系统进入草绘界面，单击【草绘视图】图标 ◻，绘制竖直中心线及斜线，如图 5-21 所示，单击【确定】图标 ✓，系统返回到螺旋扫描操控板。

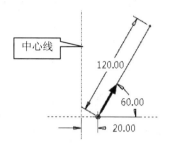

图 5-21　绘制螺旋扫描轮廓线

(3) 在螺旋扫描操控板的文本框中输入节距值 12，回车，单击【创建或编辑扫描截面】图标 ◻，系统进入草绘界面，绘制直径为 $\phi 5$ 的圆，如图 5-22 所示，单击【确定】图标 ✓，系统返回到螺旋扫描操控板，单击操控板 ✓ 按钮，生成的螺旋扫描曲面如图 5-23 所示。

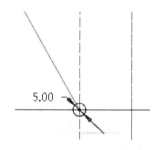

图 5-22　截面为直径 $\phi 5$ 的圆

图 5-23　创建的螺旋扫描曲面(右旋)

(4) 在左侧的模型树中选择刚创建的曲面 ꝏ 螺旋扫描 1，单击右键，在快捷菜单中选择【编辑选定对象的定义】图标 ◻，系统返回到螺旋扫描操控板。在该操控板中单击【使用左手定则】图标 ◻，单击 ✓ 按钮，结果如图 5-24 所示。

图 5-24　创建的螺旋扫描曲面(左旋)

5.3 任务 35：用扫描混合的方式创建曲面

1. 建立新文件

单击【新建】图标 ⬚，系统弹出新建对话框。在名称文本框中输入文件名 T5-35，取消使用默认模板选项，单击【确定】按钮。在新文件选项对话框中，选择 mmns_part_solid 选项，单击【确定】按钮。

2. 用扫描混合方式创建曲面特征

(1) 单击形状子工具栏中的【扫描混合】图标 ✐ 扫描混合，系统弹出扫描混合操控板。在该操控板中先单击【创建曲面】图标 ⬭，再单击该操控板右侧的【基准】→【草绘】图标 ⌁，系统弹出草绘对话框，选择 TOP 基准面为草绘平面，单击【草绘】按钮。

(2) 系统进入草绘界面，绘制如图 5-25 所示的草图作为轨迹线。单击【确定】图标 ✓，系统返回到扫描混合操控板。

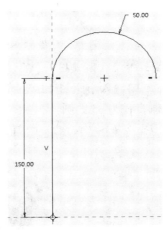

图 5-25　绘制的二维草图

(3) 在该操控板中单击【退出暂停模式，继续使用此工具】图标 ▶，扫描混合操控板被激活。在截面下滑面板中单击【草绘】按钮，如图 5-26 所示。系统进入草绘界面，单击【草绘视图】图标 ⬚，单击草绘子工具栏中的【点】图标 ✕ 点，在坐标系原点处绘制一个点，如图 5-27 所示，单击【确定】图标 ✓，系统返回到扫描混合操控板。

图 5-26　截面下滑面板

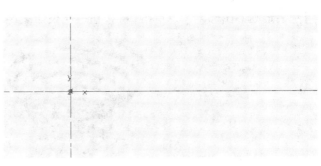

图 5-27　绘制的点

（4）在截面下滑面板中单击【插入】按钮 插入 ，系统自动增加截面 2，如图 5-28 所示。先单击圆弧与直线的切点处作为截面 2 的位置，如图 5-29 所示，再单击【截面】→【草绘】按钮 草绘 ，系统进入草绘界面。

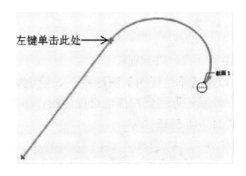

图 5-28　截面下滑面板　　　　　图 5-29　选圆弧与直线的结合处为截面 2 的位置

（5）单击【草绘视图】图标 ，绘制如图 5-30 所示的圆，再单击编辑子工具栏中的【分割】图标 ，将绘制的圆在与坐标系的四个交点处分割为四等份，结果如图 5-31 所示，单击【确定】图标 ✔ ，系统返回到扫描混合操控板。

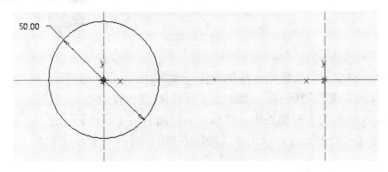

图 5-30　截面 2 绘制的圆

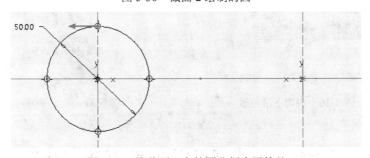

图 5-31　将截面 2 中的圆分割为四等份

（6）在截面选项卡中单击【插入】按钮 插入 ，系统自动增加截面 3，如图 5-32 所示。先单击直线的左下端点处作为截面 3 的位置，如图 5-33 所示，再单击【截面】→【草绘】按钮 草绘 ，系统进入草绘界面。

图 5-32　截面下滑面板

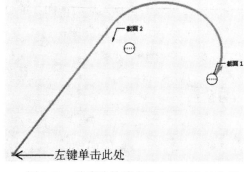

图 5-33　选直线的端点处为截面 3 的位置

（7）单击【草绘视图】图标 ，绘制如图 5-34 所示的草图为截面 3。单击【确定】图标 ✔，系统返回到扫描混合操控板，单击该操控板右侧的 ✔ 按钮，用扫描混合特征生成的曲面如图 5-35 所示。

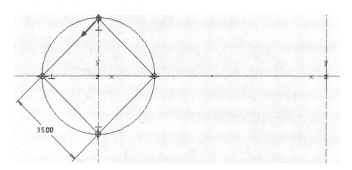

图 5-34　截面 3 绘制的正方形

图 5-35　扫描混合生成的曲面特征

（8）在左侧的模型树中选择刚生成的曲面 🖊扫描混合 1 ，单击右键，在快捷菜单中选择【编辑选定对象的定义】图标 ，系统返回到扫描混合操控板。在该操控板中单击【相切】，在如图 5-36 所示的下滑面板中，单击开始截面右侧【条件】下的下拉箭头 ▼，在展开的选项中选择【平滑】命令，单击该操控板右侧的 ✔ 按钮，结果如图 5-37 所示。

图 5-36　相切下滑面板

图 5-37　设置平滑后的曲面

5.4　任务 36：用旋转混合的方式创建曲面

1. 建立新文件

单击【新建】图标 ，系统弹出新建对话框。在名称文本框中输入文件名 T5-49，取消使用默认模板选项，单击【确定】按钮。在新文件选项对话框中，选择 mmns_part_solid 选项，单击【确定】按钮。

2．用旋转混合方式创建曲面特征

（1）单击形状子工具栏 形状▾ 下的【旋转混合】图标 ⚙旋转混合 ，系统弹出旋转混合操控板。单击【混合为曲面】图标 📖 ，再单击【截面】→【定义】按钮，系统弹出草绘对话框，选择 FRONT 基准面为草绘平面，单击【草绘】按钮。

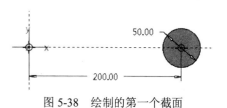

图 5-38　绘制的第一个截面

（2）系统进入草绘界面，绘制如图 5-38 所示的圆和坐标系，单击 ✓确定 按钮，完成第一个截面的绘制。

（3）在旋转混合操控板中单击【截面】选项卡，选择绘图区坐标系的 Y 轴，如图 5-39 所示。此时，旋转轴文本框中显示 Y-轴(PRT_CSYS_DEF)，结果如图 5-40 所示。

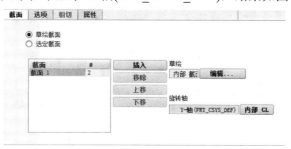

图 5-39　截面下滑面板

图 5-40　选取默认坐标系的 Y 轴

（4）在截面下滑面板中单击【插入】按钮，设置草绘平面位置定义方式为【偏移尺寸】，从【偏移自】下拉列表中选择【截面 1】选项，输入旋转偏移角度值为 45。

（5）系统自动增加截面 2，如图 5-41 所示，单击【草绘】按钮 草绘... ，系统进入草绘界面，单击【草绘视图】图标 📙 。绘制直径为 $\phi100$ 的圆及坐标系，如图 5-42 所示，单击 ✓确定 按钮，完成第二个截面的绘制。

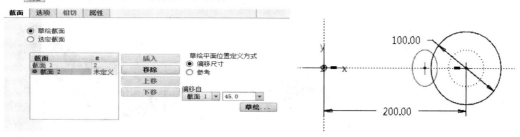

图 5-41　系统自动增加截面 2　　　　　　图 5-42　绘制的第二个截面

Creo 3.0 项目化教学任务教程

(6) 单击【截面】选项卡，如图 5-43 所示，在截面下滑面板中单击【插入】按钮，设置草绘平面位置定义方式为【偏移尺寸】，从【偏移自】下拉列表框中选择【截面 2】选项，输入旋转偏移值为 45，如图 5-44 所示。

图 5-43　截面下滑面板

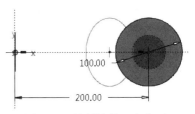

图 5-44　系统自动增加截面 3

(7) 截面下滑面板中自动显示截面 3，单击【草绘】按钮，进入截面 3 的绘制，单击【草绘视图】图标 　 。再绘制直径为 $\phi100$ 的圆及坐标系，如图 5-45 所示，单击 　 按钮，完成第三个截面的绘制。

(8) 单击【截面】选项卡，如图 5-46 所示，在截面下滑面板中单击【插入】按钮，设置草绘平面位置定义方式为【偏移尺寸】，从【偏移自】下拉列表框中选择【截面 3】选项，输入旋转偏移值为 45，如图 5-47 所示。

图 5-45　绘制的第三个截面

图 5-46　截面选项卡

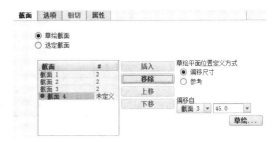

图 5-47　系统自动增加截面 4

(9) 截面下滑面板中自动显示截面 4，单击【草绘】按钮，进入截面 4 的绘制，单击【草绘视图】图标 　 。再绘制直径为 $\phi50$ 的圆及坐标系，如图 5-48 所示，单击 　 按钮，完成第四个截面的绘制。

(10) 在操控板中单击 　 按钮，按 Ctrl + D 键，生成的旋转混合曲面如图 5-49 所示。

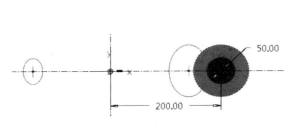

图 5-48　绘制的第四个截面

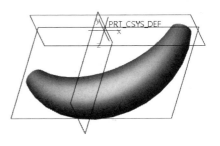

图 5-49　创建的旋转混合曲面特征

(11) 在左侧的模型树中选择刚生成的曲面  旋转混合 1，单击右键，在快捷菜单中选择【编辑选定对象的定义】图标 ，系统返回到旋转混合操控板。在该操控板中单击【选项】选项卡，弹出选项下滑面板如图 5-50 所示。选择【直】选项，单击该操控板右侧的 按钮，选项为直的曲面如图 5-51 所示。

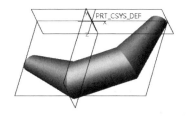

图 5-50 选项下滑面板 　　　　　图 5-51 选项为直的曲面

5.5 任务 37：用边界混合的方式创建曲面

边界混合命令创建的常见曲面特征有两类：

(1) 三角曲面。三角曲面有 3 个边界，其中有一个退化边，与退化顶点相对的边称为自然边界。三边构面所产生的曲面质量不是很好，产生的尖端收敛会影响到后续的操作。一般情况下应尽量避免这种情况发生。

(2) 四边曲面。四边曲面有 4 个边界，一个边界与其相对的另一个边界为同一方向。

5.5.1 三角曲面的创建

1. 建立新文件

单击【新建】图标 ，系统弹出新建对话框。在名称文本框中输入文件名 T5-57，取消使用默认模板选项，单击【确定】按钮。在新文件选项对话框中，选择 mmns_part_solid 选项，单击【确定】按钮。

2. 用边界混合方式创建曲面特征

(1) 单击曲面子工具栏中的【边界混合】图标 ，系统弹出边界混合操控板。单击该操控板右侧的【基准】→【草绘】图标 ，系统弹出草绘对话框，选择 FRONT 基准面为草绘平面，单击【草绘】按钮。

(2) 系统进入草绘界面，单击【草绘视图】图标 。以坐标原点为圆心，绘制半径为 R50 的圆弧，如图 5-52 所示。单击【确定】图标 ，系统返回到边界混合操控板。

(3) 再单击该操控板右侧的【基准】→【草绘】图标 ，系统弹出草绘对话框，选择 TOP 基准面为草绘平面，单击【草绘】按钮。

(4) 系统进入草绘界面，单击【草绘视图】图标 。再以坐标原点为圆心，绘制半径为 R50 的圆弧，如图 5-53 所示。单击【确定】图标 ，系统返回到边界混合操控板。

(5) 再单击该操控板右侧的【基准】→【草绘】图标 ，系统弹出草绘对话框，选择 RIGHT 基准面为草绘平面，单击【草绘】按钮。

(6) 系统进入草绘界面，单击【草绘视图】图标 ⚏ 。再以坐标原点为圆心，绘制半径为 R50 的圆弧，如图 5-54 所示。单击【确定】图标 ✔ ，系统返回到边界混合操控板。

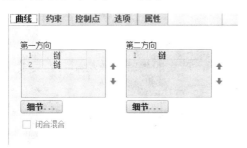

图 5-52　绘制的圆弧　　　　图 5-53　绘制的圆弧　　　　图 5-54　绘制的圆弧

(7) 单击该操控板中的【退出暂停模式，继续使用此工具】按钮 ▶ ，该操控板被激活，单击【曲线】选项卡，如图 5-55 所示。先在第一方向区域中选择曲线(该区域颜色为深色，说明目前处于激活状态)，再单击第二方向区域使该区域激活(该区域颜色变成深色)，按住 Ctrl 键选择该曲线，如图 5-56 所示。

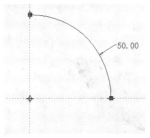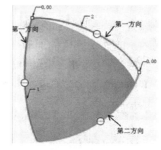

图 5-55　曲线下滑面板　　　　　　　　　　图 5-56　选择的曲线

(8) 单击该对话框右侧的 ✔ 按钮，创建的边界混合曲面特征如图 5-57 所示。

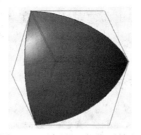

图 5-57　边界混合曲面特征

5.5.2　四边曲面的创建

1. 建立新文件

单击【新建】图标 ▯ ，系统弹出新建对话框。在名称文本框中输入文件名 T5-69，取消使用默认模板选项，单击【确定】按钮。在新文件选项对话框中，选择 mmns_part_solid 选项，单击【确定】按钮。

2. 用边界混合方式创建曲面特征

(1) 单击曲面子工具栏中的【边界混合】图标 ⬡ ，系统弹出边界混合操控板。单击该操控板右侧的【基准】→【草绘】图标 ，系统弹出草绘对话框，选择 TOP 基准面为草绘平面，单击【草绘】按钮。

(2) 系统进入草绘界面，单击【草绘视图】图标 ，以坐标原点为圆心，绘制半径为 R100 的圆弧，如图 5-58 所示。单击【确定】图标 ，结果如图 5-59 所示。

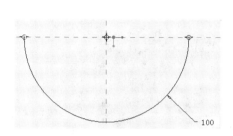

图 5-58 绘制的圆弧

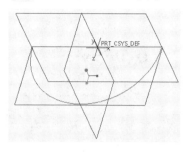

图 5-59 创建的第一条曲线

(3) 系统返回到边界混合操控板，单击该操控板右侧的【基准】→【平面】图标 ，系统弹出基准平面对话框，如图 5-60 所示。选择 TOP 基准平面作为参考面，输入偏移距离 150，单击确定按钮，创建基准平面 DTM1，结果如图 5-61 所示。

图 5-60 基准平面对话框

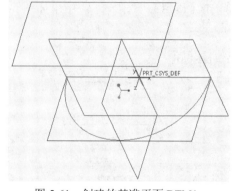

图 5-61 创建的基准平面 DTM1

(4) 单击边界混合操控板右侧的【基准】→【草绘】图标 ，系统弹出【草绘】对话框，选择 DTM1 基准面为草绘平面，单击【草绘】按钮。

(5) 系统进入草绘界面，单击【草绘视图】图标 ，绘制半径为 R80 的圆弧，如图 5-62 所示。单击【确定】图标 ，结果如图 5-63 所示。

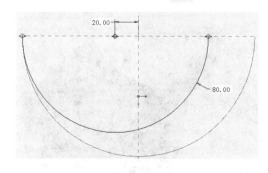

图 5-62 绘制的圆弧

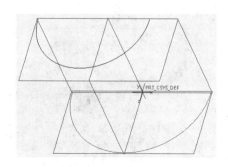

图 5-63 创建的第二条曲线

(6) 单击边界混合操控板右侧的【基准】→【草绘】图标 ，系统弹出草绘对话框，选择 FRONT 基准面为草绘平面，单击【草绘】按钮。

(7) 系统进入草绘界面，单击【草绘视图】图标 ，绘制一条样条曲线，如图 5-64 所示。单击【确定】图标 ✔，结果如图 5-65 所示。

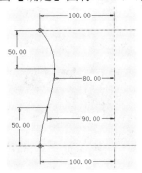

图 5-64　绘制的样条曲线

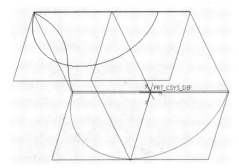

图 5-65　创建的第三条曲线

(8) 单击边界混合操控板右侧的【基准】→【草绘】图标 ，系统弹出草绘对话框，选择 FRONT 基准面为草绘平面，单击【草绘】按钮。

(9) 系统进入草绘界面，单击【草绘视图】图标 ，再绘制一条样条曲线，如图 5-66 所示。单击【确定】图标 ✔，结果如图 5-67 所示。

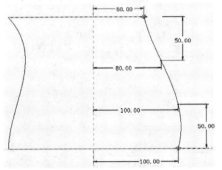

图 5-66　绘制的样条曲线

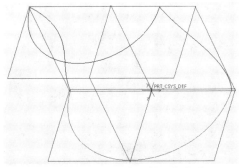

图 5-67　创建的第四条曲线

(10) 系统返回到边界混合操控板，单击该操控板中的【退出暂停模式，继续使用此工具】按钮 ▶，该操控板被激活。单击【曲线】选项卡，先在第一方向中选择曲线(该区域颜色为深色，说明目前处于激活状态)，再用左键单击第二方向区域，使该区域激活，按住 Ctrl 键选择曲线，如图 5-68 所示，单击该对话框右侧的 ✔ 按钮，创建的边界混合曲面特征，结果如图 5-69 所示。

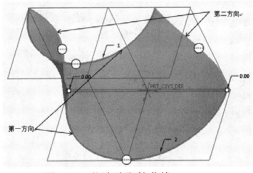

图 5-68　依次选取的曲线

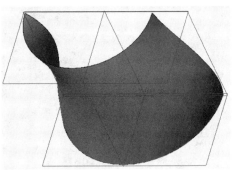

图 5-69　创建的边界混合曲面特征

项目五 曲面特征的建立

5.6 任务 38：曲面特征的编辑

在原始特征的基础上进行曲面的编辑操作，可以获得所需的模型效果或满足设计要求的特征，这些编辑操作主要包括镜像、延伸、复制和粘贴、移动、阵列、合并、修剪、相交、投影、包络、填充、偏移、加厚、实体化、移除曲面、分割曲面等。合理地使用相关的编辑命令，可以大大地提高设计效率。

5.6.1 曲面特征的镜像

1. 打开文件

(1) 单击【打开】图标 📂，系统弹出文件打开对话框。

(2) 选择 T5-69.prt 文件，单击打开按钮，该文件被打开，如图 5-70 所示。

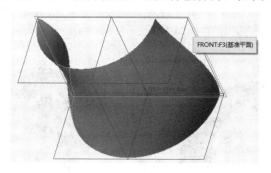

图 5-70 需镜像编辑的曲面

2. 使用镜像命令创建曲面特征

(1) 单击该曲面，在编辑子工具栏中选择【镜像】图标 〗〔镜像，系统弹出镜像操控板。

(2) 在该操控板中单击【参考】选项，单击 FRONT 基准平面作为镜像平面，单击该操控板右侧的 ✔ 按钮，镜像结果如图 5-71 所示。

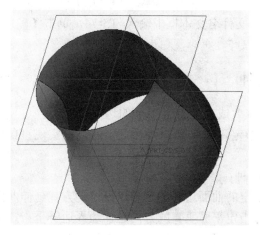

图 5-71 镜像后的曲面

5.6.2　用填充命令创建曲面

(1) 选择曲面子工具栏中的【填充】图标 ▨ **填充**，系统弹出填充操控板，如图 5-72 所示。

(2) 单击【参考】→【定义】按钮，系统弹出草绘对话框，选择 TOP 基准面为草绘平面，单击【草绘】按钮。

图 5-72　填充操控板

(3) 系统进入草绘界面，单击【草绘视图】图标 ，以坐标原点为圆心，绘制直径为 $\phi 200$ 的圆，如图 5-73 所示。单击【确定】图标 ✔ ，系统返回到填充操控板，单击该操控板右侧的 按钮，结果如图 5-74 所示。

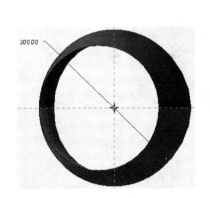

图 5-73　绘制的圆

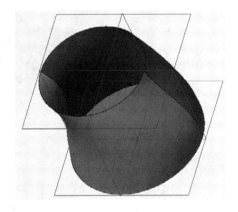

图 5-74　创建的填充曲面

(4) 单击【文件】→【另存为】 另存为(A) →【保存副本】命令 保存副本(A) 保存活动窗口中对象的副本。 ，系统弹出保存副本对话框，在文件名文本框中输入 T5-74，单击【确定】按钮。单击主菜单中的【文件】→【关闭】命令 关闭(C)，关闭该窗口。

5.6.3　曲面特征的延伸

当曲面涵盖面积不够大或者是有了多余的边界范围时，可使用延伸功能来处理。该功能可以将面组延伸到指定距离或延伸到一个平面，可实现将曲面的边缘向外延伸或向内收缩。

延伸的类型可分为两种：

(1) 沿曲面：是在选定的曲面边界边链处以设定的方式延伸曲面。

(2) 到平面：是在与指定平面垂直的方向延伸边界边链至指定平面。

要延伸曲面，首先必须选择曲面要延伸的边界，其次在功能区的模型选项卡的【编辑】

区域中单击【延伸】按钮。在延伸选项卡上，可以通过单击按钮设定曲面将以哪种类型来延伸。

1. 建立新文件

单击【新建】图标 📄，系统弹出新建对话框。在名称文本框中输入文件名 T5-81，取消使用默认模板选项，单击【确定】按钮。在新文件选项对话框中，选择 mmns_part_solid 选项，单击【确定】按钮。

2. 使用拉伸方式创建曲面特征

(1) 单击【拉伸】图标 🧊，在拉伸操控板中单击【拉伸为曲面】图标 📄，选择 TOP 基准面为草绘平面，单击【草绘视图】图标 📷。绘制半径为 R150 的圆弧，截面如图 5-75 所示，单击【确定】图标 ✔，拉伸深度 200，单击该操控板右侧的 ✔ 按钮，生成拉伸曲面如图 5-76 所示。

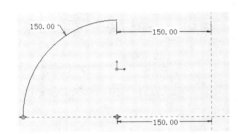

图 5-75 绘制的圆弧草图

图 5-76 生成拉伸曲面

(2) 将该曲面延伸。选择该曲面需延伸的边界(选中时为绿色)，如图 5-77 所示，单击编辑子工具栏中的【延伸】图标 📄延伸，系统弹出延伸操控板，如图 5-78 所示。该操控板中默认为【沿曲面】延伸方式 📄，在文本框中输入延伸距离 80，回车，单击该操控板右侧的 ✔ 按钮，结果如图 5-79 所示。

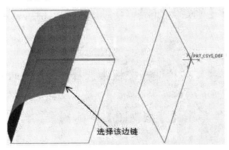

图 5-77 拉伸曲面特征

图 5-78 延伸操控板

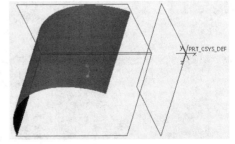

图 5-79 沿曲面延伸 80 后的曲面特征

(3) 在左侧的模型树中单击【延伸 1】图标 📄延伸 1，单击右键，在快捷菜单中选择【编

辑选定对象的定义】图标 ✍ ，系统返回到延伸操控板。先单击该操控板中的【到平面】
图标 🗐 ，再单击【参考】选项卡，选取 RIGHT 基准平面为参考平面，如图 5-80 所示。
单击该操控板右侧的 ✅ 按钮，延伸到指定平面的曲面如图 5-81 所示。

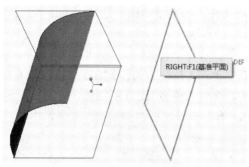 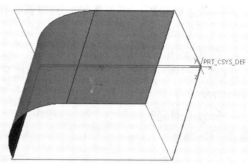

图 5-80　选取参考平面　　　　　　　　　　图 5-81　延伸到指定平面的曲面特征

5.6.4　曲面特征的投影

投影命令可以在实体或非实体曲面、面组或基准平面上进行投影链、投影草绘或投影
修饰草绘的操作。

投影的三种方式：

(1) 投影链：通过选择要投影的曲线或链来进行投影操作。

(2) 投影草绘：创建草绘或将现有草绘复制到模型中以进行投影。

(3) 投影修饰草绘：创建修饰草绘或将现有修饰草绘复制到模型中进行投影。

1. 建立新文件

单击【新建】图标 🗋 ，系统弹出新建对话框。在名称文本框中输入文件名 T5-89，取
消使用默认模板选项，单击【确定】按钮。在新文件选项对话框中，选择 mmns_part_solid
选项，单击【确定】按钮。

2. 使用拉伸方式创建曲面特征

(1) 单击【拉伸】图标 🗇 ，在拉伸操控板中选择【拉伸为曲面】图标 🗐 ，选择 FRONT
基准面为草绘平面。

(2) 系统进入草绘界面，单击【草绘视图】图标 🗐 ，绘制二维草图如图 5-82 所示，
单击【确定】图标 ✅ 。

(3) 输入拉伸深度 300 并回车，单击操控板 ✅ 按钮，生成拉伸曲面如图 5-83 所示。

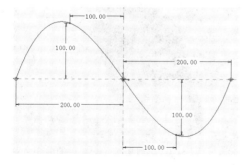 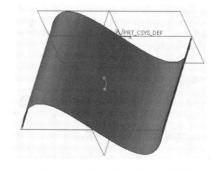

图 5-82　绘制的二维草图　　　　　　　　　图 5-83　创建的拉伸曲面特征

（4）单击编辑子工具栏中的【投影】图标 ，系统弹出投影曲线操控板，如图 5-84 所示。

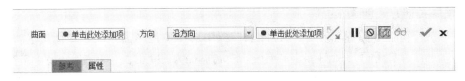

图 5-84　投影曲线操控板

（5）在该操控板中单击【参考】选项卡，系统弹出参考下滑面板，如图 5-85 所示。选择【投影草绘】命令，如图 5-86 所示，单击【定义】按钮 **定义...**，系统弹出草绘对话框，选择 TOP 基准面为草绘平面，单击【草绘】按钮。

（6）系统进入草绘界面，单击【草绘视图】图标 ，绘制直径为 $\phi90$ 的圆，如图 5-87 所示，单击【确定】图标 。

图 5-85　参考下滑面板　　图 5-86　选择投影草绘　　图 5-87　绘制的二维草图

（7）系统返回到投影曲线操控板，单击【参考】选项卡，先单击前面的拉伸曲面特征为投影曲面，再单击方向参考区域(颜色变为深色，将其激活)，然后选择 TOP 基准面为投影方向，如图 5-88 所示。最后单击操控板的 按钮，生成的投影曲线如图 5-89 所示。

图 5-88　参考下滑面板的参数设置

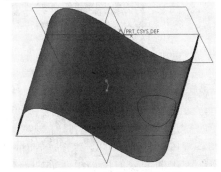

图 5-89　创建的投影曲线

5.6.5　曲面特征的修剪

修剪命令可以修剪或分割面组或曲线，在修剪过程中，可以根据设计要求指定被修剪曲面或曲线中要保留的部分。

1. 建立新文件

单击【新建】图标 ，系统弹出新建对话框。在名称文本框中输入文件名 T5-99，取

Creo 3.0 项目化教学任务教程

消使用默认模板选项，单击【确定】按钮。在新文件选项对话框中，选择 mmns_part_solid 选项，单击【确定】按钮。

2. 使用拉伸方式创建曲面特征

(1) 单击【拉伸】图标 ，在拉伸操控板中选择【拉伸为曲面】图标 ，选 TOP 面为草绘平面，单击【草绘视图】图标 ，绘制直径为 ϕ90 的圆，单击【确定】图标 ✔ 。选取深度为【对称】方式 ，拉伸深度 200，单击操控板右侧的 ✔ 按钮，生成的第一个拉伸曲面如图 5-90 所示。

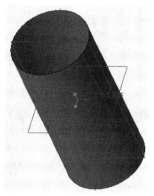

图 5-90　创建的第一个拉伸曲面

(2) 单击【拉伸】图标 ，在拉伸操控板中选择【拉伸为曲面】图标 ，选择 FRONT 基准面为草绘平面，单击【草绘视图】图标 ，绘制草图如图 5-91 所示，单击【确定】图标 ✔ 。选取【对称】方式 ，拉伸深度 200，单击该操控板右侧的 ✔ 按钮，生成第二个拉伸曲面如图 5-92 所示。

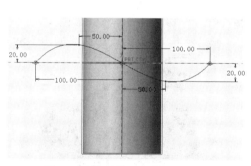

图 5-91　绘制的二维草图

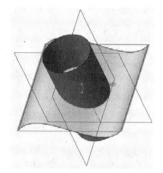

图 5-92　创建的第二个拉伸曲面

(3) 先选择圆柱曲面特征(第一个拉伸曲面)，接着选择编辑子工具栏中的【修剪】图标 修剪，系统弹出曲面修剪操控板，如图 5-93 所示。

图 5-93　曲面修剪操控板

(4) 在该操控板中单击【参考】选项卡，弹出参考下滑面板如图 5-94 所示。选择样条曲面(第二个拉伸曲面)作为修剪对象，单击操控板 ✔ 按钮，修剪结果如图 5-95 所示。

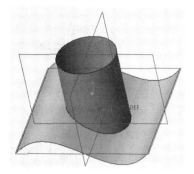

图 5-94 参考下滑面板　　　　　　图 5-95 修剪后的曲面

(5) 选择模型树中的【修剪 1】图标 修剪 1，单击右键，在弹出的快捷菜单中选择【编辑选定对象的定义】图标，系统返回到曲面修剪操控板，单击【选项】选项卡，如图 5-96 所示，取消【保留修剪曲面】选项，单击该操控板右侧的 ✓ 按钮，结果如图 5-97 所示。

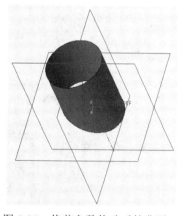

图 5-96 选项下滑面板　　　　　　图 5-97 修剪参数修改后的曲面

(6) 选择模型树中的【修剪 1】图标 修剪 1，单击右键。在弹出的快捷菜单中选择【编辑选定对象的定义】图标，系统返回到曲面修剪操控板，单击【选项】选项卡，选取【薄修剪】选项，接着输入数值 20，如图 5-98 所示。单击该操控板右侧的 ✓ 按钮，结果如图 5-99 所示。

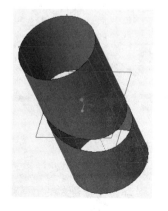

图 5-98 选项下滑面板的参数设置　　　　图 5-99 修剪参数修改后的曲面

5.7 任务 39：曲面特征的偏移

偏移命令可以将选定的实体表面或曲面面组向指定方向偏移恒定的距离或可变的距离来创建新的曲面特征。

偏移的类型有 4 种：

(1) 标准偏移曲面特征：偏移一个曲面、面组或者实体表面而新创建一个曲面特征。

(2) 带有拔模的偏移特征：指以指定的参考曲面为拔模曲面，并以草图截面为拔模截面，向参考曲面一侧偏移创建出具有拔模特征的拔模曲面。

(3) 展开偏移特征：可以在封闭面组或曲面的选定面之间创建一个连续的体积块。

(4) 使用替换偏移：该选项可以用选定基准平面或面组替换实体上的指定曲面。需要注意的是，曲面替换不同于伸出项，它能在某些位置添加材料而在其他位置移除材料。

5.7.1 用标准偏移创建曲面

1. 建立新文件

单击【新建】图标 ，系统弹出新建对话框。在名称文本框中输入文件名 T5-103，取消使用默认模板选项，单击【确定】按钮。在新文件选项对话框中，选择 mmns_part_solid 选项，单击【确定】按钮。

2. 使用拉伸方式创建曲面特征

单击【拉伸】图标 ，在拉伸操控板中选择【拉伸为曲面】图标 ，选 TOP 面为草绘平面，单击【草绘视图】图标 ，绘制半径为 R130 的半圆弧如图 5-100 所示，单击【确定】图标 ，选取深度为【对称】方式 ，拉伸深度 200。单击操控板右侧的 按钮，生成的拉伸曲面如图 5-101 所示。

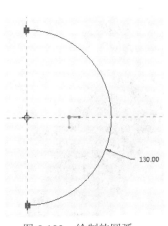

图 5-100　绘制的圆弧

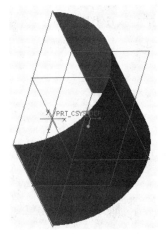

图 5-101　创建的拉伸曲面

3. 使用偏移方式创建新的曲面特征

(1) 先选择曲面特征，接着选择编辑子工具栏中的【偏移】图标 偏移，系统弹出偏移操控板，如图 5-102 所示。

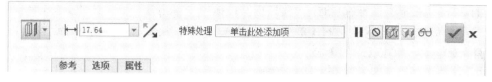

图 5-102　偏移操控板

（2）在操控板中默认的偏移类型为标准偏移，在文本框中输入 50，回车，单击该操控板右侧的 ✓ 按钮，生成的偏移曲面如图 5-103 所示。

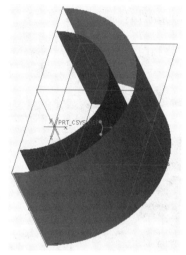

图 5-103　生成的偏移曲面

5.7.2　用替换偏移创建曲面

1．建立新文件

单击【新建】图标 ▯，系统弹出新建对话框。在名称文本框中输入文件名 T5-103，取消使用默认模板选项，单击【确定】按钮。在新文件选项对话框中，选择 mmns_part_solid 选项，单击【确定】按钮。

2．使用拉伸方式创建实体特征

单击【拉伸】图标 ▱，选择 TOP 基准面为草绘平面，单击【草绘视图】图标 ▱，绘制二维草图如图 5-104 所示，拉伸深度值 50，生成拉伸实体如图 5-105 所示。

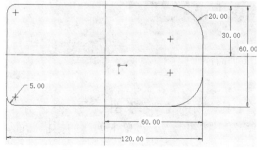

图 5-104　绘制的二维草图

图 5-105　创建的拉伸实体

3. 用扫描方法创建曲面

(1) 单击【扫描】图标 🖌扫描 ，在扫描操控板中先单击【扫描为曲面】图标 🔲，再单击该操控板右侧的【基准】→【草绘】图标 ，系统弹出草绘对话框，选择 FRONT 基准面为草绘面，单击【草绘】按钮。

(2) 单击【草绘视图】图标 ，绘制二维草图如图 5-106 所示作为扫描轨迹，单击【确定】图标 ✔ 。

(3) 系统返回到扫描操控板，单击【退出暂停模式，继续使用此工具】按钮 ▶，单击【创建或编辑扫描截面】图标 ，单击【草绘视图】图标 ，绘制二维草图如图 5-107 所示，单击【确定】图标 ✔ ，完成扫描截面的绘制。

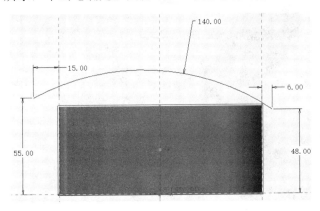

图 5-106 绘制二维草图　　　　　　　　图 5-107 绘制二维草图

(4) 系统返回到扫描操控板，单击该操控板右侧的 ✔ 按钮，生成扫描曲面特征如图 5-108 所示。

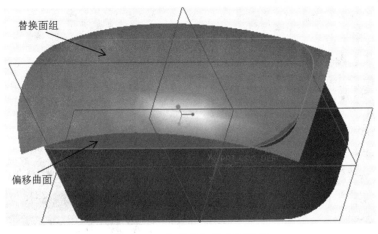

图 5-108 生成的扫描曲面特征

4. 用扫描曲面替换实体上表面生成新的实体

先选择拉伸实体的上表面，接着选择编辑子工具栏中的【偏移】图标 偏移 ，系统弹出偏移操控板，在该操控板中选取【替换曲面特征】按钮 ，再单击创建的扫描曲面，单击该操控板右侧的 ✔ 按钮，结果如图 5-109 所示。

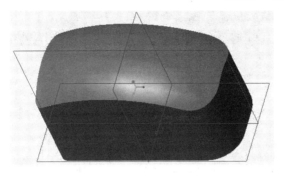

图 5-109　替换曲面特征创建的实体

5.8　任务 40：曲面特征的加厚

加厚特征使用预定的曲面特征或面组几何将薄材料部分添加到设计中，或者从其中移除薄材料部分。

1. 建立新文件

单击【新建】图标 □，系统弹出新建对话框。在名称文本框中输入文件名 T5-116，取消使用默认模板选项，单击【确定】按钮。在新文件选项对话框中，选择 mmns_part_solid 选项，单击【确定】按钮。

2. 使用拉伸方式创建曲面特征

(1) 单击【拉伸】图标 ◻，在拉伸操控板中选择【拉伸为曲面】图标 ◻，选 TOP 面为草绘平面，单击【草绘视图】图标 ◻，绘制如图 5-110 所示的截面，单击【确定】图标 ✓，选取深度为【对称】方式 ◻，拉伸深度 200。单击操控板右侧的 ✓ 按钮，生成的拉伸曲面特征如图 5-111 所示。

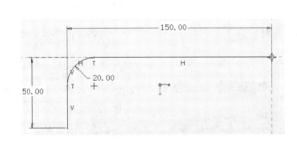

图 5-110　绘制的二维草图

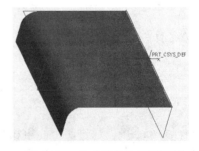

图 5-111　生成的拉伸曲面特征

(2) 先选择曲面特征，接着选择编辑子工具栏中的【加厚】图标 ⬚ 加厚，系统弹出加厚操控板，如图 5-112 所示。

图 5-112　加厚操控板

(3) 在该操控板中默认的加厚类型为【用实体材料填充加厚的面组】⬚，在文本框中输入 20，回车。单击该操控板右侧的 ✓ 按钮，结果如图 5-113 所示。

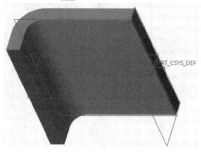

图 5-113 加厚命令创建的实体特征

(4) 单击【拉伸】图标 🧊，再单击【拉伸为曲面】图标 📖，选择 TOP 基准面为草绘平面，单击【草绘视图】图标 🔁，绘制二维草图如图 5-114 所示，单击【确定】图标 ✓，选取【对称】方式 🕀，输入拉伸深度 300，回车。单击该操控板右侧的 ✓ 按钮，生成的拉伸曲面如图 5-115 所示。

(5) 先选择曲面特征，接着选择编辑子工具栏中的【加厚】图标 ▣ 加厚，系统弹出加厚操控板。在该操控板中单击【从加厚的面组中移除材料】图标 ◩，在文本框中输入 10，回车。单击该操控板右侧的 ✓ 按钮，结果如图 5-116 所示。

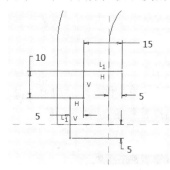
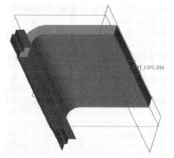

图 5-114 绘制的二维草图　　图 5-115 拉伸创建的曲面　　图 5-116 加厚命令创建的实体特征

5.9 任务 41：曲面特征的合并

合并命令可以通过两个面组相交来合并面组，或者是通过连接两个以上面组来合并面组，生成的面组会成为主面组。

合并的类型有两种：

(1) 相交：用于合并两个相交的面组，生成的面组包括与相交边界邻近的原始面组的各部分，可根据设计需要来指定保留每个面组的哪个部分。

(2) 连接：用于合并两个相邻的面组，其中一个面组的单侧边必须位于另一个面组上。

1. 建立新文件

单击【新建】图标 ▯，系统弹出新建对话框。在名称文本框中输入文件名 T5-122，取消使用默认模板选项，单击【确定】按钮。在新文件选项对话框中，选择 mmns_part_solid 选项，单击【确定】按钮。

2. 使用拉伸方式创建曲面特征

单击【拉伸】图标 ，在拉伸操控板中选择【拉伸为曲面】图标 ，选 TOP 面为草绘平面，单击【草绘视图】图标 ，绘制如图 5-117 所示的边长为 100 的正六边形截面，单击【确定】图标 ，拉伸深度 1000，单击【选项】选项卡并选取【封闭端】选项。单击操控板右侧的 按钮，生成的拉伸曲面如图 5-118 所示。

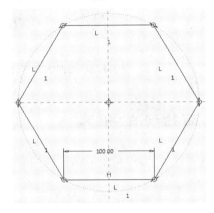

图 5-117　绘制的正六边形

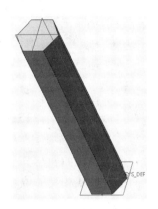

图 5-118　创建的拉伸曲面

3. 使用旋转方式创建曲面特征

单击【旋转】图标 旋转 ，选择【作为曲面旋转】图标 ，选择 FRONT 基准面为草绘平面，单击【草绘视图】图标 ，绘制二维草图如图 5-119 所示，单击【确定】图标 ，旋转 360，单击该操控板右侧的 按钮，结果如图 5-120 所示。

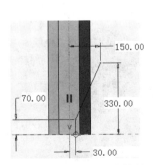

图 5-119　绘制的二维草图

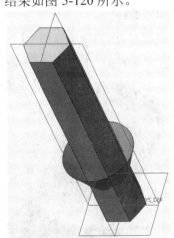

图 5-120　创建的旋转曲面

4. 合并曲面

按住 Ctrl 键，选取刚创建的两个曲面特征，再选择编辑子工具栏中的【合并】图标 合并，系统弹出合并操控板，如图 5-121 所示。单击该操控板右侧的 按钮，结果如图 5-122 所示。

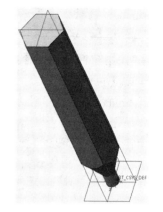

图 5-121　合并操控板

图 5-122　用曲面合并创建的曲面

5.10　任务 42：曲面特征的相交

相交命令可以通过曲面与其他曲面或者基准平面在相交处创建曲线，也可以在两个草绘或草绘后的基准曲线相交的位置处创建曲线。

5.10.1　曲面相交创建曲线

1. 打开文件

(1) 单击【打开】图标 📂，系统弹出文件打开对话框。

(2) 选择 T5-99.prt 文件，单击打开按钮，该文件被打开，如图 5-123 所示。

2. 删除修剪特征

在左侧模型树中选择【修剪 1】图标 🗍修剪 1，单击右键，在快捷菜单中选择【删除】命令，在弹出的对话框中单击【确定】按钮，结果如图 5-124 所示。

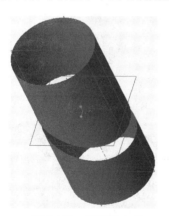

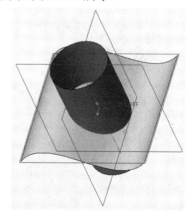

图 5-123　打开的文件

图 5-124　删除修剪特征后的曲面

3. 曲面相交创建曲线

按住 Ctrl 键，选取两个曲面特征，再选择编辑子工具栏中的【相交】图标 ⊙相交 ，系统自动创建出两个曲面特征的相交曲线，结果如图 5-125 所示。

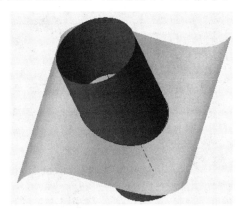

图 5-125　创建的相交曲线

5.10.2　曲线相交创建二次投影曲线

1. 建立新文件

单击【新建】图标 ，系统弹出新建对话框。在名称文本框中输入文件名 T5-134，取消使用默认模板选项，单击【确定】按钮。在新文件选项对话框中，选择 mmns_part_solid 选项，单击【确定】按钮。

2. 创建基准平面

(1) 单击基准子工具栏中的【平面】图标 ，系统弹出基准平面对话框，如图 5-126 所示。选取 TOP 平面为参考平面，输入 800，单击【确定】按钮，创建出基准平面 DTM1，结果如图 5-127 所示。

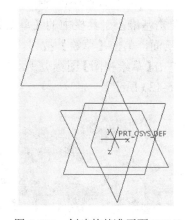

图 5-126　基准平面对话框　　　　图 5-127　创建的基准平面 DTM1

(2) 单击基准子工具栏中的【草绘】图标 ，系统弹出草绘对话框，选取 DTM1 基准面为草绘面，单击【草绘】按钮。

(3) 单击【草绘视图】图标 ，绘制直径为 $\phi 500$ 的圆，如图 5-128 所示，单击【确定】图标 ，结果如图 5-129 所示。

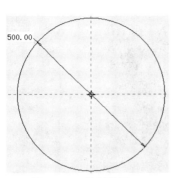

图 5-128　绘制的圆

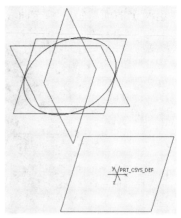

图 5-129　创建的曲线特征

(4) 再单击基准子工具栏中的【平面】图标 ▱，系统弹出基准平面对话框，如图 5-130 所示。选取 RIGHT 平面为参考平面，输入 800，单击【确定】按钮，创建出基准平面 DTM2，结果如图 5-131 所示。

图 5-130　基准平面对话框

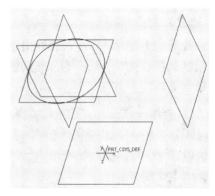

图 5-131　创建的基准平面 DTM2

(5) 单击基准子工具栏中的【草绘】图标 ⤳，系统弹出草绘对话框，选取 DTM2 基准面为草绘面，单击【草绘】按钮。

(6) 单击【草绘视图】图标 ⛁，绘制二维草图如图 5-132 所示，单击【确定】图标 ✔，结果如图 5-133 所示。

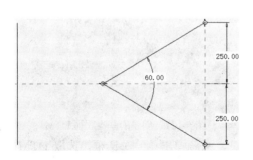

图 5-132　绘制的二维草图

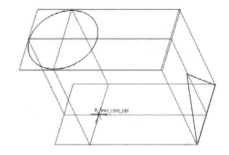

图 5-133　创建的曲线特征

(7) 按住 Ctrl 键，选取创建的两个曲线特征，接着选择编辑子工具栏中的【相交】图标 相交，系统自动创建出两个曲面特征的相交曲线，结果如图 5-134 所示。

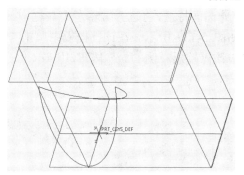

图 5-134　创建的二次投影曲线

5.11　任务 43：曲面特征的实体化

实体化命令可通过选定的曲面特征或面组几何来生成实体或编辑实体，也就是使用"实体化"命令可以添加、移除或替换实体材料。

实体化命令有三种类型：

(1) 伸出项：使用曲面特征或面组几何作为边界来添加实体材料。

(2) 切口：使用曲面特征或面组几何作为边界来移除实体材料。

(3) 曲面片：使用曲面特征或面组几何替换指定的曲面部分，仅当选定的曲面或面组边界位于实体几何上才可使用。

5.11.1　建立新文件

单击【新建】图标 ⬜，系统弹出新建对话框。在名称文本框中输入文件名 T5-147，取消使用默认模板选项，单击【确定】按钮。在新文件选项对话框中，选择 mmns_part_solid 选项，单击【确定】按钮。

5.11.2　使用拉伸方式创建曲面

(1) 单击【拉伸】图标 ⬛，单击【拉伸为曲面】图标 ▱，选择 TOP 基准面为草绘平面，单击【草绘视图】图标 🔄，绘制长为 100，宽为 60 的矩形，如图 5-135 所示，单击【确定】图标 ✔。输入拉伸深度 20 并回车，单击【选项】选项卡，选取封闭端选项，单击该操控板右侧的 ✔ 按钮，结果如图 5-136 所示。

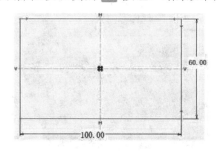

图 5-135　绘制的矩形截面

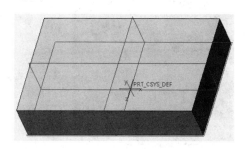

图 5-136　创建的拉伸曲面特征

（2）选择刚创建好的拉伸曲面特征，再选择编辑子工具栏中的【实体化】图标 实体化，系统弹出实体化操控板，如图 5-137 所示。在该操控板中单击【用实体材料填充由面组界定的体积块】图标 ，单击该操控板右侧的 按钮，用实体化命令创建的实体如图 5-138 所示。

图 5-137　实体化操控板　　　　　　　　图 5-138　实体化命令创建的实体

（3）单击【拉伸】图标 ，单击【拉伸为曲面】图标 ，选择 FRONT 基准面为草绘平面，单击【草绘视图】图标 ，绘制如图 5-139 所示的截面，单击【确定】图标 。选择【对称】图标 ，输入拉伸深度 60 并回车，单击该操控板右侧的 按钮，生成拉伸曲面如图 5-140 所示。

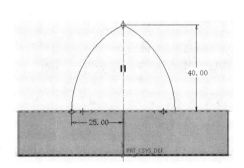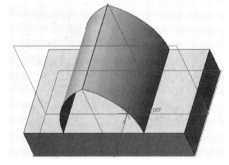

图 5-139　绘制的二维草图　　　　　　　图 5-140　生成的拉伸曲面

（4）单击【拉伸】图标 ，单击【拉伸为曲面】图标 ，选择 RIGHT 基准面为草绘平面，单击【草绘视图】图标 ，绘制如图 5-141 所示的截面，单击【确定】图标 。选择【对称】图标 ，输入拉伸深度 100 并回车，单击该操控板右侧的 按钮，生成另一拉伸曲面如图 5-142 所示。

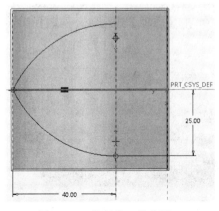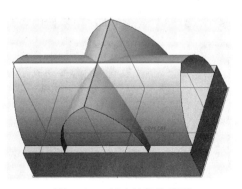

图 5-141　绘制的二维草图　　　　　　　图 5-142　创建的拉伸曲面

(5) 按住 Ctrl 键，选取刚创建的两个拉伸曲面特征，再选择编辑子工具栏中的【合并】图标 ⬭合并 ，系统弹出合并操控板。单击该操控板右侧的 ✅ 按钮，结果如图 5-143 所示。

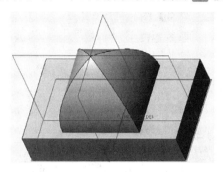

图 5-143　合并命令创建的曲面

(6) 选择合并命令创建的封闭曲面特征，再选择编辑子工具栏中的【实体化】图标 🛏实体化，系统弹出实体化操控板。在该操控板中单击【用实体材料填充由面组界定的体积块】图标 ⬜ 单击该操控板右侧的 ✅ 按钮，结果生成的实体如图 5-143 所示。

(7) 单击【拉伸】图标 ▦ ，单击【拉伸为曲面】图标 📖 ，选择 FRONT 基准面为草绘平面，单击【草绘视图】图标 🔁 ，绘制如图 5-144 所示的截面，单击【确定】图标 ✅ 。选择【对称】图标 🔳 ，输入拉伸深度 80 并回车，单击该操控板右侧的 ✅ 按钮，生成另一拉伸曲面如图 5-145 所示。

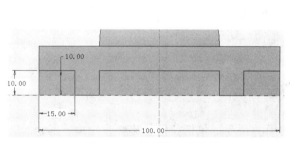

图 5-144　绘制的二维草图

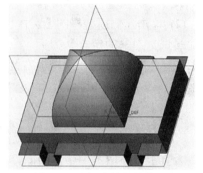

图 5-145　创建的拉伸曲面

(8) 先选择刚创建的拉伸曲面特征，再选择编辑子工具栏中的【实体化】图标 🛏实体化，系统弹出实体化操控板。在该操控板中单击【移除面组内侧或外侧的材料】图标 ◩ ，单击该操控板右侧的 ✅ 按钮，最后生成的实体如图 5-146 所示。

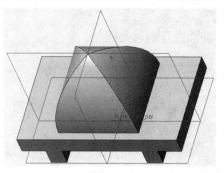

图 5-146　实体化命令创建实体

5.11.3 用面组替换部分曲面

（1）单击左侧模型树的【拉伸 4】图标 ⬛拉伸4 ，点击右键，在快捷菜单中选择【编辑选定对象的定义】图标 🖐 ，系统返回到拉伸操控板，修改拉伸深度值为 60，回车，单击该操控板右侧的 ✔ 按钮，结果如图 5-147 所示。

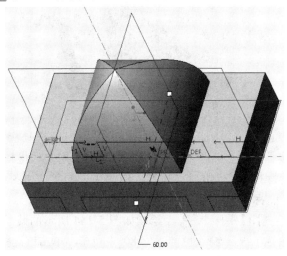

图 5-147　编辑拉伸曲面

（2）单击左侧模型树的【实体化 4】图标 ⬛实体化4 ，点击右键，在快捷菜单中选择【编辑选定对象的定义】图标 🖐 ，系统返回到实体化操控板，单击【用面组替换部分曲面】图标 ⬛ ，单击该操控板右侧的 ✔ 按钮，结果如图 5-146 所示。

小　结

本章主要介绍了一些在曲面设计中常用的命令，包括拉伸、旋转、扫描、混合等基本的曲面造型，以及螺旋扫描、扫描混合、旋转混合、边界混合、填充等高级曲面造型命令。

这些造型命令中基本的曲面造型命令既可以在实体造型中使用也可在曲面造型中使用；高级曲面造型命令很多，创建曲面特征时灵活性很大。由于篇幅所限，只介绍了部分常用的命令，其余不再介绍。

常用的编辑操作包括镜像、延伸、合并、修剪、相交、投影、偏移、加厚、实体化等，这些编辑命令主要是用来对曲面进行编辑处理的。

练　习　题

1. 创建曲线的命令有哪些？它们分别适合什么样的应用场合？
2. 在曲面偏移中，其偏移特征主要有哪几种类型？

3. 可以通过两条草绘曲线来创建二次投影的空间曲线吗？请举例来说明。

4. 实体化命令的类型主要包括哪些？其中切口与曲面片有什么区别？

5. 在应用曲面创建产品造型时，主要思路是什么？

6. 用曲面的方法创建如图 5-148 所示的实体造型。

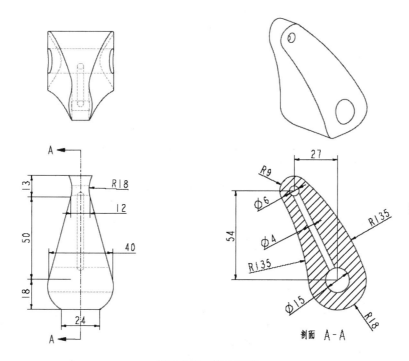

图 5-148　第 6 题图

7. 用曲面的方法创建如图 5-149 所示的实体造型。

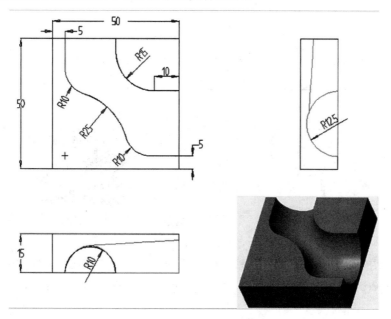

图 5-149　第 7 题图

8. 用曲面的方法创建如图 5-150 所示的实体造型。

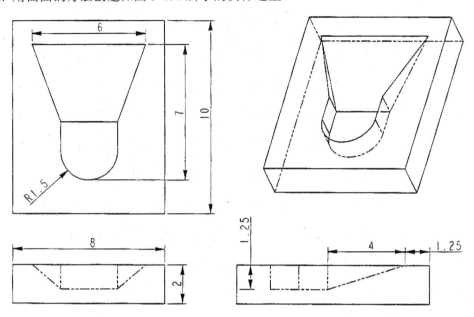

图 5-150　第 8 题图

9. 用曲面的方法创建如图 5-151 所示的实体造型。

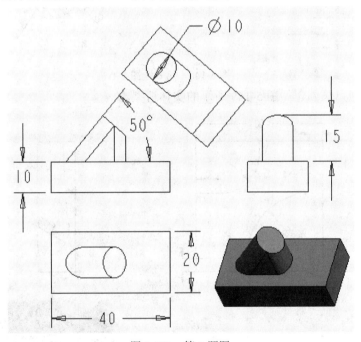

图 5-151　第 9 题图

10. 根据图 5-152(a)所示的两条轨迹线、截面尺寸及关系式(sd4=2*sin(trajpar*360)+3) 作出如图 5-152(b)所示的实体造型。

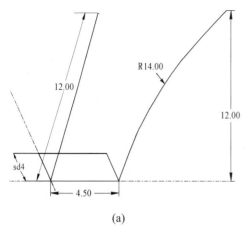

(a)

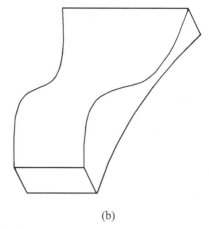

(b)

图 5-152　第 10 题图

11. 使用二次投影曲线绘制如图 5-153 所示的圆柱凸轮。

图 5-153　第 11 题图

项目六 装配设计

◆ 学习目的

产品设计离不开装配设计。通常一个产品是由一个或若干个零件或部件组成的，当所有零件的三维模型创建完成后，需要将这些零件或部件按照一定的约束关系或连接方式组合到一起，以构成一个完整的产品或部件，这就是最基本的传统装配设计。当然，用户也可以在装配中新建元件并设计元件特征等。Creo 3.0提供了一个专门的功能强大的"装配"模块，用于将零件和子装配放置在一起以形成装配体，并可对该装配体进行修改、分析或重新定向等。通过对本项目的学习，可以了解并掌握零件装配的基本方法和一般流程，以及建立装配体分解图(爆炸图)的方法。

◆ 学习要点

(1) 基本装配约束。利用装配约束，可以指定一个元件相对于装配体中其他元件的放置方式和位置。

(2) 装配体的创建。通过指定各零件之间的装配约束关系来建立装配体。

(3) 装配体的编辑。在装配模式中进行零件的修改以及对已定义的装配约束进行修改编辑。

(4) 装配爆炸图。将装配体分离开来，生成爆炸图，以便更清楚地看到装配体内部各零件的详细情况。

6.1 任务 44：初识装配——滑动轴承组件装配

图 6-1 为滑动轴承的组件以及装配图。滑动轴承的组成零件包括轴承座、轴衬、油杯、杯盖。此任务通过将这些零件组装成滑动轴承组件，说明装配的操作过程。

(a) 轴承座   (b) 轴衬   (c) 油杯   (d) 杯盖   (e) 滑动轴承装配图

图 6-1　滑动轴承的组件及装配图

6.1.1 认识装配设计界面

1. 建立装配文件

(1) 单击快速启动工具栏中的【新建】图标 ，系统弹出新建对话框，如图 6-2 所示。

(2) 在【类型】选项组中选择  装配单选按钮，在【子类型】选项组中选择 设计 单选按钮。

(3) 在【名称】文本框中输入文件名 T6-1.prt，取消选中 使用默认模板 复选框，单击【确定】按钮，弹出新文件选项对话框，如图 6-3 所示。

图 6-2　新建对话框

图 6-3　新文件选项对话框

(4) 在对话框中选择 mmns_asm_design 模板，单击【确定】按钮，系统进入装配环境，自动创建 3 个基准面——ASM_RIGHT、ASM_TOP、ASM_FRONT 和 1 个基准坐标系 ASM_DEF_CSYS，如图 6-4 所示。

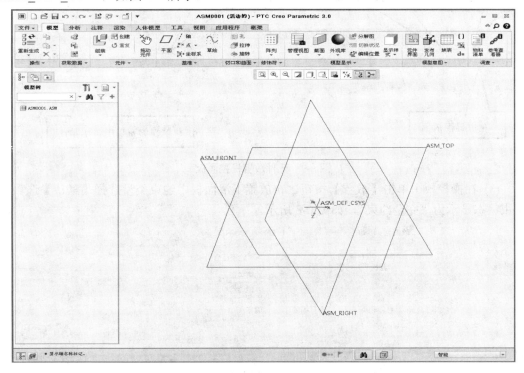

图 6-4　装配环境界面

❖ 注意:

① 新文件选项对话框中的 MODELED_BY 和 DESCRIPTION 两个参数与 PDM(产品数据管理)有关,在此不对它们进行设置。

② 新建对话框中默认选择"使用默认模板",即选择英制单位制模板。创建零件时,选择 mmns_part_solid 模板,即公制单位制模板。创建装配文件时,选择 mmns_asm_design 模板。选择此模板,系统自动创建三个正交的装配基准平面,用户无需再自行创建装配基准平面。

2. 装配第一个零件

(1) 在【模型】选项卡的元件子工具栏中单击【组装】图标 ,如图 6-5 所示,或者单击 组装 按钮下方的黑色小三角,弹出组装子菜单,如图 6-6 所示。在子菜单中选择【组装】选项,系统弹出文件打开对话框。

图 6-5　元件子工具栏　　　　　　图 6-6　组装子菜单

(2) 选取需要装配的第一个零件,然后单击【打开】按钮,系统弹出元件放置操控板,如图 6-7 所示。

图 6-7　元件放置操控面板

(3) 在操控板中单击【放置】按钮,在放置下滑面板中约束类型选择【默认】选项,约束状态显示为"完全约束",如图 6-8 所示。

图 6-8　放置下滑面板

(4) 单击操控板中的 按钮，完成第一个零件的装配。

6.1.2　相关知识

1．元件放置操控板

(1) 元件放置操控板中各个按钮的功能如图 6-7 所示。

① 【使用界面放置】按钮 ：使用界面放置元件。

② 【手动放置】按钮 ：通过手动方式放置元件。

③ 【约束与机构连接转换】按钮 ：将用户定义集(放置约束)转换为预定义集(机构连接)，或相反转换。

④ 约束下拉列表框：约束下拉列表框如图 6-9 所示。

该下拉列表框提供适用于选定集的放置约束(简称约束)。当选择用户定义的集时，系统提供的默认约束为【自动】命令，允许用户从"约束"下拉列表框中更改约束选项。

图 6-9　约束下拉列表框

⑤ 反向按钮 ：用于使偏移方向反向(使用约束选项时)，或用于更改预定义约束集的定向(使用预定义约束集时)。

⑥ CoPilot 显示开关按钮 ：用于切换 CoPilot(3D 拖动器) 的显示。

当在元件放置操控板中选中【CoPilot 显示开关】按钮时，则在图形窗口打开的元件上显示一个 CoPilot(3D 拖动器)。此时用户在约束允许的前提下，可以通过操作 CoPilot 在装配图中平移或者旋转零件。例如使用鼠标按住 CoPilot 的某个选定坐标轴移动则可沿着该轴线移动零件，而按住 CoPilot 的圆环移动鼠标则可实现绕特定轴线旋转零件。

⑦ 状况：显示约束的状况。

⑧ 按钮(默认)：在当前装配窗口中显示零件，并在定义约束时更新元件放置。

⑨ 按钮：定义约束时，在单独的窗口中显示零件。

❖ 注意：两个窗口选项可以同时处于活动状态。

(2) 操控板中各个选项卡介绍：

① 放置选项卡，如图 6-10(a)所示，在此选项卡下可以添加元件需要的约束。它主要包含两个区域：导航和约束区域、约束属性区域，前者用于显示集和约束，后者则用于定义约束属性。

(a) 放置选项卡

(b) 移动选项卡

(c) 运动类型

图 6-10　面板认识

② 移动选项卡，如图 6-10(b)所示，可以移动正在组装的元件，打开此选项卡时，系

统将暂时停止所有其他元件的放置操作。

移动选项卡下的运动类型【平移】选项的下拉列表如图 6-10(c)所示，用户可根据具体要求进行相关设置。其中：

- 定向模式：可对元件进行定向操作。
- 平移：可将正在装配的元件沿所选运动参照进行平移。
- 旋转：可将正在装配的元件沿所选运动参照进行旋转。
- 调整：可将正在装配元件的某个参照图元与装配体的某个参照图元对齐或配对。

③ 选项选项卡：它仅用于具有已定义界面的元件，通常情况下灰色显示，不能使用。

④ 挠性选项卡：它仅用于具有已定义挠性的元件。在该选项卡中单击"可变项"选项，可打开可变项对话框，此时元件放置也将暂停。

⑤ 属性选项卡：在该选项卡的名称文本框中可查看元件名称，单击【显示信息】按钮则在浏览器中显示详细的元件信息。

(3) 装配状态显示区：显示目前的装配状态，如图 6-11 所示。根据零件装配进程，有 4 种状态随时显示在装配状态显示区(这 4 种状态只能显示 1 种，不能同时出现)。

- 无约束。
- 部分约束。
- 完全约束(允许系统假设)。
- 约束无效：必须删改约束条件与参考特征。

图 6-11　元件放置操控板中的装配状态显示

2．装配约束条件

使用约束来进行元件的装配是最为常用的装配方式，要使用此方式将元件完全定位在装配中，通常需要由用户指定 1～3 个约束来约束元件。

定义一个约束的操作过程一般是：通常先在元件放置操控板中的"约束"下拉列表框中选择约束类型，接着在元件和组件(装配体)中分别选定一个参考，有时还需要设置相应的参数。

1) 约束条件

系统提供的约束条件如表 6-1 所示。

(1) 自动约束：可根据用户所选择的放置参考，自行认定约束类型，大大地提高工作效率。

(2) 距离约束：可以使元件参考与装配参考间隔一定的距离。约束对象可以是元件中的平整表面、边线、顶点、基准点、基准平面或基准轴，所选对象不必是同类型的，如可以定义一条直线与一个平面之间的距离。当距离值为 0 时，所选对象重合。

(3) 角度偏移约束：可以使元件参考与装配参考呈角度放置。约束对象可以是元件中的平整表面、边线基准平面或基准轴等。

(4) 平行约束：可以使元件参考与装配参考平行。约束对象为平整平面、基准平面、边线或基准轴。

(5) 重合约束：可使元件参考与装配参考重合。约束对象可以是平整平面、基准平面、边线、基准轴、顶点等。

(6) 法向约束：可以使元件参考与装配参考垂直放置，约束对象可以是平整平面、基准平面、边线或基准轴。

(7) 共面约束：可以约束点与面、点与边、边与面、边与边共面。

(8) 居中约束：可以使元件参考与装配参考同心，约束对象一般为圆柱曲面。如果是两圆锥面居中，实质是两锥面的顶点对齐，轴线对齐，剩余 1 个旋转自由度；如果是坐标系居中，实质是两坐标系的原点重合，剩余 3 个旋转自由度。

(9) 相切约束：可以使元件参考与装配参考相切，约束对象为平面与曲面或曲面与曲面。

(10) 固定约束：可用于将元件固定在图形区的当前位置，向装配环境中引入第一个元件时，可以采用该约束形式。

(11) 默认约束：可以使元件上的默认坐标系与装配环境的默认坐标系对齐。向装配环境中引入第一个元件时，一般采用该约束方式。

表 6-1　各种约束条件说明

序 号	图 标	名 称	功能用途或说明
1		自动	元件参考相对于装配参考自动放置
2		距离	使元件参考偏移装配参考一定距离
3		角度偏移	以某一角度将元件定位至装配参考
4		平行	将元件参考定位为与装配参考平行
5		重合	将元件参考定位为与装配参考重合
6		法向	将元件参考定位为与装配参考垂直
7		共面	将元件参考定位为与装配参考共面
8		居中	使元件参考与装配参考同心
9		相切	定位两种不同类型的参考，使其彼此相切，接触点为切点
10		固定	将被移动或封装的元件固定到当前位置
11		默认	用默认的装配坐标系对齐元件坐标系

2) 设定约束条件注意事项

(1) Creo 3.0 装配中，不同的约束可以达到同样的效果，如选择两平面"重合"与定义两平面的"距离"为 0，均能达到同样的约束目的。

(2) 选择两平面"重合"与定义两平面的"距离"时，屏幕上出现的平面方向是系统默认的，如果实际的方向与默认方向相反，可使用【反向】按钮进行切换。

(3) 给定约束条件时，一次只能给定一个。

(4) 给定约束条件时，每个约束条件必须选择两个元素，两个零件装配元素选取顺序对装配结果没有影响。

(5) 在进行装配时，大部分的零件需给定两个或者以上的约束条件才能完全约束。

6.1.3　装配滑动轴承组件

1. 设置工作目录

(1) 打开本书提供的 Creo 文件，找到文件夹 xm6-1，将其复制到目录 D:\ 下。

(2) 选择主菜单中的【文件】→【管理会话】→【选择工作目录】命令，或者选取主界面【主页】选项卡下的【选择工作目录】图标 ，在弹出的选择工作目录对话框中，将目录设置为 D:\xm6-1，单击【确定】按钮。

2. 建立滑动轴承装配文件

(1) 单击快速启动工具栏中的【新建】图标 ，系统弹出新建对话框。

(2) 在【类型】选项组中选择 装配 单选按钮，在【子类型】选项组中选择 设计 单选按钮。

(3) 在【名称】文本框中输入文件名 xm6-1，取消选中 使用默认模板 复选框，单击【确定】按钮，弹出新文件选项对话框。

(4) 在对话框中选择 mmns_asm_design 模板，单击【确定】按钮。

3. 装配轴承座零件

(1) 在【模型】选项卡的元件子工具栏中单击【组装】图标 ，系统弹出文件打开对话框，如图 6-12 所示。

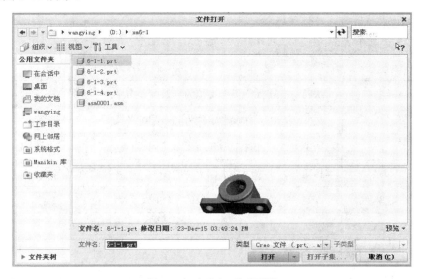

图 6-12　文件打开对话框

(2) 选取轴承座零件(6-1-1.prt)，然后单击【打开】按钮，系统弹出元件放置操控板。

(3) 在操控板中单击【放置】按钮，在下滑面板中为【默认】选项，即轴承座上的默认坐标系与装配环境的默认坐标系 ASM_DEF_CSYS 对齐，此时，操控板中的约束状态显示为 "完全约束"，如图 6-13 所示。

(4) 单击操控板中的 按钮，装配的轴承座如图 6-14 所示。

图 6-13 放置下滑面板

图 6-14 装配的轴承座

❖ 注意:

① 零件一定要通过约束条件来固定,否则系统给出的状态为没有约束,而且在装配模型树中,该零件前面会出现矩形框。

② 在后面的操作中,为了图面简洁清晰,使用视图控制工具栏中的 图标,将基准面、基准轴、基准点和基准坐标系关闭,在需要时再将其打开。

4. 装配油杯零件

1) 打开油杯零件

(1) 在【模型】选项卡的元件子工具栏中单击【组装】图标 ,系统弹出文件打开对话框。

(2) 选取油杯零件(6-1-2.prt),然后单击【打开】按钮。

2) 定义装配约束条件 1

(1) 在元件放置操控板中单击【放置】按钮,弹出如图 6-13 所示的放置下滑面板。

(2) 约束类型选择【重合】选项,选择油杯的 A_1 轴为元件项目,再选择轴承座的 A_4 轴为组件项目,如图 6-15(a)所示。

(a) 选择参考 1

(b) 选择参考 2

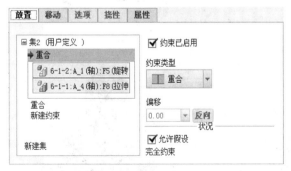

(c) 装配约束及约束状态

(d) 装配好的油杯

图 6-15 油杯装配示意图

3) 定义装配约束条件 2

(1) 在放置下滑面板中单击【新建约束】选项。

(2) 约束类型选择【重合】选项，选择油杯上的六角台下表面为元件项目，再选择轴承座的凸台上表面为组件项目，如图6-15(b)所示。此时，放置下滑面板上显示约束状态为"完全约束"，如图6-15(c)所示。

(3) 单击元件放置操控板上的 ✓ 按钮，完成油杯的装配，结果如图6-15(d)所示。

5. 装配杯盖零件

1) 打开杯盖零件

(1) 在【模型】选项卡的元件子工具栏中单击【组装】图标 ，系统弹出文件打开对话框。

(2) 选取杯盖零件(6-1-3.prt)，然后单击【打开】按钮。

2) 定义装配约束条件1

(1) 在元件放置操控板中单击【放置】按钮，弹出如图6-13所示的放置下滑面板。

(2) 约束类型选择【重合】选项，选择杯盖的 A_1 轴为元件项目，再选择油杯的 A_1 轴为组件项目，如图6-16(a)所示。

3) 定义装配约束条件2

(1) 在放置下滑面板中单击【新建约束】选项。

(2) 约束类型选择【距离】选项，选择杯盖上表面为元件项目，再选择油杯上部表面为组件项目，如图6-16(b)所示。

(3) 在偏移框中输入 10，显示约束状态为"完全约束"，如图6-16(c)所示。

(4) 单击元件放置操控板上的 ✓ 按钮，完成杯盖的装配，结果如图6-16(d)所示。

(a) 选择参考1

(b) 选择参考2

(c) 输入偏移值

(d) 装配好的杯盖

图6-16 杯盖装配示意图

6. 装配轴衬零件

1) 打开轴衬零件

(1) 在【模型】选项卡的元件子工具栏中单击【组装】图标 ，系统弹出文件打开对话框。

(2) 选取轴衬零件(6-1-4.prt)，然后单击【打开】按钮。

2) 定义装配约束条件

(1) 单击【重合】选项，选择元素为轴衬的 A_1 轴、轴承座的 A_1 轴，如图 6-17(a)所示。

(2) 单击【重合】选项，选择元素为轴衬头部下表面、轴承座前端面，如图 6-17(a)所示。

(3) 单击【重合】选项，选择元素为轴衬 TOP 基准平面、轴承座前端面，如图 6-17(b)所示。此时，放置下滑面板上显示约束状态为"完全约束"，如图 6-17(c)所示。

(4) 单击元件放置操控板上的 ✔ 按钮，完成轴衬的装配，结果如图 6-17(d)所示。

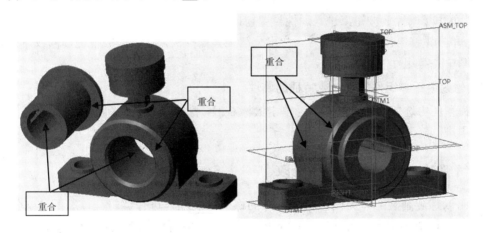

(a) 选择参考 1　　　　　　　　　　　　　(b) 选择参考 2

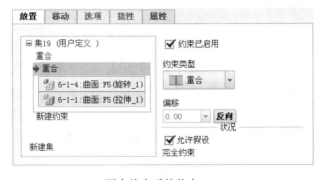

(c) 两个约束后的状态　　　　　　　　　(d) 装配好的轴衬

图 6-17　右侧轴套装配示意图

至此，滑动轴承机构装配完成，共计 4 个零件。

7. 保存装配文件

单击工具栏中的【保存】图标 💾，再单击保存对话框中的【确定】按钮。

6.2　任务 45：装配体的编辑

在产品设计过程中，经常要对原设计进行编辑修改。对装配体的编辑，可通过以下方式进行。

1. 修改装配件的约束状态

在模型树中选取要改变的装配件，单击鼠标右键，选择【编辑选定对象的定义】图标，系统弹出元件放置操控板，修改其中的各项设置与约束条件即可改变约束状态。

2. 修改分解图中零组件的位置

(1) 单击【模型】选项卡中的模型显示子工具栏，单击【管理视图】图标，弹出视图管理器对话框。

(2) 选择【分解】选项卡，单击【新建】按钮，输入分解图名称。

(3) 单击【属性】按钮，进入属性设置窗口。

(4) 单击【编辑位置】图标，弹出分解工具操控板，在操控板中进行修改，重新定义分解图中各零组件的位置。

3. 修改装配零组件的尺寸或特征的属性

在模型树中选取要修改的零件，单击鼠标右键，选择【打开】命令，在弹出零件的活动窗口中进行修改。

6.2.1　在零件图中对零件进行修改

下面以螺旋副装配体为例，将装配好的螺旋副装配体进行编辑。该装配体文件夹名为"xm6-2"，由 T6-1.prt(底座)、T6-2.prt(螺旋杆)、T6-3.prt(螺母套)、T6-4.prt(绞杠) 4 个零件组成。

1. 设置工作目录

(1) 打开【我的电脑】，打开本书提供的素材文件，找到文件夹"xm6-2"。

(2) 选择主菜单中的【文件】→【管理会话】→【选择工作目录】命令，在弹出的选择工作目录对话框中将目录设置为 D:\xm6-2，单击【确定】按钮。

2. 打开绞杠文件

在快速访问工具栏中单击【打开】图标，在打开对话框中选择绞杠零件 T7-4.prt 文件，单击【打开】按钮。

3. 更改绞杠长度

(1) 在窗口中双击绞杠零件，零件呈现尺寸编辑状态，如图 6-18(a)所示。在出现的尺寸中将绞杠总长度由 300 改为 100，定位长度由 150 改为 50，如图 6-18(b)所示，并按 Enter 键。

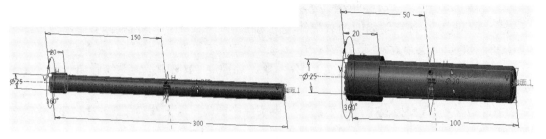

(a) 长度更改前的轴　　　　　　　　　(b) 装配图中更新的轴

图 6-18　在零件图中修改尺寸在装配图中该零件同时更新 1

(2) 单击快速访问工具栏中的【重新生成】图标 ，此时屏幕中显示长度更改后的绞杠，如图 6-19(a)所示。

(3) 单击【打开】图标 ，在对话框中打开 xm6-2.asm 装配文件，可以看到装配图中的绞杠零件也得到了更改，如图 6-19(b)所示。

(a) 长度更改后的绞杠　　　　　　　　(b) 装配图中更新的绞杠

图 6-19　在零件图中修改尺寸在装配图中该零件同时更新 2

6.2.2　在装配图中修改零件尺寸及约束

1. 在装配图中对轴零件进行尺寸修改

(1) 单击【打开】图标 ，在打开对话框中选择 xm6-2.asm 装配文件，单击【打开】按钮。

(2) 在模型树中选取要修改的绞杠零件 T6-4.prt，单击鼠标右键，在弹出的快捷菜单中选择【打开】命令。

(3) 在窗口中双击绞杠，在出现的尺寸中将定位长度由 50 改回 150，绞杠总长由 100 改回 300，并按 Enter 键。

(4) 单击快速访问工具栏中的【重新生成】图标 ，此时图中轴的长度变回原长。

(5) 切换回装配图 xm6-2.asm，单击【模型】选项卡操作子工具栏中的【重新生成】图标 ，装配图中绞杠长度同样得到了更改，又回到初始长度，如图 6-20 所示。

图 6-20　在装配图中修改零件尺寸

2. 在装配图中对螺旋杆的装配状态进行修改

(1) 在模型树中选取要修改的装配件(选取螺旋杆 T6-2.prt)，单击鼠标右键，弹出如图 6-21(a)所示的快捷菜单。

(2) 选择【编辑选定对象的定义】图标 ✍，如图 6-21(b)所示，系统弹出螺旋杆元件放置操控板。

(3) 在元件放置操控板中，将第二个约束条件中的【重合】改为【距离】，偏移值改为40，然后单击 ✅ 按钮，设计区中螺旋杆的装配状态如图 6-21(c)所示。

(a) 右键快捷菜单　　　　　(b) 编辑操作　　　　　(c) 装配图中更新的螺旋杆

图 6-21　对螺旋杆装配状态进行修改

作为练习，请读者将螺旋杆的装配约束条件改回原来的位置，以方便后面继续使用。

6.2.3　在装配图中删除零件

(1) 在模型树中右击要删除的绞杠，在弹出的快捷菜单中选择【删除】命令。

(2) 在弹出的删除对话框中单击【确定】按钮，该零件在屏幕中消失。

❖ 注意：由于 Creo 3.0 系统采用单一数据库，因此在产品设计过程中，不管是在零件模式下还是在装配模式下，对零件的任何修改都会随时更新到整个设计中。

　　在完成零件的装配后，若要改变零件的文件名称，必须按以下方式进行，否则再打开装配图时会发生找不到文件的错误。

① 在 Creo 3.0 中同时打开要更改的零件文件和包含有更改零件的装配文件。

② 使用主菜单中的【文件】→【管理文件】→【重命名】命令进行文件名称的更改。

③ 完成零件文件名称的更改后，系统会自动将其反映在装配文件中。

6.2.4　建立装配体的分解图(爆炸图)

下面介绍两种建立装配体分解图的方法。

方法一：显示系统建立的分解图。系统可以自动建立装配体的分解图，但自动建立的分解图中各零组件的位置是由系统内定的，往往不符合设计要求。

方法二：用户创建的分解图。用户可以根据需要建立符合自己要求的分解图。

1. 显示系统建立的分解图

(1) 在【模型】选项卡的模型显示子工具栏中单击【分解图】图标 ，如图 6-22(a) 所示，即可在屏幕中显示由系统自行建立的分解图，如图 6-22(b)所示。

(a) 模型显示子工具栏中的分解图图标　　　　　　(b) 系统自行建立的分解图

图 6-22　系统自行建立的分解图

(2) 再次单击【分解图】图标 ，屏幕则恢复至装配图的状态。

❖ 注意：显示系统默认的分解图，还可以采用以下方式：

① 在【模型】选项卡的模型显示子工具栏中单击【管理视图】图标 ，弹出视图管理器对话框，如图 6-23 所示。

② 在视图管理器对话框中选择【分解】选项卡，如图 6-24 所示。在名称列表中提供了【默认分解】选项，直接双击名称即可显示出默认的分解图。

图 6-23　视图管理器对话框

2. 用户创建分解图

(1) 在【模型】选项卡的模型显示子工具栏中单击【管理视图】图标 ，在弹出的视图管理器对话框中选择【分解】选项卡，在名称列表中系统提供的"默认分解"就是上面所讲的系统建立的分解图，单击对话框左下角的【属性】按钮，再单击【分解视图】图标 即可看到分解图。

(2) 单击【新建】按钮，接受默认的 Exp0001 为分解图名称，按 Enter 键，如图 6-24

所示。

图 6-24　分解选项卡

(3) 单击【属性】按钮，进入属性设置窗口，单击【编辑位置】图标 ，弹出分解工具操控板，如图 6-25 所示。或者在【模型】选项卡的模型显示子工具栏中单击【编辑位置】图标 编辑位置，也可弹出分解工具操控板。

图 6-25　分解工具操控板

(4) 在分解工具操控板中选中【平移】图标 ，然后选择一个或多个(按 Ctrl 键多选)对象，之后将鼠标放在橘色坐标系的某个轴上，轴显示为绿色即可拖曳。

以装配体中的绞杠零件为例，具体操作方法如下：

① 左键选取绞杠零件，选中后绞杠会以绿色线框的形式显示，中间有一个黑色的小坐标系，黑色坐标系上有一个橘色三维坐标系，分别代表要移动的三个方向，如图 6-26(a)所示。

② 将鼠标放在任意一条轴线上，橘色的轴会变成绿色，按住鼠标左键并移动，零件就沿着该坐标轴的方向移动。

③ 选择水平方向的绿色轴，单击绞杠零件后开始移动鼠标，此时绞杠会随鼠标指针一起移动，移到合适位置后再单击鼠标左键即可完成绞杠的移动，如图 6-26(b)所示。

(a) 选中绞杠零件后的状态　　　　　　(b) 沿水平轴移动后的绞杠

图 6-26　平移绞杠零件

④ 同理，也可对其他零件进行操作，结果如图 6-27 所示。

图 6-27 平移零件

(5) 在分解工具操控面板中选中【旋转】单选图标 ，再选择螺母套零件，这时会提示选择旋转轴。选中螺旋杆的轴线 A_1，螺旋杆会呈绿色加亮显示，零件中央出现橘色旋转轴，如图 6-28(a)所示。拖动鼠标时，橘色旋转轴变成绿色，且出现红色的旋转虚拟轨迹线，移动鼠标即可完成零件的转动，结果如图 6-28(b)所示。

(a) 选择旋转零件

(b) 旋转后的螺母套

图 6-28 旋转零件

(6) 在分解工具操控板中选中【创建修饰偏移线】图标 ，弹出修饰偏移线对话框，如图 6-29(a)所示。选择轴零件，在参考 1 与参考 2 中，用鼠标单击分别选中连杆的轴线 A_1 与轴零件的 A_1，再单击对话框中的【应用】按钮，即显示出轴的分解线，如图 6-29(b)所示。

(a) 修饰偏移线对话框

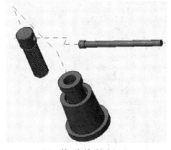

(b) 偏移线的显示

图 6-29 创建修饰偏移线

❖ **注意**：分解视图中的修饰偏移线主要起修饰作用，表示元件已从其组装位置移开。修饰偏移线由多条可包括一个或多个拐角的直的虚线段组成。通常在设计中使用修饰偏移线显示组装元件的顺序及对齐方式。

(7) 在视图管理器对话框中切换到【分解】选项卡，单击【编辑】按钮下的【保存...】命令，如图 6-30(a)所示。在弹出的保存显示元素对话框中单击【确定】按钮，如图 6-30(b)所示，对分解视图进行保存，至此完成名为 Exp0001 分解图的创建。

(a) 单击【保存...】命令

(b) 保存显示元素对话框

图 6-30　保存分解视图

3. 分解图的显示

(1) 在【模型】选项卡的模型显示子工具栏中单击【管理视图】图标 ，弹出视图管理器对话框，切换到【分解】选项卡，在名称列表中既有系统提供的【默认分解】选项，也有用户建立的分解图 Exp0001，如图 6-31 所示。

(2) 如要显示刚建立的分解图，可直接双击名称 Exp0001，则显示出 Exp0001 分解图。如果建立了多个分解图，要显示哪一个分解图，则双击该分解图的名称即可。

图 6-31　视图管理器对话框

4. 分解图的修改

修改分解图中装配零件位置的方法有两种。

(1) 在【模型】选项卡的模型显示子工具栏中单击【管理视图】图标 ；在弹出的视图管理器对话框中选择【分解】选项卡，单击【新建】按钮，输入分解图名称；单击【属性】按钮，进入属性设置窗口；单击【编辑位置】图标 ，弹出分解工具操控板，在操控板中进行修改，重新定义分解图中各零组件的位置。此方法适合在多个分解图中选择要修改的分解图。

(2) 在【模型】选项卡的模型显示子工具栏中单击【编辑位置】图标 编辑位置，在弹出的分解工具操控板中重新定义分解图中各零件的位置。此方法适合对目前屏幕中显示的分解图进行修改。

6.3　任务 46：安全阀的装配

本书通过一个任务——安全阀的装配，来进一步熟悉和掌握各种装配约束的使用，进而更好地把握零件装配的基本过程及方法。

6.3.1 设置工作目录

(1) 打开本书提供的 Creo 文件，找到文件夹 xm6-3，将其复制到目录 D:\下。

(2) 选择主菜单中的【文件】→【管理会话】→【选择工作目录】命令，或者选取主界面中【主页】选项卡下的【选择工作目录】图标 ，在弹出的选择工作目录对话框中，将目录设置为 D:\xm6-3，单击【确定】按钮。

6.3.2 装配零件

安全阀装配体由 6-3-1.prt(阀体)、6-3-2.prt(阀门)、6-3-3.prt(弹簧)、6-3-4.prt(垫片)、6-3-5.prt(弹簧托盘)、6-3-6.prt(螺杆)、6-3-7.prt(阀盖)、6-3-8.prt(M10 螺母)、6-3-9.prt(阀罩)、6-3-10.prt(双头螺柱)、6-3-11.prt(垫圈)、6-3-12.prt(M6 螺母)、6-3-13.prt(M5 螺钉)共 13 个零件组成。

1. 建立安全阀装配文件

(1) 单击【新建】图标 ，系统弹出新建对话框。

(2) 在【类型】选项组中选择 装配 单选按钮，在【子类型】选项组中选择 设计 单选按钮。

(3) 在【名称】文本框中输入文件名 xm6-3.asm，取消选中 使用默认模板 复选框，单击【确定】按钮，弹出新文件选项对话框。

(4) 选择 mmns_asm_design 模板，单击【确定】按钮。

2. 装配阀体零件

(1) 单击【模型】选项卡元件子工具栏中的【组装】图标 ，系统弹出文件打开对话框。

(2) 选取阀体零件(6-3-1.prt)，然后单击【打开】按钮，系统弹出元件放置操控板。

(3) 在操控板的放置下滑面板中约束类型选择【默认】选项，即阀体上的默认坐标系与装配环境的默认坐标系 ASM_DEF_CSYS 对齐，此时，操控板中约束状态显示为"完全约束"，如图 6-32(a)所示，单击操控板中的 按钮，完成阀体零件的装配，如图 6-32(b)所示。

(a) 在放置下滑面板中选择约束类型　　　　(b) 装配阀体

图 6-32 装配的阀体

3. 装配阀门

1) 打开阀门零件

(1) 单击【模型】选项卡元件子工具栏中的【组装】图标 ，系统弹出文件打开对话框。

(2) 选取阀门零件(6-3-2.prt)，然后单击【打开】按钮。

2) 定义装配约束条件

(1) 约束条件 1：选择【重合】选项，选择元素为阀门的 A_1 轴、阀体的 A_3 轴，如图 6-33(a)所示。

(a) 选择约束条件 1

(b) 选择约束条件 2

(c) 选择约束条件 3

(d) 输入偏移值

(e) 装配的阀门

图 6-33　装配阀门

(2) 约束条件 2：选择【重合】选项，选择元素为阀门的 RIGHT 面、阀体的 FRONT 面，如图 6-33(b)所示。

(3) 约束条件 3：选择【距离】选项，选择元素为阀门上表面、阀体上的 DTM1 面，如图 6-33(c)所示。

(4) 在偏移框中输入 2，显示约束状态为"完全约束"，如图 6-33(d)所示。如果方向相反，可单击距离框后的【反向】按钮。

(5) 单击元件放置操控板上的 ✓ 按钮，完全阀门的装配，结果如图 6-33(e)所示。

❖ 注意：元件被调入装配环境后，自动显示"3D"操控手柄，可以通过该操控手柄非常方便地对模型进行选中和移动。单击元件放置操控板上的 ⊕，可以控制"3D"操控手柄是否显示。

4. 装配弹簧

1) 打开弹簧零件

(1) 单击【模型】选项卡元件子工具栏中的【组装】图标 ，系统弹出文件打开对话框。

(2) 选取弹簧零件(6-3-3.prt)，然后单击【打开】按钮。

2) 定义装配约束条件

(1) 约束条件1：选择【重合】选项，选择元素为弹簧的 A_1 轴、阀门的 A_1 轴，如图 6-34(a)所示。

(a) 选择约束条件1　　　　(b) 选择约束条件2　　　　(c) 弹簧装配完成

图 6-34　装配弹簧

(2) 约束条件2：选择【重合】选项，选择元素为弹簧的 DTM2 面、阀门的内部阶梯面，如图 6-34(b)所示。

(3) 单击元件放置操控板上的 ✔ 按钮，完成弹簧的装配，结果如图 6-34(c)所示。

5. 装配垫片

1) 打开垫片零件

(1) 单击【模型】选项卡元件子工具栏中的【组装】图标，系统弹出文件打开对话框。

(2) 选取垫片零件(6-3-4.prt)，然后单击【打开】按钮。

2) 定义装配约束条件

(1) 约束条件1：选择【重合】选项，选择元素为垫片的 A_5 轴、弹簧的 A_1 轴，如图 6-35(a)所示。

(2) 约束条件2：选择【重合】选项，选择元素为垫片的 A_4 轴、阀体的 A_28 轴，如图 6-35(a)所示。

(3) 约束条件3：选择【重合】选项，选择元素为垫片的 TOP 面、阀体上表面，如图 6-35(a)所示。

此时，显示约束状态为"完全约束"。

(4) 单击元件放置操控板上的 ✔ 按钮，完成垫片的装配，结果如图 6-35(b)所示。

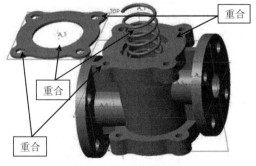 

(a) 选择约束条件　　　　(b) 装配好的垫片

图 6-35　装配垫片

6. 装配弹簧托盘

1) 打开弹簧托盘零件

(1) 单击【模型】选项卡元件子工具栏中的【组装】图标，系统弹出文件打开对话框。

(2) 选取弹簧托盘零件(6-3-5.prt)，然后单击【打开】按钮。

2) 定义装配约束条件

(1) 约束条件 1：选择【重合】选项，选择元素为弹簧托盘的 A_1 轴、弹簧的 A_1 轴，如图 6-36(a)所示。

(2) 约束条件 2：选择【距离】选项，选择元素为弹簧托盘的 FRONT 面、弹簧上的 DTM1 面，如图 6-36(b)所示。

(3) 在偏移框中输入 2.5，显示约束状态为"完全约束"，如图 6-36(c)所示。如果方向相反，可单击距离框后的【反向】按钮。

(4) 单击元件放置操控板上的 ✔ 按钮，完成弹簧托盘的装配，结果如图 6-36(d)所示。

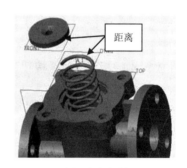

(a) 选择约束条件 1　　　　　　　　　　(b) 选择约束条件 2

(c) 输入偏移值　　　　　　　　　　(d) 装配好的弹簧托盘

图 6-36　装配弹簧托盘

7. 装配螺杆

1) 打开螺杆零件

(1) 单击【模型】选项卡元件子工具栏中的【组装】按钮，系统弹出文件打开对话框。

(2) 选取螺杆零件(6-3-6.prt)，然后单击【打开】按钮。

2) 定义装配约束条件

(1) 约束条件 1：选择【重合】选项，选择元素为螺杆的 A_1 轴、阀门的 A_1 轴，如

图 6-37(a)所示。

(2) 约束条件 2：选择【重合】选项，选择元素为螺杆下底面、弹簧托盘底部 FRONT 面，如图 6-37(b)所示。

此时，显示约束状态为"完全约束"。

(3) 单击元件放置操控板上的 ✓ 按钮，完成螺杆的装配，结果如图 6-37(c)所示。

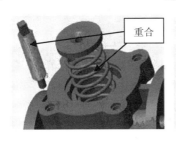 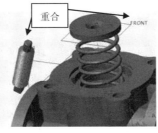 

(a) 选择约束条件 1　　　　(b) 选择约束条件 2　　　　(c) 装配好的螺杆

图 6-37　放置螺杆零件

8. 装配阀盖

1) 打开阀盖零件

(1) 单击【模型】选项卡元件子工具栏中的【组装】按钮 ，系统弹出文件打开对话框。

(2) 选取阀盖零件(6-3-7.prt)，然后单击【打开】按钮。

2) 定义装配约束条件

(1) 约束条件 1：选择【重合】选项，选择元素为阀盖的 A_5 轴、螺杆的 A_1 轴，如图 6-38(a)所示。

(2) 约束条件 2：选择【重合】选项，选择元素为阀盖的 A_9 轴、垫片的 A_1 轴，如图 6-38(a)所示。

(3) 约束条件 3：选择【重合】选项，选择元素为阀盖的底面、垫片上表面，如图 6-38(a)所示。

此时，显示约束状态为"完全约束"。

(4) 单击元件放置操控板上的 ✓ 按钮，完成阀盖的装配，结果如图 6-38(b)所示。

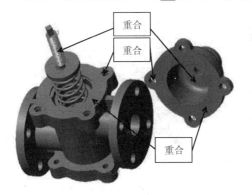 

(a) 选择约束条件　　　　　　　　(b) 装配好的阀盖

图 6-38　装配阀盖

9. 装配 M10 螺母

1) 打开 M10 螺母零件

(1) 单击【模型】选项卡元件子工具栏中的【组装】按钮 ，系统弹出文件打开对话框。

(2) 选取 M10 螺母零件(6-3-8.prt)，然后单击【打开】按钮。

2) 定义装配约束条件

(1) 约束条件 1：选择【重合】选项，选择元素为螺母的 A_1 轴、螺杆的 A_1 轴，如图 6-39(a)所示。

(2) 约束条件 2：选择【重合】选项，选择元素为螺母下底面、阀盖上表面，如图 6-39(a)所示。

此时，显示约束状态为"完全约束"。

(3) 单击元件放置操控板上的 按钮，完成 M10 螺母的装配，结果如图 6-39(b)所示。

(a) 选择约束条件　　　　　　　　　(b) 螺母装配完成

图 6-39　装配 M10 螺母

10. 装配阀罩

1) 打开阀罩零件

(1) 单击【模型】选项卡元件子工具栏中的【组装】按钮 ，系统弹出文件打开对话框。

(2) 选取阀罩零件(6-3-9.prt)，然后单击【打开】按钮。

2) 定义装配约束条件

(1) 约束条件 1：选择【重合】选项，选择元素为阀罩的 A_1 轴、螺杆的 A_1 轴，如图 6-40(a)所示。

(a) 选择约束条件　　　　　　　　　(b) 阀罩装配完成

图 6-40　装配阀罩

(2) 约束条件 2：选择【重合】选项，选择元素为阀罩下底面、阀盖阶梯表面，如图 6-40(a)所示。

此时，显示约束状态为"完全约束"。

(3) 单击元件放置操控板上的 ✅ 按钮，完成阀罩的装配，结果如图 6-40(b)所示。

11. 装配双头螺柱

1) 打开双头螺柱零件

(1) 单击【模型】选项卡元件子工具栏中的【组装】按钮 📂，系统弹出文件打开对话框。

(2) 选取双头螺柱零件(6-3-10.prt)，然后单击【打开】按钮。

2) 定义装配约束条件

(1) 约束条件 1：选择【重合】选项，选择元素为双头螺柱的 A_1 轴、阀盖的 A_10 轴，如图 6-41(a)所示。

(2) 约束条件 2：选择【距离】选项，选择元素为双头螺柱的端面、阀盖上的孔阶梯面，如图 6-41(a)所示。

(3) 在偏移框中输入 10，显示约束状态为"完全约束"。如果方向相反，可单击距离框后的【反向】按钮。

(4) 单击元件放置操控板上的 ✅ 按钮，完成双头螺柱的装配，结果如图 6-41(b)所示。

❖ 注意：在当前装配图中，如果要装配螺柱，因为有外面的阀盖遮挡，难以观察和拾取到需要的参照，可将外面的零部件暂时隐藏起来，这样便于进行操作。具体方法如下：

① 在左侧的模型树中右击阀盖零件，在右键快捷菜单中选择【隐藏】命令，即可将挡在外面的阀盖零件隐藏起来。

② 待螺柱装配结束后，再在模型树中右击选择阀盖零件，在右键快捷菜单中选择【取消隐藏】命令，将阀盖零件重新显示出来。

(a) 选择约束条件

(b) 螺柱装配完成

图 6-41　装配双头螺柱

12. 装配垫圈

1) 打开垫圈零件

(1) 单击【模型】选项卡元件子工具栏中的【组装】按钮 📂，系统弹出文件打开对话框。

(2) 选取垫圈零件(6-3-11.prt)，然后单击【打开】按钮。

2) 定义装配约束条件

(1) 约束条件 1：选择【重合】选项，选择元素为垫圈的 A_1 轴、阀盖的 A_10 轴，如图 6-42(a)所示。

(a) 选择约束条件   (b) 垫圈装配完成

图 6-42　装配垫圈

(2) 约束条件 2：选择【重合】选项，选择元素为垫圈下底面、阀盖阶梯表面，如图 6-42(a)所示。

此时，显示约束状态为"完全约束"。

(3) 单击元件放置操控板上的 ✔ 按钮，完成垫圈的装配，结果如图 6-42(b)所示。

13. 装配 M6 螺母

1) 打开 M6 螺母零件

(1) 单击【模型】选项卡元件子工具栏中的【组装】按钮 ，系统弹出文件打开对话框。

(2) 选取 M6 螺母零件(6-3-12.prt)，然后单击【打开】按钮。

2) 定义装配约束条件

(1) 约束条件 1：选择【重合】选项，选择元素为螺母的 A_1 轴、阀盖的 A_10 轴，如图 6-43(a)所示。

(2) 约束条件 2：选择【重合】选项，选择元素为螺母下底面、垫圈上表面，如图 6-43(a)所示。

此时，显示约束状态为"完全约束"。

(3) 单击元件放置操控板上的 ✔ 按钮，完成 M6 螺母的装配，结果如图 6-43(b)所示。

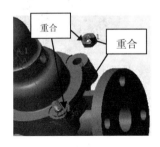 

(a) 选择约束条件   (b) 螺母装配完成

图 6-43　装配 M6 螺母

14. 泵盖上紧固件的组操作

(1) 选择需要组成组操作的元件。

按住键盘上的 Ctrl 键，单击窗口左侧模型树中需要组成组操作的元件，这里包含垫圈、螺栓、螺母，如图 6-44(a)所示。

(2) 组操作方法。

方法一：单击【模型】选项卡操作子工具栏中的【操作】标签，如图 6-44(b)所示，系统弹出下拉菜单，如图 6-44(c)所示。单击菜单中的【组】命令，即把三个元件做成一个组。

方法二：选择需要组成组的元件后，单击鼠标右键，弹出如图 6-45(a)所示的快捷菜单，选择【Group】→【组】命令，即把元件做成一个组，结果如图 6-45(b)所示。

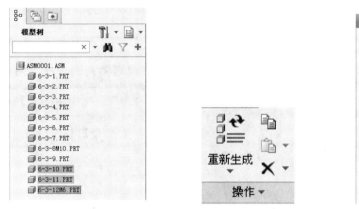

(a) 模型树　　　　　　　(b) 操作子工具栏　　　　　(c) 操作标签的下拉菜单

图 6-44　零件成组操作方法一

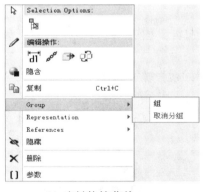　

(a) 右键快捷菜单　　　　　　　　　　(b) 组结果

图 6-45　零件成组操作方法二

15. 阵列紧固件组

(1) 在左侧的模型树中左键选中紧固件组，单击右键，在快捷菜单中选择【阵列】命令，如图 6-46(a)所示。

(2) 在操控板中选择【轴】阵列方式，在装配模型中选择阀罩的中心轴 A_1 为阵列中心。

(3) 在操控板中输入要创建的阵列成员数 4、角度增量 90。

(4) 在操控板中单击 ✔ 按钮，紧固件组的阵列结果如图 6-46(b)所示。

(a) 选择阵列命令　　　　　　　　　(b) 阵列结果

图 6-46　阵列紧固件组

❖ 注意:

① 在装配模式下, 可以使用阵列的方式来装配具有规则排列的多个相同元件(零部件)。在装配模式下使用阵列工具和在零件模式下的操作方法是一样的, 只不过在装配模式下, 阵列对象不是特征, 而是零部件。

② 阵列操作可以采用另一种方法: 在左侧的模型树中右击紧固件组, 在【模型】选项卡的修饰符子工具栏中选择【阵列】图标 。

其余步骤同方法一, 不再赘述。

16. 装配螺钉

1) 打开螺钉零件

(1) 单击【模型】选项卡元件子工具栏中的【组装】按钮 , 系统弹出文件打开对话框。

(2) 选取螺钉零件(6-3-13.prt), 然后单击【打开】按钮。

2) 定义装配约束条件

(1) 约束条件 1: 选择【重合】选项, 选择元素为螺钉的 A_1 轴、阀罩的 A_3 轴, 如图 6-47(a)所示。

(2) 约束条件 2: 选择【距离】选项, 选择元素为螺钉的 RIGHT 面、阀罩的 RIGHT 面, 如图 6-47(a)所示。

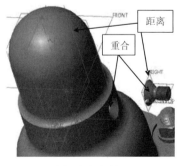

(a) 选择约束条件　　　　　　　　　(b) 螺钉装配完成

图 6-47　装配螺钉

(3) 在偏移框中输入 18。如果方向相反，可单击距离框后的【反向】按钮。

此时，显示约束状态为"完全约束"。

(4) 单击元件放置操控板上的 ✔ 按钮，完成螺钉的装配，结果如图 6-47(b)所示。

用同样的方法装配另一侧的螺钉。至此，安全阀装配完成，如图 6-48(a)所示，共计 13 种零件。

17．建立分解视图

单击【视图】选项卡模型显示子工具栏中的 分解图 按钮，则在屏幕中显示由系统自行建立的分解图，如图 6-48(b)所示。

(a) 最终装配结果

(b) 分解视图

图 6-48　装配结果及分解视图

小　结

Creo 3.0 系统提供了强大的零件装配功能模块，该模块中具有基本的装配工具和其他工具，可以帮助用户非常方便、快捷地将设计好的零件按照指定的装配关系装配在一起，形成装配体。在装配模块中，可以添加和设计新的零件，可以对单个零件进行修改编辑，还可以对元件进行阵列、镜像和替换等操作，创建分解视图等。

在学习装配知识的时候，要注意约束的使用方法和技巧。约束有不完全约束、完全约束和过度约束，前两者容易理解，而过度约束是指添加了多余的约束。

1．零件装配流程

(1) 新建零件装配文件。单击【新建】图标 ，选择文件类型为【装配】→【设计】，输入文件名，单击【确定】按钮，选用 mmns_asm_design 模板，单击【确定】按钮。

(2) 调入装配基础零件。单击【模型】选项卡中的元件子工具栏中的【装配】按钮 ，在打开对话框中选择文件名称并打开，在元件放置操控板中选择装配约束条件(通常选【默认】)。

(3) 调入其他装配零件。单击【装配】图标 ，选择其他装配零件，在元件放置操控板中选择装配约束条件，再分别指定装配件与被装配件上的元素，直至完全约束。

(4) 完成所有零件装配，装配结束。

2. 建立装配分解图流程

(1) 单击【模型】选项卡中的模型显示子工具栏，在其中单击【管理视图】图标 ，在弹出的视图管理器对话框中，切换到【分解】选项卡。

(2) 单击【新建】按钮，输入爆炸图名称，按 Enter 键。

(3) 单击【属性】按钮，进入属性设置窗口，单击【编辑位置】按钮 ～，弹出分解位置操控板。

(4) 在分解位置操控板中定义零组件运动类型，设置零组件运动参照，移动零组件，定义所有零组件在分解图中的位置。

(5) 完成分解图的创建。

也可以在【模型】选项卡中的模型显示子工具栏中单击【编辑位置】图标 编辑位置，在系统弹出的分解工具操控板中重新定义分解图中各零件的位置。

3. 装配相同零件的快捷方法

(1) 阵列元件。首先在合适的位置上装配好一个零部件，然后使用阵列的方式来装配具有规则排列的多个相同的零部件。

(2) 重复放置元件。

① 在装配体中装配一个零部件，该零部件作为重复操作的父项元件。

② 装配好之后，选择父项元件，然后在右键快捷菜单中选择【重复】命令，在弹出的重复元件对话框中定义可变装配参照，并在装配体中选择与新零部件相配合的可变参照，从而实现以重复放置的方式在装配体中添加新的相同零部件。

练 习 题

1. 简述装配设计中常用的约束条件及其用途。

2. 在设置约束条件时，一次能否同时设置多个？每个约束条件必须选择几个元素？在选择两个零件上的装配元素时，先后顺序对装配结果有没有影响？

3. 简述零件装配的基本过程。

4. 为什么要用户建立装配分解图而不用系统默认的分解图？用户自己怎样建立分解图？在多个分解图中，怎样设置要显示的分解图？

5. 装配相同零件的方法有哪些？简述其操作步骤。

6. 根据图 6-49 提供的剖视图及尺寸，设计一套装配体，其中包含底座、螺塞、销、套筒。

提示：读者可自行设计出 4 个零件，也可打开本书提供的素材文件(文件路径为 CH6/LX6)，将其装配成一副完整的机构。

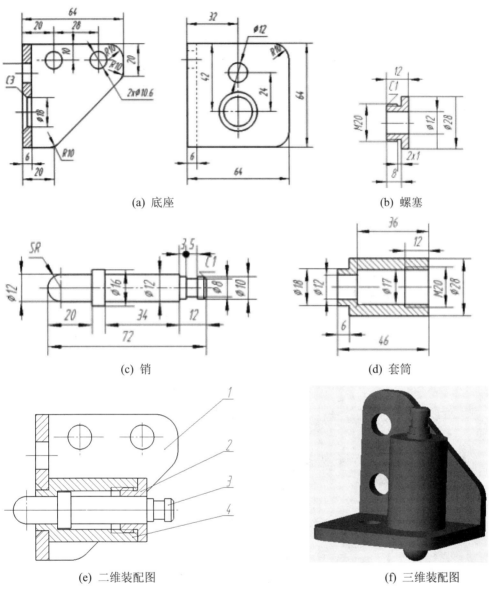

(a) 底座　　　　　　　　　　　　　(b) 螺塞

(c) 销　　　　　　　　　　　　　(d) 套筒

(e) 二维装配图　　　　　　　　　　(f) 三维装配图

图 6-49　机构尺寸

7. 根据如图 6-50(a)、(b)、(c)、(d)所示零件及尺寸，图中未注倒角为 1×45°，读者可自行创建底座、螺旋杆、螺母套、绞杠的实体零件，也可以打开本教程提供的素材文件(文件路径为 CH6/LX7)，将它们按图 6-50(e)所示的位置关系装配，并创建其分解图。

Creo 3.0项目化教学任务教程

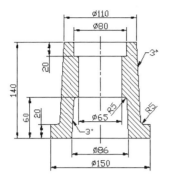

(a) 底座

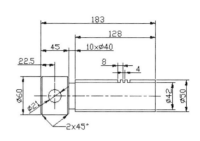

(b) 螺旋杆

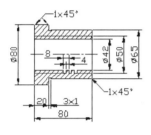

(c) 螺母套

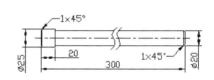

(d) 绞杠

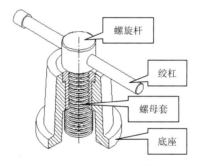

(e) 螺旋副装配示意图

图 6-50　螺旋副的组成零件及装配图

8. 利用本教程提供的素材文件，文件路径为 CH6/LX8，其中包括螺杆(T8-1)、虎钳基座(T8-2)、螺钉 1(T8-3)、钳口板(T8-4)、螺钉 2(T8-5)、活动钳身(T8-6)、螺母块(T8-7)、销(T8-8)、垫片 2(T8-9)、环(T8-10)、垫片 1(T8-11)共 11 个零件，建立如图 6-51 所示的装配图，并建立其分解图(爆炸图)。

图 6-51　机用虎钳的装配图

9. 利用本教程提供的素材文件，文件路径为 **CH6/LX9**，其中包括泵体(T9-1)、主动齿轮轴(T9-2)、轴套(T9-3)、套筒(T9-4)、压紧螺母(T9-5)、从动齿轮轴(T9-6)、键(T9-7)、从动齿轮 (T9-8)、垫片(T9-9)、泵盖(T9-10)、螺钉(T9-11)共 11 个零件，建立如图 6-52 所示的齿轮油泵装配图。

图 6-52　齿轮油泵的装配图

10. 利用本教程提供的素材文件，文件目录为 **CH6/LX10**，其中包括下箱体(T10-1)、垫片 1(T10-2)、反光片(T10-3)、油面指示片(T10-4)、螺钉 1(T10-5)、小盖(T10-6)、螺栓 1(T10-7)、箱盖 (T10-8)、垫片 2(T10-9)、气盖(T10-10)、通气塞(T10-11)、垫片 3(T10-12)、螺母 1(T10-13)、螺钉 2(T10-14)、螺栓 2(T10-15)、弹簧垫圈(T10-16)、螺母 2(T10-17)、销(T10-18)、螺塞(T10-19)、垫圈(T10-20)、从动齿轮(T10-21)、轴承 1(T10-22)、调整环 1(T10-23)、大端不通端盖(T10-24)、套筒(T10-25)、油封 1(T10-26)、从动主动齿轮轴(T10-27)、小端可通端盖(T10-28)、轴承 2(T10-29)、挡油环(T10-30)、调整环 2(T10-31)、小端不通端盖(T10-32)、从动轴(T10-33)、油封 2(T10-34)、大端可通端盖(T10-35)、键(T10-36)共 36 个零件，建立如图 6-53 所示的减速器装配图。

图 6-53　减速器的装配图

项目七 工 程 图

◆ 学习目的

在工程上零件的加工、装配、检验都要用到零件图。在 Creo 3.0 中将零件图称作为工程图。Creo 3.0 系统提供了工程图的功能，用户可以方便、快速、准确地由三维模型生成二维工程图，它包括各种基本视图、剖视图、局部放大图和斜视图等。它可以在工程图上根据设计需要标注尺寸、尺寸公差、形位公差、表面粗糙度，还可以注写注释、技术要求等内容，完全可以满足工程实际使用的需要。

本项目通过 9 个任务介绍各种工程图的生成过程、技术要求的标注、对它们的编辑处理方法、工程图的输出以及数据的交换。通过这 9 个任务，使读者对工程图的生成方法以及有关参数的使用有全面的了解，然后通过一定的练习使读者掌握这部分内容。

◆ 学习要点

1. 常规视图

常规视图就是一般视图，是由用户自定义投影方向的视图，它可以是二维视图，也可以是二维显示的立体图。第一个创建的视图必须是常规视图，这种视图也被称为父视图，它和投影视图之间具有正交投影对应关系。

2. 投影视图

投影视图是由正交投影方式得到的一种视图，也称为子视图。它是第二个及以后创建的视图，它与常规视图之间具有正交投影对应关系。

3. 截面图

截面图即剖视图，也就是剖切后投影得到的视图。生成这种视图必须有剖切面，剖切面可以在三维模型上建立，也可在生成工程图的过程中建立。在三维模型上建立剖切面相对比较容易，如果事先能够考虑到工程图绘制的需要，最好是在三维模型上建立。这样在生成工程图时只是选用已建立的剖切面，生成工程图的过程就相对简单。

4. 工程图的编辑修改

工程图是由三维模型按照一定的操作方法由软件自动生成的，其三维模型上的参数化尺寸在二维工程图中被继承下来了。创建三维模型的方法不同，工程图上显示的尺寸也就不同，往往自动生成的许多尺寸以及项目不符合我国制图标准的要求，这些内容就需要用户自己进行编辑修改。

5. 技术要求的标注

技术要求包括尺寸公差、形位公差、表面粗糙度和用文字说明的内容，它决定了零件的精度和表面质量，这些内容在工程图上都应表达出来。Creo 3.0 提供了这方面的功能，通过学习应该掌握它们，使生成的工程图能够满足工程使用的要求。

7.1 任务 47：基本视图的生成

此任务调用项目三中图 3-207 所示的零件，然后修改成如图 7-1 所示的零件。下面以该零件为例来生成基本视图。

图 7-1 零件实体

7.1.1 工程图模块的进入

(1) 单击【新建】图标 ⬜，在打开的新建对话框中选中【绘图】单选按钮，输入文件名(如 T7-1，系统默认的文件名 draw0001，扩展名为 .drw)，取消选中【使用缺省模板】复选框，单击【确定】按钮，系统弹出新建绘图对话框，如图 7-2 所示。

图 7-2 新建绘图对话框

图 7-3 打开对话框

(2) 在【默认模型】文本框中显示【无】(表示此时系统内存中没有打开的模型文件，如果有打开的文件，则此处自动显示该文件的文件名)，单击【浏览】按钮，弹出打开对话框，如图 7-3 所示。在该对话框中选择已保存文件的盘符、文件夹及文件名(例如

D:\XM7\t7-1)，然后单击【打开】按钮，则返回到新建绘图对话框，则 t7-1 自动加入到该文本框中。

(3) 在【指定模板】选项组中选中【空】单选按钮。

该选项组有 3 个选项：

① 使用模板：使用系统设置的一种模板环境。

② 格式为空：使用系统格式目录中系统自带的几种格式文件。

③ 空：表示不选择模板。

(4) 在【方向】选项组中选中【横向】图标。

该选项组有 3 个选项：

① 纵向：图纸竖放。

② 横向：图纸横向。

③ 可变：用户自定义。

(5) 在【大小】选项组的【标准大小】下拉列表框中选择 A3 图幅。

其中：A0～A4 为公制单位的图纸幅面，符合我国的制图标准；A～F 为英制单位的图纸幅面。

(6) 单击【确定】按钮，则进入工程图制作界面，如图 7-4 所示。

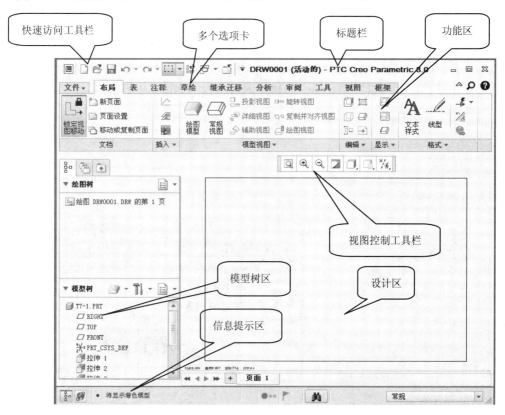

图 7-4　工程图制作界面

如果第(3)步在新建绘图对话框的【指定模板】选项组中选中【使用模板】单选按钮，则新建绘图对话框，如图 7-5 所示，选择其中的 a_drawing 模板，单击【确定】按钮，则系统自动生成 3 个视图，如图 7-6 所示。

图 7-5　新建绘图对话框

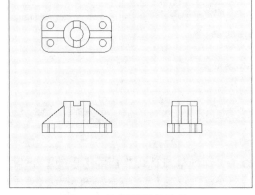

图 7-6　使用模板的结果

如果第(3)步在新建绘图对话框的【指定模板】选项组中选中【格式为空】单选按钮，然后单击【浏览】按钮，系统弹出打开对话框，如图 7-7 所示。选择系统的一种格式(如 a.frm)，单击【确定】按钮，系统返回新建绘图对话框，a.frm 格式添加到【格式】文本框中，单击【确定】按钮，结果如图 7-8 所示，得到的是一种带图框标题栏的格式，可以在此基础上进行绘图。

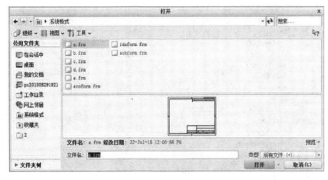

图 7-7　打开对话框

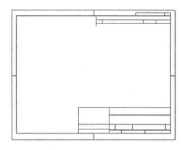

图 7-8　格式为空的结果

❖ 注意：

① Creo 3.0 的工程图制作界面与以前的 Pro/ENGINEER 相比变化比较大。

② 工程图制作界面中功能区的工具栏用处很大，基本上用它来生成工程图和进行有关操作。

③ 图 7-4 工程图制作界面的功能区有 11 个选项卡，分别为：文件、布局、表、注释、草绘、继承迁移、分析、审阅、工具、视图、框架。不同选项卡下的内容不同，系统默认是在布局选项卡下。

7.1.2　设置第一角投影

Creo 3.0 软件生成的视图默认是采用第三角投影，而我国制图标准规定采用第一角投

Creo 3.0 项目化教学任务教程

影。因此，在生成视图之前需要设置第一角投影。其步骤如下：

(1) 进入工程图界面。

(2) 单击【文件】→【准备】→【绘图属性】命令，系统弹出绘图属性对话框，如图 7-9 所示。

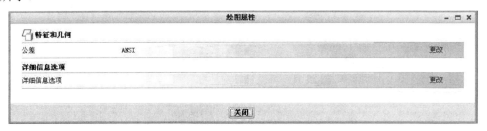

图 7-9　绘图属性对话框

(3) 单击"详细信息选项"后的【更改】命令，系统弹出选项对话框，如图 7-10 所示。

图 7-10　选项对话框

(4) 在选项对话框中的"这些选项控制视图和它们的注释"区，单击【projection_type】选项，则该选项添加到下边选项区的文本框中。

(5) 单击【值(V)】文本框中的下拉箭头，在下拉选项中单击【first_angle】命令，如图 7-11 所示。

(6) 单击【添加/更改】按钮，则第一角设置为当前值。

(7) 单击选项对话框中的【关闭】按钮，再单击绘图属性对话框中的【关闭】按钮，第一角设置完成。

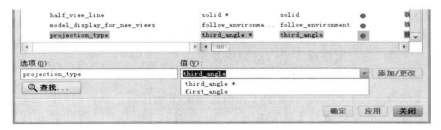

图 7-11　在选项对话框设置第一角

❖ **注意:** Pro/ENGINEER Wildfire 5.0 已经将 projection_type 的当前值设置为第一角,不需要用户再进行第一角设置。而 Creo 3.0 中 projection_type 的当前值为第三角,需要用户进行第一角的设置,否则,生成的是第三角的视图,这点用户一定要注意。

7.1.3　生成基本视图

1. 生成主视图

(1) 单击模型视图工具栏中的【常规视图】图标 ⬯,或者在绘图区单击右键,系统弹出快捷菜单,如图 7-12 所示,选择菜单中的【常规视图】命令。

(2) 系统弹出选择组合状态对话框,如图 7-13 所示,单击【确定】按钮。

图 7-12　右键快捷菜单　　　　图 7-13　选择组合状态

(3) 根据系统提示"选择绘图视图的中心点",在绘图区左上角合适位置单击,给定第一个视图的位置,则在绘图区出现零件的三维视图,同时弹出绘图视图对话框,如图 7-14 所示。

图 7-14　绘图视图对话框(1)

该对话框的【视图方向】选项组中有 3 种定向方法：

① 查看来自模型的名称：通过选择模型视图的名称来确定视图方向。

② 几何参考：通过指定参考来确定视图方向。

③ 角度：通过指定角度来确定视图方向。

(4) 在【视图方向】选项组中选中【几何参考】单选按钮，其界面如图 7-15 所示。

(5) 【参考 1】的默认值为【前】选项，在三维图上选择零件的前表面(见图 7-17)作为前面；【参考 2】的默认值为【上】选项，选择零件的顶面(见图 7-17)，即出现主视图。

(6) 单击对话框中的【确定】按钮，生成主视图，如图 7-16 所示。

图 7-15　绘图视图对话框(2)

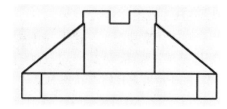

图 7-16　主视图

❖ 注意：这种方法是通过两个参考来生成主视图的，也可采用以下方法生成主视图。

① 在如图 7-14 所示的绘图视图对话框中选中【查看来自模型的名称】单选按钮，然后在【模型视图名】下方的列表框中选择 FRONT 选项。

② 单击该对话框中的【应用】按钮，即出现主视图。

③ 单击【关闭】按钮，关闭对话框即可。

这种生成方法对空间概念要求高，掌握好后用它生成一般视图操作就简单。

2. 生成俯视图

(1) 单击模型视图工具栏中的【投影】图标 投影视图，或者在绘图区单击右键，在弹出的快捷菜单选择【投影视图】命令。

(2) 根据系统提示，在主视图的下方单击，则生成俯视图，如图 7-17 所示。

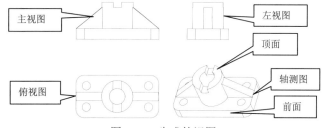

图 7-17　生成的视图

3. 生成左视图

(1) 在绘图区空白处单击左键，退出俯视图的选择状态。再次单击工具栏中的【投影】

图标 投影视图。

(2) 根据系统提示，先选取主视图作为父视图，然后在主视图的右方单击，则生成左视图，如图 7-17 所示。

4. 生成轴测图

(1) 单击模型视图工具栏中的【常规视图】图标 。

(2) 系统弹出如图 7-13 所示的选择组合状态对话框，单击【确定】按钮。

(3) 根据系统提示，在绘图区右下角单击，再单击对话框中的【确定】按钮，即生成轴测图，结果如图 7-17 所示。

❖ **注意**：轴测图主要是为了读图方便，它一般是作为最后一个视图添加到设计区。

如果对生成的轴测图显示方位不满意，可进行如下操作。

① 在零件界面打开三维零件，将其转动到合适位置，再单击视图控制工具栏的【已保存方向】图标，如图 7-18 所示。

② 系统弹出下拉列表，在其中选择【重定向(O)】命令。

③ 系统弹出方向对话框，如图 7-19 所示，在对话框的【名称】文本框中输入名字(如A)，然后单击【保存】→【确定】按钮。

④ 再单击工具栏的【保存】图标 ，然后单击保存对象对话框中的【确定】按钮。

⑤ 回到工程图界面，单击模型视图工具栏中的【常规视图】图标 。

⑥ 系统弹出如图 7-13 所示的选择组合状态对话框，单击【确定】按钮。

⑦ 根据系统提示，在绘图区右下角单击给定图形位置，在弹出的如图 7-14 所示的绘图视图对话框中的【模型视图名】列表框中选择 A，然后单击对话框中的【确定】按钮，即生成轴测图，结果如图 7-20 所示。

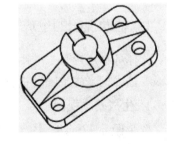

图 7-18 已保存方向的下拉列表　　图 7-19 方向对话框　　图 7-20 生成的 A 方向的轴测图

❖ **注意**：

① 第一个生成的视图只能选择【常规视图】命令，这个视图称为父视图。

Creo 3.0 项目化教学任务教程

② 如果选择【投影视图】命令，则这个视图为子视图，它和前边绘制的常规视图之间具有正交投影对应关系。

5. 工程图上圆角投影的处理

在图 7-17 所示的主、左视图以及轴测图上，系统默认显示出圆角的切线。而我国制图标准规定不显示出圆角的切线，可以按照以下步骤进行操作去掉圆角的切线：

(1) 双击主(左、轴测)视图，系统弹出如图 7-14 所示的绘图视图对话框。

(2) 单击【类别】选项下的【视图显示】命令，对话框的界面发生了变化，如图 7-21 所示。

(3) 单击【相切边显示样式】的下拉列表中的【无】命令。

(4) 单击绘图视图对话框中的【确定】按钮，则去掉了圆角的切线，结果如图 7-22 所示。

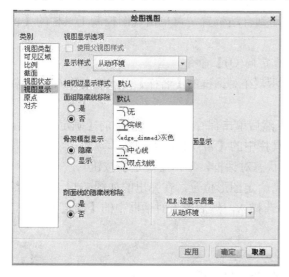

图 7-21　绘图视图的视图显示内容

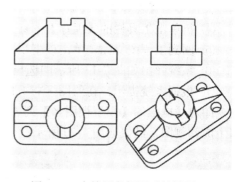

图 7-22　去掉圆角投影后的视图

7.2　任务 48：辅助视图和详细视图的生成

辅助视图相当于我国制图标准中的斜视图，而详细视图相当于局部放大图。

7.2.1　辅助视图的生成

此任务调用项目二中图 2-51 所示的零件，然后修改成如图 7-23(a)所示的零件，下面以该零件为例来生成辅助视图和详细视图。

1. 生成基本视图

按照任务 47 的步骤生成主视图、左视图、俯视图和轴测图，结果如图 7-23(b)所示(步骤此处略，此图比例设为 4)。

在此基础上生成斜视图，生成斜视图的方法有：通过前侧曲面生成斜视图；通过穿过前侧曲面的轴生成斜视图。

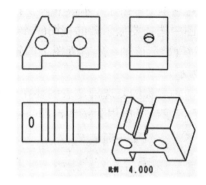

(a) 零件实体　　　　　　　　　　(b) 基本视图

图 7-23　零件实体及基本视图

2. 通过前侧曲面生成斜视图

(1) 单击模型视图工具栏中的【辅助】图标 辅助视图，或者在绘图区单击右键，在弹出的快捷菜单选择【辅助视图】命令。

(2) 根据系统提示"在主视图上选取穿过前侧曲面的轴或作为基准曲面的前侧曲面的基准平面"，在主视图上选取左上斜线。

(3) 在主视图右下角位置单击，以确定辅助视图的放置位置。这样系统就以垂直这条斜线所在的平面为观察方向，生成辅助视图，如图 7-24 所示。

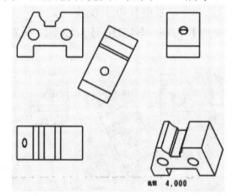

图 7-24　通过前侧曲面生成的斜视图

❖ **注意**：辅助视图与正交视图的生成方法有以下几点不同。

① 视图类型应选择【辅助视图】命令。

② 观察方向与零件上要表达的倾斜部位垂直。

③ 它是将零件沿着观察方向全部的投影。

若选择通过"在主视图上选取穿过前侧曲面的轴"生成辅助视图，则在这种情况下工程图上要显示出轴线。

3. 显示轴线的操作步骤

(1) 在功能区单击【注释】选项卡，切换到注释选项卡下。

(2) 在注释工具栏中单击【显示模型注释】图标 ，系统弹出显示模型注释对话框，如图 7-25 所示。

(3) 在对话框中单击【显示模型基准】图标 ，在类型的下拉列表中选择【轴】命令。

(4) 在图中选择要显示轴的视图(在该视图是显示所有轴的轴线)，或者在模型树中选择带有轴的特征(显示该轴在所有视图上的轴线)，则在显示模型注释对话框中显示轴的名称，如图 7-26 所示。

(5) 单击轴名称的复选框，表明要在视图上显示该轴(同一轴线在不同图上名称相同，要注意观察)，单击【应用】按钮，即显示出轴线。

图 7-25　显示模型注释对话框　　　图 7-26　在显示模型注释对话框中显示出轴的名称

如果要继续显示其他轴线，则重复进行以上操作。

(6) 单击对话框中的【取消】按钮，则退出显示模型注释对话框，即在图上显示出轴线，结果如图 7-27 所示。

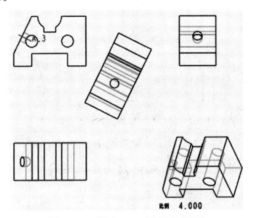

图 7-27　带有 A_3 轴线的视图

4. 通过"在主视图上选取穿过前侧曲面的轴"生成辅助视图

(1) 在功能区单击【布局】选项卡，切换到布局选项卡下。

(2) 单击模型视图工具栏中的【辅助】图标 ◇ 辅助视图。

(3) 根据系统提示"在主视图上选取穿过前侧曲面的轴或作为基准曲面的前侧曲面的基准平面"，在主视图上选取斜面上孔的轴线 A_3。

(4) 在主视图右下角位置单击，以确定辅助视图的放置位置。这样系统就以这条轴线为观察方向，生成辅助视图，如图 7-28 所示。

❖ **注意**：此处是为了介绍生成辅助视图的 2 种方法，而生成了 2 个斜视图。实际使用中，需要一个就行，可删除一个斜视图。

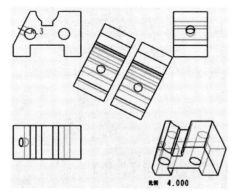

图 7-28　通过穿过前侧曲面的轴生成的斜视图

7.2.2　详细视图的生成

(1) 单击模型视图工具栏中的【详细】图标 🔎 详细视图，或者在绘图区单击右键，在弹出的快捷菜单选择【详细视图】命令。

(2) 根据系统提示"在一现有视图上选取要查看细节的中心点"，在主视图中间切槽上选择一点，则出现一绿色"×"号。

(3) 根据系统提示"草绘样条，不相交其他样条，来定义一轮廓线"，直接用鼠标在切槽部位草绘一封闭边界线，将放大部位圈住，然后单击鼠标中键，则在放大部位出现一圆，以及"查看细节 A"的注释。

(4) 在绘图区合适位置选择一点，生成的局部放大图如图 7-29 所示。

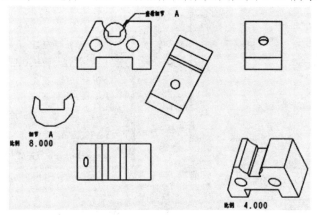

图 7-29　局部放大图

❖ **注意**：局部放大图与正交视图的生成有以下几点不同：

① 视图类型应选择【详细视图】命令。

② 在某一视图上需要指明表达细节的中心点及范围。

③ 它是将原图放大 2 倍生成的。

7.3 任务 49：各种截面图的生成

对于零件的表达，往往只用几个基本视图是表达不清楚的，尤其是对于内部结构比较复杂的零件，就需要用剖视图来进一步表达。工程图中的截面图，就是我们通常所说的剖视图。下面以如图 7-1 所示的三维零件为例来建立各种剖视图。

7.3.1 全剖视图

1. 打开三维零件 T7-1.prt

(1) 在左上角快速访问工具栏中单击【打开】图标 📂。

(2) 系统弹出文件打开对话框，在其中选取 T7-1.prt，然后单击对话框中的【打开】按钮。

2. 对筋板简化表示

按照制图标准规定，在创建剖视图时，零件上的筋板特征是不剖切的。因此，对筋板特征需要进行处理，处理的思路是：在零件界面中创建一个筋板的简化表示，将该简化表示应用到工程图，在工程图中将筋板的轮廓用草绘图元表示出来，然后在零件界面将简化的筋板排除，以达到筋板不被剖切的效果。

(1) 在零件界面的视图控制工具栏中单击【视图管理器】图标 ▦，系统弹出视图管理器对话框，如图 7-30 所示。

(2) 在该对话框中单击【简化表示】选项卡，再单击【新建】按钮，采用系统默认的名称 Rep0001，并按回车键，系统弹出编辑方法菜单，如图 7-31 所示。

(3) 单击菜单中的【完成/返回】命令，再单击视图管理器对话框中的【关闭】按钮。

图 7-30 视图管理器对话框

图 7-31 编辑方法菜单

3. 进入工程图界面

(1) 在快速启动工具栏中单击【新建】图标 🗋，系统弹出新建对话框。

(2) 在新建对话框中选择【绘图】单选项，在名称文本框中输入文件名称 T7-34，取消使用缺省模板，单击【确定】按钮，系统弹出新建绘图对话框，如图 7-32 所示。

(3) 在新建绘图对话框的标准大小下拉列表中选择 A4 选项，其余采用默认值，单击【确定】按钮，系统弹出打开表示对话框，如图 7-33 所示。

(4) 在打开表示对话框中选择简化表示 REP0001，单击【确定】按钮。

图 7-32　新建绘图对话框

图 7-33　打开表示对话框

4. 设置第一角投影

按照 7.1.2 小节的操作步骤设置第一角投影。

5. 生成主视图

(1) 单击模型视图工具栏中的【常规视图】图标 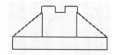，或者在绘图区单击右键，在弹出的快捷菜单中选择【常规视图】命令。

(2) 在系统弹出的选择组合状态对话框中单击【确定】按钮。

(3) 根据系统提示"选择绘图视图的中心点"，在绘图区左上角合适位置单击，给定第一个视图的位置，则在绘图区出现零件的三维视图，同时弹出绘图视图对话框。

(4) 在【视图方向】选项组中采用【查看来自模型的名称】单选按钮，在模型视图名的下拉列表中选择 FRONT 选项，单击【应用】按钮。

(5) 在绘图视图对话框中的类别区选择【视图显示】选项，在显示样式下拉列表中选择【消隐】选项，在相切边显示样式下拉列表中选择【无】选项，单击【确定】按钮，生成了主视图，如图 7-34 所示。

图 7-34　主视图

6. 生成左视图

(1) 单击模型视图工具栏中的【投影】图标 投影视图，或者在绘图区单击右键，在弹出的快捷菜单选择【投影视图】命令。

(2) 根据系统提示，在主视图的左方单击，则生成左视图。

(3) 双击左视图，在绘图视图对话框中的类别区选择【视图显示】选项，在显示样式下拉列表中选择【消隐】选项，在相切边显示样式下拉列表中选择【无】选项，单击【确定】按钮，生成的左视图如图 7-35 所示。

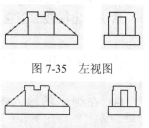

图 7-35　左视图

7. 生成俯视图

(1) 选取主视图，单击模型视图工具栏中的【投影】图标 投影视图。

(2) 根据系统提示，在主视图的下方单击，则生成俯视图，如图 7-36 所示。

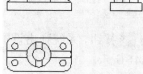

图 7-36　俯视图(三视图)

8. 创建草绘边

(1) 在功能区单击【草绘】选项卡，系统切换到【草绘】选项卡下，如图 7-37 所示。

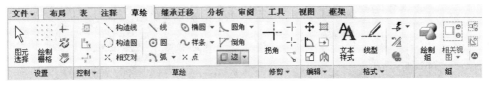

图 7-37　草绘工具栏

(2) 在草绘工具栏单击【边】图标 ，按住 Ctrl 键，依次选取图 7-38 中线 1、线 2、线 3 共 5 条线，最后单击鼠标中键完成。

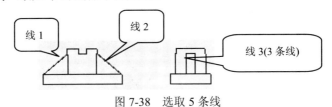

图 7-38　选取 5 条线

9. 生成全剖视的主视图

(1) 在设计区双击主视图，系统弹出绘图视图对话框，如图 7-39 所示。

图 7-39　绘图视图对话框中的剖面选项

(2) 在对话框的类别区单击【截面】选项，在截面选项区单击【2D 横截面】单选项，然后单击【 ＋ 】按钮，单击【新建…】命令，系统弹出横截面创建菜单，如图 7-40 所示。

(3) 在菜单中选择【平面/单一/完成】命令。

(4) 在弹出的输入横截面名文本框 中输入 A，单击 按钮，系统弹出设置平面菜单，如图 7-41 所示。

图 7-40　横截面创建菜单　　图 7-41　设置平面菜单

(5) 在俯视图上选取 FRONT 基准面作为剖切面，则主视图变为全剖视图。

(6) 单击对话框中的【确定】按钮确认，全剖视图如图 7-42 所示。

如果需要剖切符号的标注，则继续执行(7)。

(7) 选择主视图，单击鼠标右键，在弹出的快捷菜单中选择【添加箭头】命令，如图 7-43 所示。

(8) 系统提示"给箭头选出一个截面在其处垂直的视图，中键取消"，在俯视图上任意位置单击，即在俯视图中出现剖切符号及箭头，如图 7-44 所示。

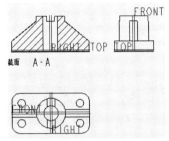

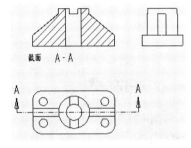

图 7-42　全剖视的主视图　　　图 7-43　右键快捷菜单　　　图 7-44　带标注的视图

10. 修改筋板的简化表示

(1) 单击快速启动工具栏的【窗口】图标，单击三维零件名 T7-1.PRT 切换到零件界面。

(2) 在零件界面的视图控制工具栏中单击【视图管理器】图标，系统弹出视图管理器对话框，如图 7-30 所示。

(3) 在该对话框中的【简化表示】选项卡下选择零件名称 Rep0001，单击【编辑】按钮，系统弹出下拉列表，如图 7-45 所示。

(4) 在下拉列表中单击【重新定义】命令，系统弹出编辑方法菜单，如图 7-46 所示。

图 7-45　编辑的下拉选项　　　　图 7-46　编辑方法菜单

(5) 单击菜单中的【特征】命令，系统又弹出增加/删除特征菜单，如图 7-47 所示。

(6) 默认选择菜单中的【排除】命令，然后按住 Ctrl 键，在模型树中选择 轮廓 筋 1 和 镜像 1。

(7) 依次单击菜单中的【完成】命令和【完成/返回】命令，再单击对话框中的【关闭】按钮，完成了简化表示的修改。

(8) 切换到工程图界面，结果如图 7-48 所示。

Creo 3.0项目化教学任务教程

图7-47 编辑的下拉选项

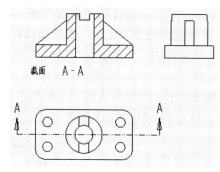

图7-48 最终的视图

7.3.2 半剖视图

半剖视图的生成过程与全剖视图相似，只是显示出一半视图、一半剖视。此处将全剖视图直接改为半剖视图。

(1) 在主视图上双击，系统弹出绘图视图对话框，选择【截面】→【2D 截面】→单击【 + 】按钮→选择名称 A，在【剖切区域】列选择【半倍】选项，如图7-49所示。

(2) 选取 RIGHT 基准面作为参考平面。

(3) 主视图上出现向右的箭头，箭头指向被剖切的一半，再单击【确定】按钮，则主视图变为半剖视，如图7-50所示。

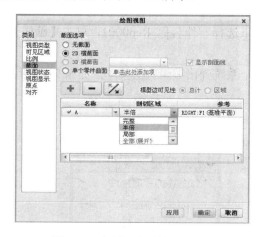

图7-49 半剖视选项的设置

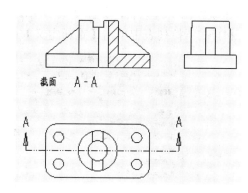

图7-50 半剖视的主视图

❖ 注意：

① 此处第(3)步中直接选用了剖截面 A，是因为在7.3.1中已经建立了剖截面 A。

② 在第(4)步中如果要剖左半边，可单击图形的左半边即可。

③ 如果半剖视图的分界线是实线，则可按照7.2.1 小节的显示轴线的操作步骤来操作，显示出孔的轴线，结果如图7-51所示。

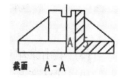

图7-51 显示轴线

技巧：对于剖截面的创建，可以在生成剖视图的过程中创建，如7.3.1 小节；也可以在三维实体上创建，在生成剖视图时直接调用。

这种方法的操作步骤为：

(1) 打开实体图 T7-1，在零件界面的视图控制工具栏中单击【视图管理器】图标 ，系统弹出视图管理器对话框，如图 7-52 所示。

(2) 在对话框选择【截面】→【新建】按钮，选择【平面】命令，在文本框中输入剖截面名称 B，按回车键，系统弹出剖截面创建操控板，如图 7-53 所示。

(3) 选取 RIGHT 基准面作为剖切面。

图 7-52 视图管理器对话框

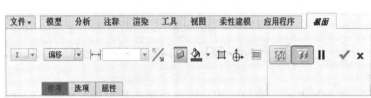

图 7-53 剖截面创建操控板

(4) 此时三维零件被剖切，可以看到一红色的箭头，如图 7-54 所示。如果要改变剖切方向，则单击剖截面创建操控板中的【反向横截面的修剪方向】图标 即可。

❖ 注意：系统默认的是【预览并修剪】，因此看到的是被剖截面修剪后的立体图。如果想得到完整的实体图，则单击剖截面创建操控板中的【预览而不修剪】图标 ，结果如图 7-55 所示。

(5) 单击剖截面创建操控板中的【确认】图标 。

(6) 再单击视图管理器对话框中的【关闭】按钮，即创建了剖截面 B。

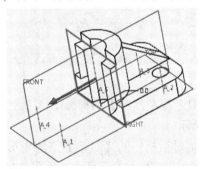

图 7-54 剖截面的箭头及预览并修剪

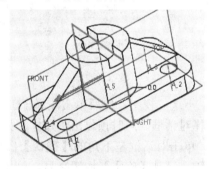

图 7-55 预览而不修剪

7.3.3 局部剖视图

为了表达零件内部的细小结构，可以采用局部剖视图。此处将半剖视图直接改为局部剖视图。

(1) 在主视图上双击，系统弹出绘图视图对话框，选择【截面】→【2D 截面】单选按钮→单击 →选择名称 A，在【剖切区域】列选择【局部】选项，如图 7-49 所示。

(2) 系统提示"选择截面间断的中心点"，在主视图中上部的缺口上单击，出现蓝色的"×"号。

(3) 系统提示"绘制样条线，来定义一个轮廓"，用鼠标左键直接在主视图上绘制封闭的样条线，将要局剖的部分圈住，如图 7-56 所示。绘制完成后，单击中键结束。

(4) 单击对话框中的【确定】按钮，则半剖的主视图变为局部剖视图，如图 7-57 所示。

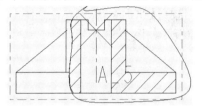

图 7-56　局部剖视间断的中心点

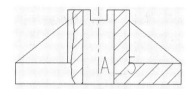

图 7-57　局部剖视图

7.4　任务 50：工程图的尺寸标注及工程图的编辑

工程图是由三维模型按一定方法由系统自动生成的，创建三维模型时的参数化尺寸在二维工程图中也被继承下来，用户可以显示或者隐藏这些参数化尺寸，也可以根据工程图的需要创建非参数化的尺寸。

下面以任务 49 所生成的工程图 7-48 为例进行讲述。

7.4.1　尺寸标注

1．显示尺寸

(1) 单击【注释】选项卡，系统弹出注释工具栏，如图 7-58 所示。

图 7-58　注释工具栏

(2) 框选三视图，然后单击注释子工具栏的【显示模型注释】图标，系统弹出显示模型注释对话框，同时预显出了尺寸，如图 7-59 所示。

(3) 单击对话框左下角的【确认】图标，则对话框中的【显示】下的矩形框均打上了对钩，而且【确定】按钮亮显，单击【确定】按钮，则生成了尺寸，如图 7-60 所示。

图 7-59　显示模型注释对话框

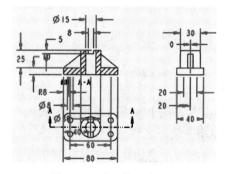

图 7-60　显示的尺寸

技巧：

也可用另一种方法显示尺寸：

① 在左边模型树中右击特征"拉伸 1"，系统弹出右键快捷菜单，如图 7-61 所示。

② 在其中选择【显示模型注释】命令，系统弹出显示模型注释对话框，同时预显出了尺寸。

③ 单击对话框左下角的【确认】图标 ☑−，单击【确定】按钮，则生成了这个特征的尺寸，如图 7-62 所示。

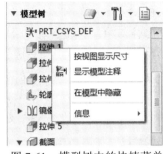

图 7-61　模型树中的快捷菜单

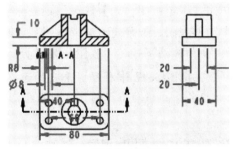

图 7-62　显示某个特征的尺寸

用同样方法可以生成其他特征的尺寸。

2．整理尺寸

由于工程图上的尺寸是自动生成的，同一视图中的尺寸可能互相交错，造成图面的混乱，这就需要进行整理。下面以图 7-60 为例进行讲述。

(1) 用矩形框在绘图区选取全部图形及尺寸，单击【注释】选项卡，再单击注释子工具栏的【清理尺寸】图标 ⫶⫶ 清理尺寸，系统弹出清除尺寸对话框，如图 7-63 所示。

❖ **注意：**中文版将其命令译为【清除尺寸】，这是不确切的。

(2) 单击对话框中的【应用】按钮，再单击【关闭】按钮，结果如图 7-64 所示。

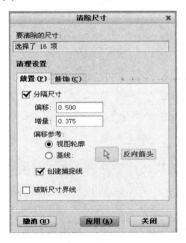

图 7-63　清除尺寸对话框

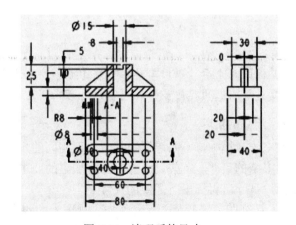

图 7-64　清理后的尺寸

❖ **注意：**【清除尺寸】对话框中的【偏移】文本框中的数值表示第一个尺寸到视图轮廓的距离。【清除尺寸】对话框中的【增量】文本框中的数值表示同一方向的多个尺寸相互间的距离。这些数值可以更改，更改后就以新值作为该距离，进行尺寸显示。

7.4.2 工程图的编辑

工程图的编辑修改是多方面的，这里从以下几个方面进行介绍。

1．视图的修改

(1) 移动视图：

① 在绘图区单击右键，系统弹出快捷菜单，如图 7-65 所示。

② 单击【锁定视图移动】选项，则去掉了该命令前的√。

③ 单击俯视图，则俯视图被带有控制点的红色线框围住。将鼠标指针移动到线框内，当鼠标指针变为移动符号时，按住左键移动鼠标至下面合适位置后松开，则完成移动。

❖ 注意：当主视图(父视图)移动时，它的子视图(俯、左视图)也随之移动，它们之间始终保持投影对应关系。移动子视图，只能沿投影方向移动，不能随意移动。

(2) 删除视图：

① 选取俯视图，使其出现带有控制点的线框，单击鼠标右键弹出快捷菜单，如图 7-66 所示。

② 选择【删除】命令，则主视图被删除。

图 7-65　快捷菜单(1)　　　　　图 7-66　快捷菜单(2)

❖ 注意：

① 视图删除后可以用工具栏中的【撤销删除】图标 ↶ 恢复。

② 对视图上的其他多余的内容，也可采用这种方法进行删除。

2．尺寸的拭除

在三维建模中，不同特征经常会出现相同的尺寸，这些尺寸全部出现在工程图中时就会产生多余的尺寸。有些尺寸并不符合加工的要求或不符合制图标准的要求，应将这些尺寸拭除。拭除后再标出所需要的尺寸。

(1) 在视图中选择某一尺寸，如主视图上的 40，该尺寸被高亮显示并出现控制点。

(2) 右击尺寸则弹出快捷菜单，如图 7-67 所示，选择【拭除】命令，则所选尺寸被拭除。用这种方法拭除图形上不需要的尺寸。

💡 技巧：为了提高效率，也可按住 Ctrl 键选择多个尺寸，进行拭除操作。

❖ **注意**：对于不同的内容，其右键快捷菜单的内容不同，可利用其中的命令对尺寸或图形进行修改。

3．在视图内移动尺寸

(1) 选择需移动的尺寸，则尺寸被加亮显示，并出现控制点。

(2) 当鼠标指针变为移动符号时，移动鼠标指针至合适位置松开，则将该尺寸移至新的位置。

4．在视图之间移动尺寸

(1) 选择需移动的尺寸(如主视图上 R8)，则尺寸加亮显示并出现控制点。

(2) 右击尺寸，弹出右键快捷菜单，如图 7-67 所示。

(3) 选择【移动到视图】命令，系统提示选择目标视图。

(4) 在俯视图上单击，则该尺寸移动到俯视图上，如图 7-68 所示。

用同样方法，将 $\phi 8$ 从主视图上移动到俯视图上；将 20 从左视图上移动到俯视图上。

图 7-67　快捷菜单(3)

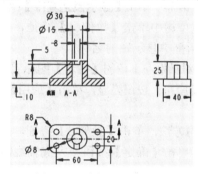

图 7-68　编辑后图形及尺寸

5．将尺寸箭头反向

(1) 选择俯视图上尺寸 20。

(2) 当鼠标指针变为移动符号时，右击则弹出右键快捷菜单，如图 7-67 所示。

(3) 选择【反向箭头】命令，则箭头反向。

这样该尺寸看起来就清晰了，对于一些小尺寸经常要这样处理。

6．删除掉图中的捕捉线

图中的虚线，是生成工程图时系统自动产生的，叫捕捉线。删除的方法为：

(1) 按住 Alt 键选择捕捉线。

(2) 当两端出现矩形框时单击 Delete 键即可。

也可按住 Alt 键选择捕捉线后，当两端出现矩形框时，单击鼠标右键，在快捷菜单中选择【删除】命令进行删除。

 技巧：当捕捉线比较多时，也可按住 Alt 键，用矩形框框选，然后单击 Delete 键删掉。

7.4.3　改变视图比例

整个视图的比例，一般是由配置文件设置，也可在工程图中进行修改。

(1) 双击图面左下角的比例 0.500，系统弹出输入文本框，如图 7-69 所示。

(2) 系统弹出输入文本框，提示输入比例的值，在文本框中输入 0.75。

(3) 单击 ✓ 按钮，所有视图均为原来的 1.5 倍显示，左下角比例也改成 0.75。

图 7-69　在输入文本框改变比例

7.4.4　显示中心线(轴线)

对于回转体特征(如圆柱、圆孔)，工程图中应具有中心线。显示轴线的方法为：

(1) 在功能区单击【注释】选项卡，切换到注释选项卡下。

(2) 在注释工具栏中单击【显示模型注释】图标 🖿，系统弹出显示模型注释对话框，如图 7-70 所示。

(3) 在对话框中单击【显示模型基准】图标 🖳，在类型的下拉列表中选择【轴】命令。

(4) 在模型树中单击【拉伸 1】特征，在各个视图上显示该特征中轴的轴线，在显示模型注释对话框中显示轴的名称。

(5) 单击对话框左下角的【确认】图标 ✅，则对话框中的【显示】下的矩形框均打上了对钩，而且【应用】按钮亮显，单击【应用】按钮，则在各个视图上显示出轴线，如图 7-71 所示。

用同样的方法，单击【拉伸 3】特征，显示出中间 ϕ15 孔的轴线。

(6) 最后单击【确定】按钮，完成轴线的显示，结果如图 7-71 所示。

图 7-70　显示模型注释对话框

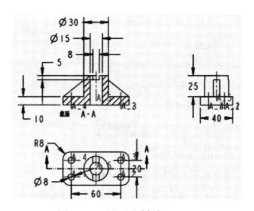

图 7-71　显示出轴线

7.4.5　进一步编辑尺寸

经过以上的编辑处理，视图上的尺寸比原来清晰多了。但是，还缺筋板的尺寸，竖直方向的尺寸数字字头方向向上，不符合尺寸标注的要求，下面进一步编辑处理。

1. 标注筋板尺寸

(1) 在注释子工具栏中单击【尺寸】图标 📏尺寸，系统弹出选择参考对话框，如图 7-72

所示。

(2) 在该对话框中默认为【选择图元】命令，然后在左视图上选择筋板的竖线，将鼠标光标移动到合适位置，单击鼠标中键确定标注位置，即标注出筋板高度尺寸。

(3) 再在左视图上选择筋板最左、最右素线，移动鼠标光标至顶上位置单击中键，即标注出筋板宽度尺寸。

(4) 单击选择参考对话框中的【取消】按钮，退出该对话框，结果如图 7-73 所示。

图 7-72　选择参考对话框

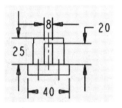

图 7-73　注出筋板尺寸

2. 修改竖直方向的尺寸数字字头方向

(1) 单击【文件】→【准备】→【绘图属性】命令，系统弹出绘图属性对话框。

(2) 单击"详细信息选项"后的【更改】命令，系统弹出选项对话框，如图 7-74 所示。

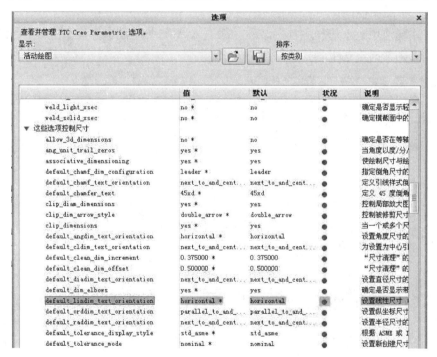

图 7-74　选项对话框

(3) 在选项对话框中的"这些选项控制尺寸"区，单击【default_lindim_text_orientation】选项，则该选项添加到下边选项区的文本框中。

(4) 单击"值"文本框中的下拉箭头，在下拉选项中单击【parallel_to_and_above_leader】选项，如图 7-11 所示。

(5) 单击【添加/更改】按钮。

(6) 单击选项对话框中的【确定】按钮，再单击绘图属性对话框中的【关闭】按钮，设置完成。

(7) 单击设计区的视图控制工具栏的【重画】图标 ，则竖直方向的尺寸数字字头方向变为朝左，如图 7-75 所示。

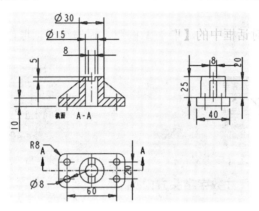

图 7-75　竖直尺寸字头朝左

3. 编辑视图名称

(1) 在注释选项卡下选择主视图名称"截面 A-A"，拖住将其移动到主视图上方。

(2) 单击则弹出格式工具栏，如图 7-76 所示。

图 7-76　格式工具栏

(3) 在格式工具栏单击【文本】命令，弹出下拉选项，如图 7-77 所示。

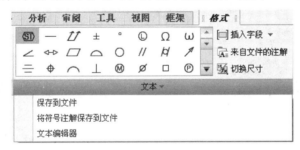

图 7-77　文本下拉选项

(4) 单击【文本编辑器】命令，系统弹出记事本，如图 7-78 所示。

(5) 在记事本中选择"{0:截面}{1:}{2: }"部分内容，单击 Delete 键将其删除。

(6) 单击记事本中的【关闭】按钮 ，并进行保存，则主视图中名称只剩下 A-A，如图 7-79 所示。

❖ 注意：如果不需要名称及剖切位置的标注，则删除掉即可。

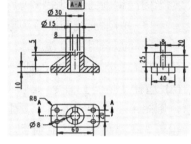

图 7-78　记事本　　　　　　　　　　图 7-79　编辑后的视图名称

7.4.6　编辑剖面线

(1) 双击剖面线，系统弹出修改剖面线菜单，如图 7-80 所示。其中有关项目为：

- 间距：剖面线的疏密程度。
- 角度：剖面线的倾斜角度。
- 偏移：剖面线的偏置距离。
- 线型：剖面线的线型。
- 新增直线：在剖面线中增加线。
- 保存：存储设定好的剖面线，以便调用。
- 检索：打开系统内部设定好的不同材料的剖面线，以供调用。
- 拭除：拭除剖面线。
- 剖面线：采用标准方式的剖面线。
- 填充：用色块填充。

(2) 选择【间距】命令，系统弹出修改模式菜单，如图 7-81 所示。其中项目为：

- 单一：只修改在视图中选择的剖面线。
- 整体：修改视图中的所有剖面线。

图 7-80　修改剖面线菜单　　　图 7-81　修改模式的间距菜单　　　图 7-82　修改模式的角度菜单

Creo 3.0项目化教学任务教程

- 半倍：将剖面线间距改为原来的一半。
- 双倍：将剖面线间距改为原来的两倍。
- 值：间距由用户输入。

(3) 选择【半倍】命令，则视图上的剖面线变密，间距为原来的一半。

(4) 选择【角度】命令，【修改模式】菜单发生变化，如图 7-82 所示。选择一个角度数值，则图形上剖面线的角度发生变化。

也可选择菜单中的其他项目，按照系统提示进行相应修改。

7.5 任务 51：尺寸公差的标注

下面以如图 7-83 所示的零件为例进一步介绍工程图的生成以及尺寸公差的标注。

图 7-83　零件模型

7.5.1 进入工程图模块

(1) 单击【新建】图标 ，在打开的新建对话框中选中【绘图】单选按钮，输入文件名(如 T7-85)，取消选中【使用缺省模板】复选框，单击【确定】按钮，系统弹出新建绘图对话框。

(2) 单击【浏览】按钮，系统弹出打开对话框，在其中选择已存文件 T7-83，然后单击【打开】按钮，则 T7-83 加载到新制图对话框的文本框中。

(3) 在【指定模板】选项组中选中【空】单选按钮，在【方向】选项组中选择【横向】图标，在尺寸文本框中选择 A3 幅面。

(4) 单击【确定】按钮，则进入工程图界面。

7.5.2 设置第一角投影

(1) 单击【文件】→【准备】→【绘图属性】命令，系统弹出绘图属性对话框。

(2) 单击绘图属性对话框的"详细信息选项"后的【更改】命令，系统弹出选项对话框。

(3) 在选项对话框中的"这些选项控制视图和它们的注释"区，单击【Projection_type】选项，则该选项添加到下边选项区的文本框中。

(4) 单击"值"文本框中的下拉箭头，在下拉选项中单击【first_angle】命令。

(5) 单击【添加/更改】按钮，则第一角设置为当前值。

(6) 单击选项对话框中的【关闭】按钮，再单击绘图属性对话框中的【关闭】按钮，第一角设置完成。

7.5.3 生成工程图

1．生成俯视图

(1) 单击模型视图工具栏中的【常规视图】图标 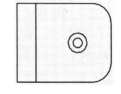。

(2) 系统弹出选择组合状态对话框，单击【确定】按钮。

(3) 根据系统提示"选取绘制视图的中心点"，在绘图区左下角位置单击，则在绘图区出现零件的三维视图，同时弹出了【绘图视图】对话框。

(4) 在该对话框中的【视图方向】选项组中选中【查看来自模型的名称】单选按钮。

(5) 在此对话框中的【模型视图名】列表中选择 TOP，单击【确定】按钮，即生成了俯视图，如图 7-84 所示。

图 7-84 生成的俯视图

2．生成局剖的主视图

(1) 选择俯视图，然后单击鼠标右键，在弹出的快捷菜单中选择【投影视图】命令，在俯视图的上方单击，则生成无剖面的主视图。

(2) 在主视图上双击，系统弹出绘图视图对话框，选择【截面】选项→【2D 截面】单选按钮→单击 ➕ →选择【平面/单一/完成】命令→输入名称 A，单击 ✔ 按钮。

(3) 选择 FRONT 基准面作为剖切面，在【剖切区域】下拉项目中选择【局部】选项。

(4) 系统提示"选取截面间断的中心点"，在主视图右边小孔上单击，出现蓝色的"×"号。

(5) 在主视图上小孔外部绘制封闭的样条线，将要局剖的部分圈住，单击中键结束绘制。

(6) 单击对话框中的【确定】按钮，则主视图变为局部剖视图，如图 7-85 所示。

(7) 双击主视图，在弹出的绘图视图对话框的【类别】区选择【视图显示】命令，界面如图 7-86 所示，可以看到【相切边显示样式】为【缺省】命令。

(8) 单击其下拉箭头，选择【无】命令。

(9) 单击对话框中的【确定】按钮，则主视图上去掉了圆角切线的投影，结果如图 7-87 所示。

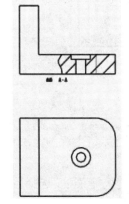

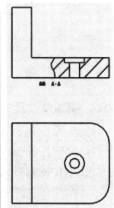

图 7-85 生成的工程图　　　　图 7-86 视图显示界面　　　　图 7-87 无圆角切线的工程图

❖ **注意**：第(7)～(9)步是去掉圆角切线的投影。

 技巧：对于视图上相切边的投影，均可采用这种方法进行处理。

3. 显示尺寸

(1) 采用 7.4.5 小节的修改竖直方向的尺寸数字字头方向的方法，将竖直方向的尺寸数字字头方向改为向左。

(2) 在功能区单击【注释】选项卡，切换到注释选项卡下。

(3) 选择主、俯视图，单击鼠标右键，在弹出的快捷菜单中选择【显示模型注释】命令，系统弹出显示模型注释对话框，同时显示出了尺寸。

(4) 单击对话框左下角的【确认】图标 █，则对话框中的【显示】下的矩形框均打上了对钩，单击【应用】按钮，则生成了尺寸，如图 7-88 所示。

4. 显示轴线

(1) 在对话框中单击【显示模型基准】图标 █，在类型的下拉列表中选择【轴】命令。

(2) 选择主视图，系统在显示模型注释对话框中显示出了轴的名称。

(3) 单击对话框左下角的【确认】图标 █，单击【应用】按钮，则生成了主视图上的轴线。

(4) 用同样的方法，生成俯视图上的轴线，结果如图 7-89 所示。

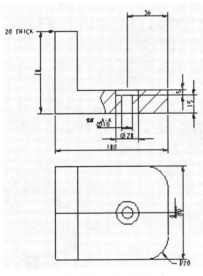

图 7-88　显示出尺寸

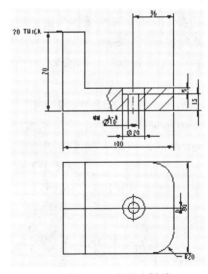

图 7-89　显示出轴线

5. 编辑修改尺寸及剖面名称

(1) 按照任务 50 中的方法拭除不需要的尺寸，如俯视图上的 0。

(2) 按照任务 50 中的方法将尺寸 ϕ10、36 由主视图移动到俯视图上，将主视图上 ϕ20、100、20THICK 移动到合适位置，结果如图 7-90 所示。

(3) 在注释选项卡下单击主视图名称"截面 A-A"，右击则出现右键快捷菜单，选择【拭除】命令，在空白处单击，则拭除掉，结果如图 7-90 所示。

如果需要剖切位置的标注，则按照 7.3.1 小节的方法进行操作。

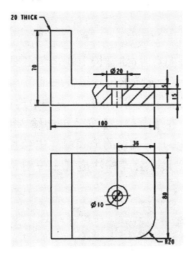

图 7-90　带有尺寸及轴线的视图

7.5.4　标注尺寸公差

1．设置显示尺寸公差

Creo 3.0 系统默认的是不显示尺寸公差，要显示尺寸公差，就要进行参数设置。

(1) 单击【文件】→【准备】→【绘图属性】命令，系统弹出绘图属性对话框。

(2) 单击"详细信息选项"后的【更改】命令，系统弹出选项对话框，如图 7-91 所示。

图 7-91　选项对话框的公差显示

(3) 在选项对话框中的"这些选项控制尺寸公差"区，单击【tol_display】选项，则该选项添加到下边选项区的文本框中。

(4) 单击"值"文本框中的下拉箭头，在下拉选项中单击【yes】命令。

(5) 单击【添加/更改】按钮，则设置为 yes。

Creo 3.0 项目化教学任务教程

(6) 单击选项对话框中的【关闭】按钮，再单击绘图属性对话框中的【关闭】按钮，设置完成。

2．标注尺寸公差

(1) 选择图中需要标注公差的尺寸(如总长 100)，在出现四向箭头时，右击并在弹出的快捷菜单中选择【属性】命令，系统弹出尺寸属性对话框，如图 7-92 所示。

(2) 在尺寸属性对话框的【公差模式】下拉列表框中选取【加-减】作为公差模式，在【小数位数】文本框中输入 3，在【上公差】文本框中输入 0.013，在【下公差】文本框中输入 0，单击【确定】按钮，即以上下偏差的形式标注出总长 100 的公差，如图 7-93 所示。

(3) 用同样的方法，将总宽尺寸公差标注成【＋－对称】对称偏差形式，如图 7-93 所示。

图 7-92　尺寸属性对话框　　　　　　　　图 7-93　标注尺寸公差

❖ **注意**：系统默认是按照 ISO/DIN 标准的中等公差等级标注公差的，如果需要标注成其他形式或等级的，可以进行修改(由于篇幅所限，此处不再赘述，可参见其他参考书籍)。

7.6　任务 52：形位公差的标注

下面以如图 7-93 所示的视图为例进行形位公差的标注。

7.6.1　建立标注基准

形位公差分为：形状公差和位置公差。形状公差是针对自身而言的，位置公差是相互而言的。对于位置公差需要建立标注基准，其步骤为：

1．设置建立基准的符号样式

Cero 3.0 系统默认的基准符号样式为 -A-，为了得到符号样式 A◀，要设置一个参数。

(1) 单击【文件】→【准备】→【绘图属性】命令，系统弹出绘图属性对话框。

(2) 单击"详细信息选项"后的【更改】命令，系统弹出选项对话框，如图 7-94 所示。

图 7-94 选项对话框的基准

(3) 在选项对话框中的"这些选项控制几何公差信息"区，单击【gtol_datums】选项，则该选项添加到下边选项区的文本框中。

(4) 单击"值"文本框中的下拉箭头，在下拉选项中单击【std_iso】命令。

(5) 单击【添加/更改】按钮，则设置为 std_iso。

(6) 单击选项对话框中的【关闭】按钮，再单击绘图属性对话框中的【关闭】按钮，设置完成。

2．建立标注基准

(1) 单击【注释】选项卡下的注释子工具栏的【模型基准】图标 □ 模型基准 ▼ 后的下拉箭头，系统弹出基准下拉列表，如图 7-95 所示。

(2) 单击其中的 □ **模型基准平面** 选项，系统弹出基准对话框，如图 7-96 所示。

(3) 在对话框的【名称】文本框中输入基准名称 A(如果不输入，则系统自动加入 DTM1)。

(4) 单击 **A◄** 图标。

(5) 再单击【在曲面上】图标，然后在主视图上选取底面边线。

(6) 单击【确定】按钮，则建立了基准 A，如图 7-97 所示。

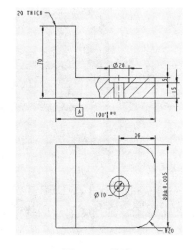

图 7-95 基准下拉列表　　　图 7-96 基准对话框　　　图 7-97 基准 A

7.6.2 标注底板顶面的平面度公差

(1) 单击注释子工具栏中的【几何公差】图标 ⊅IM，系统弹出几何公差对话框，如图 7-98 所示。

(2) 在对话框中单击【平面度】图标 ▱。

(3) 在参考区的【类型】下拉列表框中选取【曲面】选项，然后在主视图上选取底板顶面线。

(4) 切换到【公差值】选项卡，在【总公差】文本框中输入 0.005，如图 7-99 所示。

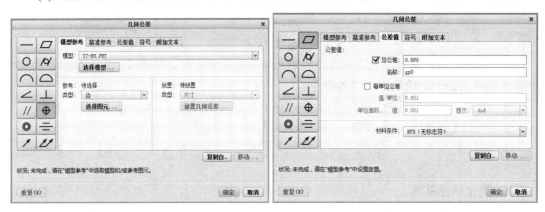

图 7-98　几何公差对话框　　　　　　　　　图 7-99　公差值选项卡

(5) 切换回【模型参考】选项卡，在放置区的【类型】下拉列表框中选择【带引线】选项，如图 7-100 所示。

图 7-100　模型参照选项卡

(6) 系统弹出 LEADER TYPE 菜单，如图 7-101 所示。选择【Arrow Head】命令，然后在主视图上选择底板顶面线，最后选择菜单中的【Done】命令。

(7) 根据提示，在主视图上方合适位置单击，以确定形位公差的放置位置，即标注出所需的形位公差，如图 7-102 所示。

图 7-101 依附类型菜单

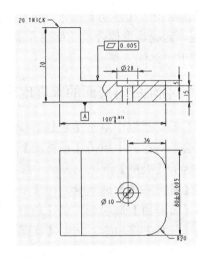

图 7-102 标注出的平面度公差

7.6.3 标注顶面对底面的平行度公差

(1) 单击注释子工具栏中的【几何公差】图标 ⊕⁣M，系统弹出几何公差对话框，如图 7-98 所示。

(2) 在对话框中单击【平行度】图标 ∥。

(3) 在参照区的【类型】下拉列表框中选取【曲面】选项，然后选取主视图顶上线。

(4) 切换到【基准参考】选项卡，在【基本】下拉列表框中选取已建立的基准 A，如图 7-103 所示。

(5) 切换到【公差值】选项卡，在【总公差】文本框中输入 0.002。

(6) 切换回【模型参考】选项卡，在放置区的【类型】下拉列表框中选择【带引线】选项，如图 7-100 所示。

(7) 系统弹出 LEADER TYPE 菜单，如图 7-101 所示。选择【Arrow Head】命令，然后在主视图上选择顶上线，最后选择菜单中的【Done】命令。

(8) 根据提示，在主视图上方合适位置单击，以确定形位公差的放置位置，即标注出所需的形位公差，如图 7-104 所示。

图 7-103 基准参考选项卡

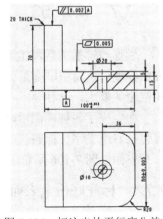

图 7-104 标注出的平行度公差

(9) 单击对话框中的【移动】按钮，可移动刚标注的形位公差的位置；单击对话框中的【重复】按钮，则确认形位公差的标注并继续下一个新形位公差的标注；单击【确定】按钮，则确认并退出标注。

7.6.4 标注ϕ10孔轴线对底面的垂直度公差

(1) 在几何公差对话框中单击【重复】按钮。

(2) 在几何公差对话框中单击【垂直度】图标 ⊥。

(3) 在参照区的【类型】下拉列表框中选取【轴】选项，然后选取主视图上轴线A_1。

(4) 切换到【基准参考】选项卡，在【基本】下拉列表框中选取已建立的基准A。

(5) 切换到【公差值】选项卡，在【总公差】文本框中输入0.004。

(6) 切换到【符号】选项卡，选中【ϕ直径符号】复选框，如图7-105所示。

(7) 切换回【模型参考】选项卡，在放置区的【类型】下拉列表框中选择【尺寸】选项。

(8) 在俯视图上选择孔的直径尺寸ϕ10。

(9) 单击【确定】按钮，则标注出该形位公差，如图7-106所示。

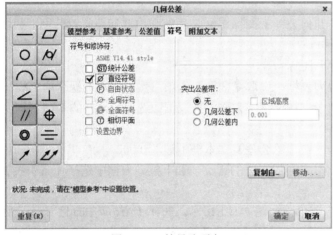

图7-105 符号选项卡

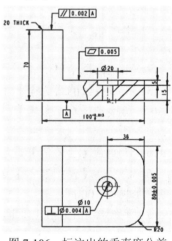

图7-106 标注出的垂直度公差

7.7 任务53：表面粗糙度的标注、注释及技术要求的建立

零件经过加工后，加工表面都会留有不同的峰谷起伏，这种微观的几何形状误差叫表面粗糙度。表面粗糙度是评定零件表面质量的一项技术指标，零件的每一个表面都有表面粗糙度的要求，这种要求在零件图上是需要标注出来的。

在生成了各种视图后，经常需要对视图的项目进行说明，这些说明称为注释。这些注释包括普通文字、标题栏、明细表和技术要求等。

下面以图7-106所示的图形为例进行表面粗糙度的标注并建立注释和技术要求。

7.7.1 标注底板上表面的表面粗糙度

(1) 单击注释子工具栏中的【表面粗糙度】图标 ³²√ 表面粗糙度，系统弹出打开对话框，并自动进入系统表面粗糙度符号库所在的目录中，如图 7-107 所示。

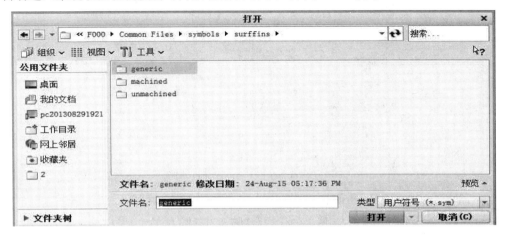

图 7-107　打开对话框

该目录下共有 3 个文件夹，每个文件夹内含两种表面粗糙度的形式：一种是无值的；一种是有值的。

① generic(一般)。

no_value .sym(无值符号)：例如表示为√。

standard .sym(标准有值符号)：例如表示为³√。

② machined(去除材料)。

no_value1.sym(无值符号)：例如表示为√。

standard1.sym(标准有值符号)：例如表示为³√。

③ unmachined(不去除材料)。

no_value2.sym(无值符号)：例如表示为√。

standard2.sym(标准有值符号)：例如表示为³√。

(2) 双击 machined 文件夹，显示如图 7-108 所示。

图 7-108　去除材料文件夹

(3) 选择 standard1.sym，再单击【打开】按钮，系统弹出表面粗糙度对话框，如图 7-109 所示。

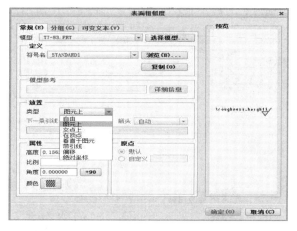

图 7-109　表面粗糙度对话框

(4) 在表面粗糙度对话框类型的下拉列表中选择【图元上】命令，系统在信息区提示用户选择一个边、一个图元或尺寸作为符号放置位置的参考。

该对话框有三个选项卡：常规、分组、可变文本。不同选项卡下的内容不同，默认在常规选项下。

① 定义区：用于表面粗糙度符号文件的设置或新建。

• 单击【浏览】按钮，系统弹出打开对话框，可以选择不同的表面粗糙度的设置文件。

• 单击【复制】按钮，系统提示选择一个符号实例，也就是模板，按照这个模板进行标注。

② 放置区：在类型下拉列表可设置表面粗糙度符号放置的类型，如图 7-109 所示。

• 自由：自由放置符号。

• 图元上：表示直接将符号标注在图元上，并保持默认方向为水平放置(对垂直图元不适合)。

• 交点上：在交点上放置符号。

• 在顶点：在顶点上放置符号。

• 垂直于图元：表示符号的方向与所选的图元保持垂直，适用于垂直方向的标注。

• 带引线：用引线引出标注符号。

• 偏移：表示符号的放置位置与所选图元有一定距离，该距离由用户在图面上指定。

• 绝对坐标：输入绝对坐标值放置符号。

③ 属性区：

• 高度：用于设置表面粗糙度符号的高度。

• 角度：用于设置表面粗糙度符号的角度。

• 颜色：用于设置表面粗糙度符号的颜色。

• 原点：用于设置表面粗糙度符号的原点。

此时在鼠标光标上出现一个动态拖曳的表面粗糙度符号，以便用户使用。

(5) 在主视图中选择底板上表面的投影线，即在图面上标注出表面粗糙度，如图 7-110 所示。

(6) 单击如图 7-109 所示对话框中的【可变文本】选项卡，对话框切换到可变文本选项卡下，如图 7-111 所示。

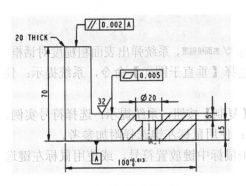

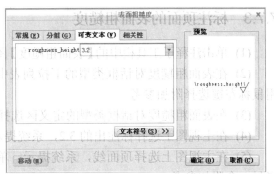

图 7-110 表面粗糙度的标注　　图 7-111 表面粗糙度的可变文本选项卡

(7) 在粗糙度高度文本框中输入需要的高度值，如 3.2。

(8) 单击中键确认，结果如图 7-112 所示。

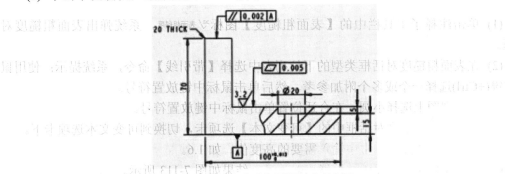

图 7-112 修改后表面粗糙度的标注

此时可继续选择其他图元以及标注类型标注同样其他的表面粗糙度。如果不再标注，则单击【确定】按钮确认并退出对话框。

7.7.2 标注左侧面的表面粗糙度

(1) 单击注释子工具栏中的【表面粗糙度】图标
³²√表面粗糙度，系统弹出表面粗糙度对话框。

(2) 在表面粗糙度对话框类型的下拉列表中选择【垂直于图元】命令，系统提示：使用鼠标左键选择附加参考。

(3) 在主视图上选择左端面线，系统提示：单击鼠标中键放置符号，或使用鼠标左键选择另一个附加参考。

(4) 在合适位置单击单击鼠标中键放置符号。

(5) 单击表面粗糙度对话框中的【可变文本】选项卡，切换到可变文本选项卡下。

(6) 在粗糙度高度文本框中输入需要的高度值，如 6.3。

(7) 单击中键确认，单击【确定】按钮退出对话框，结果如图 7-113 所示。

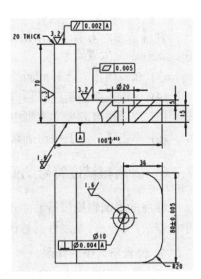

图 7-113 多个表面粗糙度的标注

7.7.3 标注顶面的表面粗糙度

(1) 单击注释子工具栏中的【表面粗糙度】图标 ³²✓ 表面粗糙度，系统弹出表面粗糙度对话框。

(2) 在表面粗糙度对话框类型的下拉列表中选择【垂直于图元】命令，系统提示：使用鼠标左键选择附加参考。

(3) 在表面粗糙度对话框类型的定义区选择【复制】按钮，系统提示：选择符号实例。

(4) 在主视图上选择标注出的 3.2，系统提示：使用鼠标左键选择附加参考。

(5) 在主视图上选择顶面线，系统提示：单击鼠标中键放置符号，或使用鼠标左键选择另一个附加参考。

(6) 单击中键确认，单击【确定】按钮退出对话框，结果如图 7-113 所示。

7.7.4 标注 ϕ10 孔的表面粗糙度

(1) 单击注释子工具栏中的【表面粗糙度】图标 ³²✓ 表面粗糙度，系统弹出表面粗糙度对话框。

(2) 在表面粗糙度对话框类型的下拉列表中选择【带引线】命令，系统提示：使用鼠标左键(+Ctrl)选择一个或多个附加参考，然后单击鼠标中键放置符号。

(3) 在俯视图上选择小圆，在合适位置单击鼠标中键放置符号。

(4) 单击表面粗糙度对话框中的【可变文本】选项卡，切换到可变文本选项卡下。

(5) 在粗糙度高度文本框中输入需要的高度值，如 1.6。

(6) 单击【确定】按钮确认并退出对话框，结果如图 7-113 所示。

7.7.5 标注底面的表面粗糙度

(1) 单击注释子工具栏中的【表面粗糙度】图标 ³²✓ 表面粗糙度，系统弹出表面粗糙度对话框。

(2) 在表面粗糙度对话框类型的下拉列表中选择【带引线】命令，在箭头的下拉列表中选择【半箭头】命令，系统提示：使用鼠标左键(+Ctrl)选择一个或多个附加参考，然后单击鼠标中键放置符号。

(3) 在主视图上选择底面线，在合适位置单击鼠标中键放置符号。

(4) 单击表面粗糙度对话框中的【可变文本】选项卡，切换到可变文本选项卡下。

(5) 在粗糙度高度文本框中输入需要的高度值，如 1.6。

(6) 单击【确定】按钮确认并退出对话框，结果如图 7-113 所示。

7.7.6 表面粗糙度符号的修改

标注的表面粗糙度符号是可以进行修改的，主要包括两种修改方式：一种是位置与大小的修改；另一种是属性的修改。

1. 位置与大小的修改

(1) 单击表面粗糙度符号，如 3.2。

(2) 当鼠标显示为四向箭头时，可以拖动鼠标光标改变表面粗糙度符号的位置，如图 7-114 所示是将底面的表面粗糙度符号移动了位置。

(3) 当鼠标显示为双向箭头时，可以拖动鼠标光标改变表面粗糙度符号的大小。

(4) 双击表面粗糙度符号的数值，系统弹出输入文本框，如图 7-115 所示。

(5) 在其中输入需要的数值，单击文本框的 ✔ 按钮，即改变了数值。

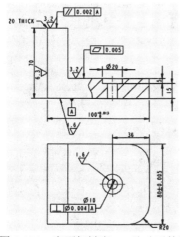

图 7-114　表面粗糙度 1.6 移动后的标注　　　图 7-115　输入表面粗糙度的文本框

2. 属性的修改

(1) 双击表面粗糙度符号，如 3.2，系统弹出表面粗糙度对话框，如图 7-116 所示。

(2) 在对话框中可以对属性区的高度、比例、颜色进行修改。

(3) 切换到【可变文本】选项卡下，如图 7-117 所示，可以对高度值进行修改。

图 7-116　表面粗糙度对话框　　　　图 7-117　表面粗糙度对话框的可变文本选项卡

(4) 切换到【相关性】选项卡下，可以设置表面粗糙度符号与零件模型的从属关系。

❖ 注意：

① 可以先将需要的表面粗糙度全部标注出，然后再进行数值的修改。

② 也可以根据需要选择如图 7-107 所示的【打开】对话框中的其他两个文件夹中的符号进行标注，标注方法相同。

7.7.7　在右上角标注粗糙度符号

(1) 单击注释子工具栏中的【表面粗糙度】图标 ³²√ 表面粗糙度，系统弹出表面粗糙度对话框。

(2) 在表面粗糙度对话框类型的下拉列表中选择【自由】命令，系统提示：单击鼠标左键，将符号放置在屏幕上。

(3) 在设计区右上角单击放置符号。

(4) 单击表面粗糙度对话框中的【可变文本】选项卡，切换到可变文本选项卡下。

(5) 在粗糙度高度文本框中输入需要的高度值，如 12.5。

(6) 单击【确定】按钮确认并退出对话框，结果如图 7-118 所示。

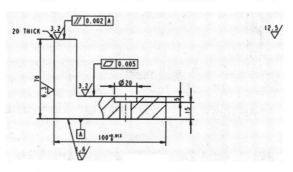

图 7-118　表面粗糙度 ¹²·⁵√ 的标注

7.7.8　在粗糙度符号前加注文字

(1) 单击注释子工具栏中的【注解】图标 A≡注解 ▾，系统弹出选择点对话框，如图 7-119 所示。

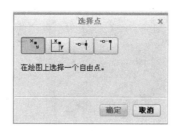

图 7-119　选择点对话框

(2) 根据提示：选择注解的位置。在 ¹²·⁵√ 前面单击确定文字的放置位置，系统弹出格式选项卡，如图 7-120 所示。

图 7-120　格式选项卡

(3) 在格式选项卡中单击【文本】后的下拉箭头，系统弹出下拉选项，如图 7-121 所示。

(4) 在其中选择【文本编辑器】命令，系统弹出记事本，如图 7-122 所示。

(5) 根据提示，切换输入法在【0】:后中输入注释文字"其余"，单击左上角 ⊠ 按钮，在弹出的提示对话框中单击【是】按钮进行保存，则"其余"二字注出，结果如图 7-123 所示。

图 7-121 文本的下拉选项

图 7-122 记事本

技巧：如果对文字的位置和大小不满意，可以通过以下操作改变文字的高度：

① 双击该文字，系统弹出如图 7-120 所示的格式选项卡，在四向箭头时可以移动文字的位置。

② 单击样式子工具栏中的斜箭头 ⬈ ，系统弹出文本样式对话框，如图 7-124 所示。

③ 单击该对话框的【高度】后的默认选项(去掉对勾)，然后在文本框中输入新的文字高度值(如 0.3)。

④ 单击对话框的【确定】按钮即可。

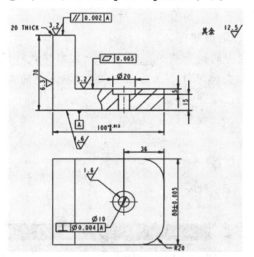

图 7-123 表面粗糙度的"其余"的标注

图 7-124 文本样式对话框

7.7.9 建立用文字说明的技术要求

用文字说明的技术要求一般放置在图面右下角标题栏上方的位置，它的建立方法与 7.7.8 节的过程相似，不同之处是在第(2)步中放置位置不同，第(5)步输入文字一般分为两次进行。

下面通过建立如图 7-125 所示的技术要求说明其过程。

(1) 单击注释子工具栏中的【注解】图标 A≡注解 ，系统弹出选择点对话框，如图 7-119 所示。

(2) 根据提示，在右下角合适位置单击，确定文字的放置位置，系统弹出格式选项卡，如图 7-120 所示。

(3) 在格式选项卡中单击文本后的下拉箭头，系统弹出下拉选项，如图 7-121 所示。

(4) 在其中选择【文本编辑器】命令，系统弹出记事本，如图 7-122 所示。

(5) 根据提示，切换输入法在{0: 后中输入文字"技术要求"，单击左上角 ☒ 按钮，在弹出的提示对话框中单击【是】按钮进行保存。则"技术要求"注出，结果如图 7-125 所示。

(6) 再次单击注释子工具栏中的【注解】图标 A≡注解 ▼。

(7) 根据提示，在"技术要求"左下角合适位置单击，确定文字的放置位置，系统弹出格式选项卡。

(8) 在格式选项卡中单击"文本"后的下拉箭头，系统弹出下拉选项，在其中选择【文本编辑器】命令，系统弹出记事本

(9) 切换输入法在{0: 后中输入文字"1. 零件表面去毛刺。"。

(10) 将上面一行文字复制到第二行，然后修改为{0: 2.未注长度尺寸允许偏差 ±0.5。}，

(11) 单击左上角 ☒ 按钮，在弹出的提示对话框中单击【是】按钮进行保存，则结果如图 7-125 所示。

❖ 注意：

① 若要修改注释位置，则双击该注释，系统弹出如图 7-120 所示的格式选项卡，在四向箭头时可以移动文字的位置。

② 若要修改注释内容，在格式选项卡中单击【文本】后的下拉箭头，在弹出的下拉选项中选择【文本编辑器】命令，系统回到记事本，如图 7-126 所示。

③ 在记事本中编辑注释内容，然后保存、退出即可。

④ 若要修改文字大小，单击样式子工具栏中的斜箭头 ↘，系统弹出文本样式对话框。

⑤ 单击该对话框的【高度】后的默认选项(去掉对勾)，然后在文本框中输入新的文字高度值(如 0.3)。

⑥ 单击对话框的【确定】按钮即可。

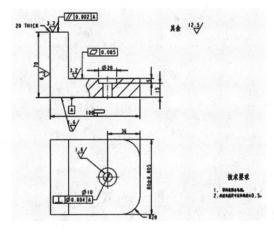

图 7-125　技术要求的标注

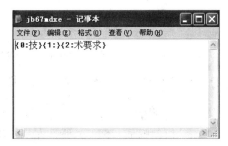

图 7-126　记事本

7.8　任务 54：图幅图框标题栏的创建和调用

在零件图上往往需要有图框标题栏，以便用户填写图名、图号、比例、设计者签名、

审核者签名、日期等设计内容。但是，Cero 3.0 系统中的图框标题栏不符合我国制图标准的要求。因此，用户可以创建一个格式文件，将它保存起来，需要时再调用它。

7.8.1 设置图纸幅面

(1) 单击【新建】图标 ⬜，系统弹出新建对话框。

(2) 在【类型】选项组中选中【格式】单选按钮，在【名称】文本框中输入 A3_frm，单击【确定】按钮，系统弹出【新格式】对话框，如图 7-127 所示。

(3) 在对话框中的【指定模板】选项组中选中【空】单选按钮，在【方向】选项组中选择【横向】图标，在【大小】选项组中的【标准大小】下拉列表中选择 A3 幅面，单击【确定】按钮。系统进入 A3 幅面，如图 7-128 所示。

图 7-127 新格式对话框

图 7-128 A3 幅面

7.8.2 绘制图框

(1) 单击【草绘】选项卡，在草绘子工具栏单击【偏移边】图标 🔲 边 ▾，系统弹出 OFFSET OPER 菜单，如图 7-129 所示。

❖ 注意：进入格式模块界面后，对于 5 个选项卡及其下的工具栏名称，系统是用英文给出的，如图 7-91 所示。因此，在介绍过程中既给出英文名称，又给出了中文名称。

(2) 在菜单中选择【Eut Chain】命令，按住 Ctrl 键分别选择如图 7-128 所示的 A3 幅面中的上、下、右 3 条线，然后单击选择对话框中的【确定】按钮，系统弹出消息提示窗口，如图 7-130 所示。

图 7-129 偏距操作菜单

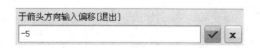

图 7-130 消息提示窗口

(3) 在提示区的文本框中输入 –5，单击 ✔ 按钮，结果如图 7-131 所示。

(4) 选择如图 7-129 所示的 OFFSET OPER 菜单中的【Single Ent】命令，选取 A3 幅面的左边线，在提示区文本框中输入 25，然后单击 ✔ 按钮，单击鼠标中键退出菜单，结果如图 7-132 所示。

(5) 选择修剪子工具栏的【拐角】图标 ，按住 Ctrl 键再分别选取图 7-132 中的"线 1、线 2 和线 2、线 3"，将多余的图线修剪掉，结果如图 7-133 所示。

(6) 单击鼠标中键结束命令。

图 7-131　偏距的 3 条线

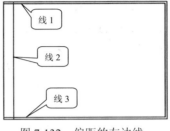
图 7-132　偏距的左边线

图 7-133　修剪后的图框

7.8.3　插入标题栏

(1) 单击【表】选项卡，系统切换到表选项卡下，如图 7-134 所示。

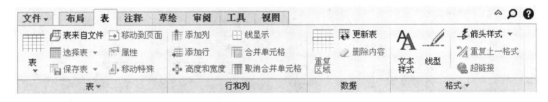
图 7-134　表选项卡

(2) 单击表子工具栏的【表】图标后的下拉箭头，系统弹出【插入表】窗口，如图 7-135 所示。

(3) 选择其中的【插入表】图标 插入表...，系统弹出插入表对话框，如图 7-136 所示。

图 7-135　插入表窗口

图 7-136　插入表对话框

(4) 在插入表对话框中进行以下操作：

① 在方向区域选择 按钮，使表格的生成方向向右下。

② 在表尺寸区域的列数文本框中输入列数 6，在行数文本框中输入行数 4。

③ 在行区域取消选中 □ 自动高度调节 复选框，在高度文本框中输入 7。

④ 在列区域的宽度文本框中输入 12。

⑤ 单击表对话框中的【确定】按钮，系统弹出选择点对话框，如图 7-137 所示。

(5) 根据系统提示，定位表的原点，在图中任意位置单击左键，绘制出表格如图 7-138 所示。

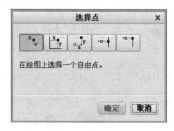

图 7-137 选择点对话框

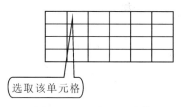

选取该单元格

图 7-138 4 行 6 列表格

(6) 选取如图 7-138 所示的单元格，单击行和列子工具栏的 高度和宽度 图标，系统弹出高度和宽度对话框，如图 7-139 所示。

(7) 按照如图 7-140 所示的尺寸，在对话框的列区域宽度文本框中输入第 2 列的列宽 25，单击表对话框中的【确定】按钮，

图 7-139 高度和宽度对话框

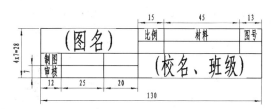

图 7-140 标题栏的参考格式

(8) 采用同样的方法，按照第(6)～(7)步的操作依次数值从左到右第 3～6 列的列宽，列宽值依次为 20、15、45、13，结果如图 7-141 所示。此表格的行高相同都是 7，在创建表格时已经设置好了，不用设置。如果行高不同，其设置方法与此相同。

(9) 在没有选取表格的状态下，单击行和列子工具栏的 合并单元格 图标，系统弹出 TABLE MERGE 菜单，如图 7-142 所示。

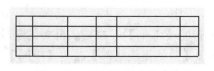

图 7-141 设置了列宽的表格

图 7-142 表合并菜单

(10) 单击选择【Rows & Cols】命令，按住 Ctrl 键选取左上角 6 个单元格，结果如图 7-143 所示。

(11) 采用同样的方法，按照如图 7-143 所示的格式合并左下角 6 个单元格，按中键结束，结果如图 7-144 所示。

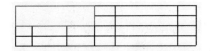

图 7-143　合并左上角的 6 个单元格

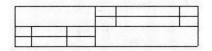

图 7-144　最终合并结果

(12) 单击表格中的左上角的单元格，单击鼠标右键，系统弹出右键快捷菜单，如图 7-145 所示。

(13) 在菜单中选择【从列表中拾取】命令，系统弹出从列表中拾取对话框，如图 7-146 所示。选择【列：表】命令，单击【确定】按钮，则将第一列全部选中。

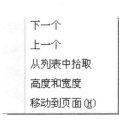

图 7-145　右键快捷菜单(1)

图 7-146　从列表中拾取对话框

(14) 单击鼠标右键，系统又弹出右键快捷菜单，如图 7-147 所示。在其中选择【文本样式】命令，系统弹出文本样式对话框，如图 7-148 所示。

图 7-147　右键快捷菜单(2)

图 7-148　文本样式对话框

(15) 在对话框中将【注解/尺寸】选项组中的【水平】下拉列表框中的选项【左侧】改为【中心】，将【竖直】下拉列表框中的选项【原始直线底部】改为【中间】，然后单击【确定】按钮。

❖ **注意**：第(12)~(15)步是将第一列单元格的文本对齐方式设置为居中，以便后边输入文字时对中。

(16) 采用同样的方法，设置其余各列的文本对齐方式为【中心】和【中间】。

7.8.4 在标题栏中输入文本

(1) 双击左上角单元格，系统弹出格式选项卡，如图 7-149 所示。

图 7-149　格式选项卡

(2) 在格式选项卡中单击【文本】后的下拉箭头，系统弹出文本下拉选项，如图 7-150 所示。

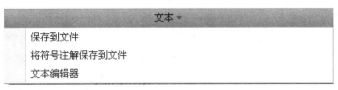

图 7-150　文本下拉选项

(3) 在其中选择【文本编辑器】命令，系统弹出记事本。

(4) 根据提示，切换输入法，在记事本中输入文字，如图 7-151 所示。单击左上角 ⊠ 按钮，在弹出的提示对话框中单击【是】按钮进行保存，则"(图名)"二字注出。但是默认的字高太小，需要修改字高。

(5) 单击样式子工具栏后边的斜箭头 ↘ ，系统弹出文本样式对话框，如图 7-152 所示。

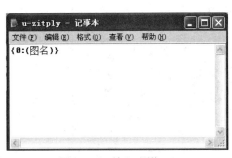

图 7-151　输入(图名)

图 7-152　文本样式对话框

(6) 单击该对话框的【高度】后的默认选项(去掉对勾)，然后在文本框中输入新的文字高度值(如 10)，单击对话框的【应用】按钮可进行浏览，满意后单击【确定】按钮即可，

Creo 3.0 项目化教学任务教程

结果如图 7-153 所示。

在文本样式对话框中也可对字体、宽度因子、斜角等参数进行修改。

(7) 采用同样的方法，在右下角输入校名，结果如图 7-154 所示。

(8) 采用同样的方法，在标题栏中输入其余文本，结果如图 7-140 所示。

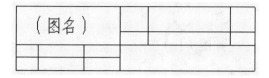

图 7-153　输入的第一个文本

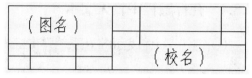

图 7-154　标题栏中输入的文本

7.8.5　标题栏位置的更改

(1) 按住 Alt 键选择表格，单击表子工具栏的 ▦ 选择表 ▼ 图标。

(2) 单击草绘选项卡，单击编辑子工具栏后的下拉箭头，弹出下拉列表选项，如图 7-155 所示。

(3) 在其中选择 ⬛ 移动特殊 命令，系统提示"从选定的项选择一点，执行特殊移动"。单击表格的右下角点，系统弹出移动特殊对话框，如图 7-156 所示。

图 7-155　编辑的下拉列表选项

图 7-156　移动特殊对话框

(4) 在对话框中选择【将对象捕捉到指定顶点】图标 ⬛，再单击图框右下角角点，则将标题栏移动到右下角角点。

(5) 单击对话框中的【确定】按钮确认，如图 7-157 所示。

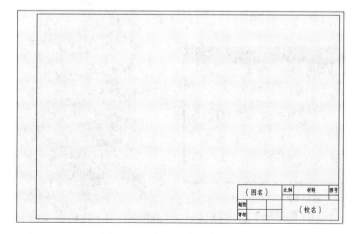

图 7-157　标题栏移动后的位置

(6) 单击工具栏中的【保存】图标 ，系统弹出保存对象对话框，单击对话框中的【确定】按钮，即建立了一个 A3 图幅的图框标题栏，并以 A3_frm 为名作为格式文件保存起来。

技巧：这是一个 A3 图幅的图框标题栏，也可采用同样的方法制作一个 A4 或者 A2 图幅的图框标题栏并保存起来，供以后调用。

7.8.6 图框标题栏的调用

(1) 单击【新建】图标 ，在打开的新建对话框中选中【绘图】单选按钮，输入文件名(如 t7-158)，取消选中【使用缺省模板】复选框，单击【确定】按钮，系统弹出新建绘图对话框。

(2) 在对话框中的【指定模板】选项组中选中【格式为空】单选按钮，如图 7-158 所示。单击【默认模型】区域中的【浏览】按钮，在打开对话框中选择要生成工程图的零件文件名(如 t7-83.prt)，单击【打开】按钮，则 t7-83 加载到新建绘图对话框的文本框中。

(3) 单击新建绘图对话框中【格式】区域中的【浏览】按钮，系统弹出打开对话框，如图 7-159 所示。

图 7-158 新建绘图对话框

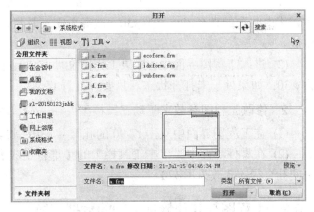

图 7-159 打开对话框

(4) 单击对话框中【系统格式】前的箭头 ▶，选择你的计算机名(如 r1-20150123jnbk)，然后选择保存格式文件的盘符、文件夹及文件(如 F:\ Creo 教材\xm7\A3_frm.frm)，如图 7-160 所示。

(5) 单击【打开】按钮，则将保存的 A3 图框标题栏文件加载到文本框中。

(6) 单击新建绘图对话框中的【确定】按钮，则将 A3 图框标题栏调到当前界面。

在此基础上就可以按照 7.5 任务 51 的操作生成工程图了。

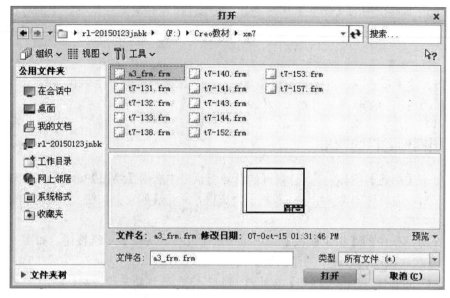

图 7-160　A3 格式文件的路径

7.9　任务 55：工程图的数据交换及输出

7.9.1　工程图与模型参数之间的数据交换

1．修改三维模型参数来驱动工程图

(1) 在零件界面打开图 7-83 所示的三维零件，在三维零件上双击$\phi20$孔，弹出孔的尺寸，将中间孔的直径$\phi20$改为$\phi30$，然后单击工具栏中的【重新生成】图标 ，进行重新生成。

(2) 进入工程图界面中，如果工程图文件 t7-90 处于打开状态，则该尺寸自动更新显示为$\phi30$；如果处于未打开状态，只要一打开 t7-90，就会显示为$\phi30$。

2．修改工程图参数来驱动三维模型

(1) 在工程图界面中双击 t7-90 的孔尺寸$\phi30$，将其改为$\phi20$，单击鼠标中键确认。

(2) 在零件界面中，单击工具栏中的【重新生成】图标 ，则零件尺寸被重新生成，中间孔直径$\phi30$改为了$\phi20$。

7.9.2　工程图与其他软件之间的数据交换

以如图 7-90 所示的工程图与 CAXA 电子图板 2015 的数据交换为例进行说明。

(1) 在 Creo 3.0 界面中打开该工程图 t7-90。

(2) 选择主菜单中的【文件】→【保存副本】命令，系统弹出保存副本对话框，如图 7-161 所示。

图 7-161 保存副本对话框

(3) 单击对话框中的【类型】下拉列表框右侧的下拉箭头 ，系统弹出展开项目，如图 7-162 所示。

(4) 在其中选取 IGES(*.igs)选项，单击保存副本对话框的【确定】按钮，系统弹出 IGES 的导出环境对话框，如图 7-163 所示。

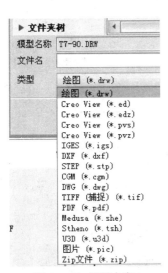

图 7-162 展开内容

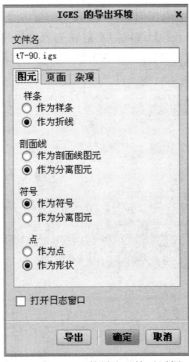

图 7-163 IGES 的导出环境对话框

(5) 按照对话框设置各项参数，单击【确定】按钮，则将该图以 t7-90.igs 为名保存。

(6) 打开 CAXA 电子图板 2015，单击工具栏的【打开文件】图标 ，系统弹出打开对话框，如图 7-164 所示。

图 7-164　打开对话框

(7) 单击对话框中的【文件类型】右侧的下拉箭头 ▼，在弹出的展开项目中选择【IGES 文件(*.igs)】选项，然后在列表中选择 t7-88.igs，单击【打开】按钮，即在 CAXA 电子图板中打开了用 Creo 3.0 生成的图形，结果如图 7-165 所示。

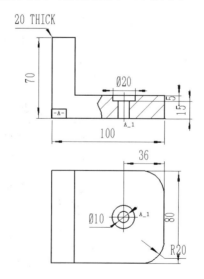

图 7-165　在 CAXA 电子图板中打开的图形

❖ 注意：

① 不同软件之间进行数据交换时，往往会出现数据丢失现象。在如图 7-165 所示的展

开内容中有多种保存类型，采用 IGES(*.igs)类型保存数据，数据丢失现象较少。

② 如果是在 CAXA 电子图板中绘制的图形,将它用 IGES(*.igs)形式保存起来,在 Creo 3.0 界面中同样也可以打开它。

③ 如果是与 AutoCAD 进行数据交换，方法是相同的。只是在第(4)步中要保存为 DXF(*.dxf)或 DWG 类型，这样数据丢失现象较少。

小 结

本项目通过 9 个任务介绍了基本视图、斜视图、局部放大图、全剖视图、半剖视图、局部剖视图等的生成方法，介绍了尺寸公差、形位公差、表面粗糙度、注释等技术要求的标注，对图形、尺寸、技术要求的编辑处理方法以及图幅、图框、标题栏的创建和调用等内容。

在工程图的生成中，基本视图、剖视图是最常用的视图。对它们的生成是最基本也是很重要的内容。其中常规视图的生成，在出现零件的主视图后要确定两个参照，系统根据两个参照生成相应的视图。对两个参照的确定，用户一定要做到心中有数，不同的参照生成的视图不同，这点读者要认真领会；而投影视图是根据已绘制的视图，按照投影对应关系系统自动生成的，只不过不同的投影视图的生成过程略有不同而已。

对工程图的编辑修改是一个很重要且很繁琐的工作，要掌握修改方法，尤其是右键快捷菜单的使用，它既方便实用又简洁明了。通过一定的编辑修改，最终形成符合制图标准的工程图。

绘图环境的设置也很重要，正确的设置可以使生成过程简单化，有利于生成理想的工程图。

如果需要将 Creo 3.0 的工程图与其他软件之间进行数据交换，则可按照介绍的方法进行操作。

通过学习以及练习，应体会各种工程图的生成方法以及有关参数的使用。再通过一定的实例操作，在操作过程中反复琢磨、总结，即可提高生成工程图的效率。

练 习 题

1. 试列出进入工程图模块的操作步骤。
2. 试列出设置第一角的操作步骤。
3. 生成第一个视图用什么命令？
4. 投影视图和常规视图有何不同？
5. 辅助视图与正交视图的生成方法有何不同？
6. 在生成剖视图的过程中，需要剖切符号标注和不需要剖切符号标注的操作有何区别？
7. 用户在工程图上直接标注尺寸时，如何进入尺寸标注状态？

8．试列出在工程图上显示尺寸的操作过程。

9．在工程图上显示出的尺寸与在工程图上直接标注出的尺寸有什么区别？直接标注出的尺寸是否具有参数化的功能？

10．用如图 3-108 所示的连接块零件生成如图 7-166 所示的基本视图。

11．将如图 7-166 所示的基本视图修改成为如图 7-167 所示的工程图。

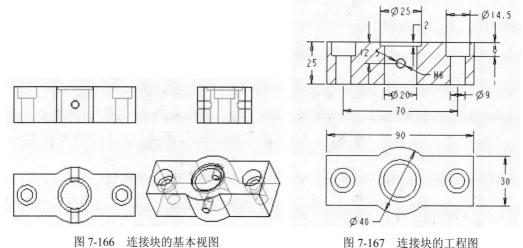

图 7-166　连接块的基本视图　　　　　　　图 7-167　连接块的工程图

12．根据如图 7-168 所示的零件图，绘制座体的实体图，调用该三维零件生成工程图。

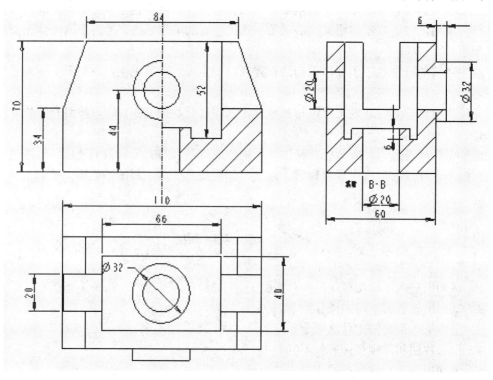

图 7-168　座体的零件图

13．根据如图 7-169 所示的零件图，绘制支架实体图。调用该三维零件生成工程图，标注零件的尺寸公差、形位公差、表面粗糙度，并建立用文字说明的技术要求。

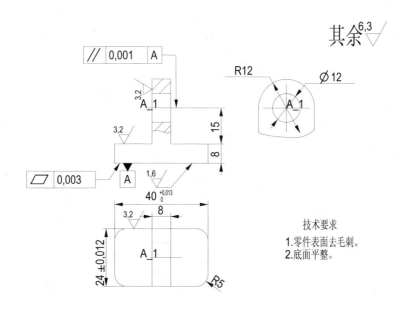

图 7-169　支架的零件图

14. 根据如图 7-170 所示的零件图，绘制底座实体图。调用该三维零件生成工程图，并标注有关的技术要求。

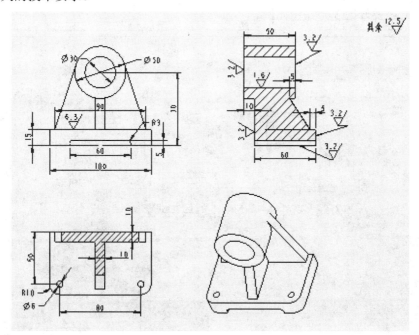

图 7-170　底座零件图

15. 根据如图 7-171 所示的零件图，绘制连杆实体图。调用该三维零件在 A3 图幅中生成工程图，并标注有关的技术要求。

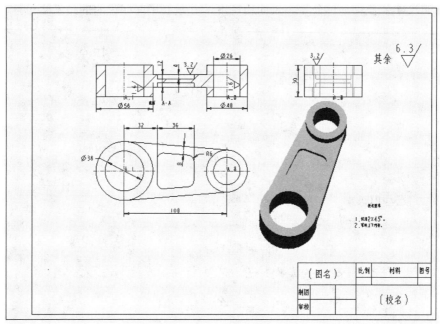

图 7-171　连杆的零件图

16. 根据如图 7-172 所示的零件图，绘制机座实体图。调用该零件在 A3 图幅中生成工程图，并标注有关的技术要求。

提示：此题要修改 3 个作图比例。

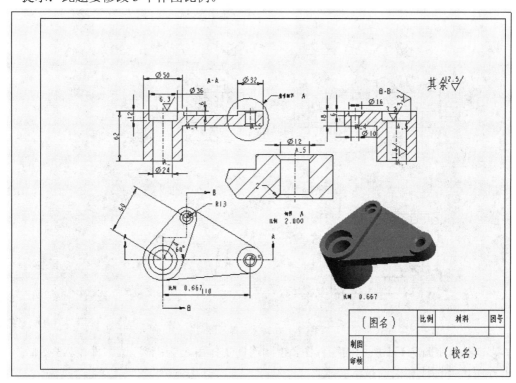

图 7-172　机座的零件图

项目八　模具设计

◆ 学习目的

随着人民生活水平的提高和市场竞争的日益加剧，产品追求个性化、时尚化，且更新换代速度加快，相应地，对模具生产周期、质量、成本有了更高的要求。Creo 3.0 中的模具设计模块正满足了这种需求。

模具设计模块为我们提供了非常方便、实用的模具设计及分析功能，特别是对于复杂型腔的塑料模具的设计非常实用。它能完成大部分模具设计工作，它和模块数据库一起使用，可大大减少模具设计时间，所产生的模具零件可以在 Creo 3.0 其他模块中应用，配合 Creo 3.0 外挂的 EMX(模架设计专家扩展)软件，可以完成从零件设计到模具设计、模具检测、模架选用、模具装配图及二维工程图等所有的工程设计。模具成型零件的三维模型还可用于 CAM，编制 NC 加工程序。

本项目通过两个任务，主要介绍模具工作零件设计的基本方法和一般流程，使读者对使用 Creo 3.0 软件进行模具设计有一个基本的认识。

◆ 学习要点

在学习模具设计知识的同时，需要综合运用前面已经学过的知识，如创建实体特征、曲面特征和对零件进行装配等。因此在学习和掌握以上知识的基础上再来学习模具设计会感到轻松自如，并能增加学习的乐趣和成就感。

创建分型面是模具设计最重要也是最关键的环节。创建分型面时，要熟悉曲面特征的各种创建方法。创建分型面有多种方法，请读者从任务及练习中多加体会。

8.1　任务 56：单分型面的模具设计

用 Creo 3.0 的模具设计模块创建项目三任务 13 中塑料盆的注塑模具，如图 8-1 所示。制品材料为 ABS 塑料，模具结构采用单型腔直接浇口。

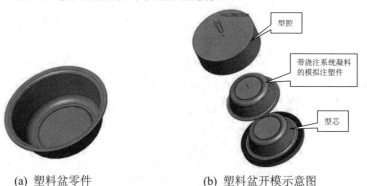

型腔

带浇注系统凝料
的模拟注塑件

型芯

(a) 塑料盆零件　　　　　(b) 塑料盆开模示意图

图 8-1　塑料盆及其开模示意图

8.1.1　建立模具模型

1．设置工作目录

(1) 打开【我的电脑】窗口，在硬盘(如 D:)上建立文件夹"MOLD-BASON"。

(2) 将任务 13 中已建立的塑料盆文件 T3-97 复制到 D:\MOLD-BASON 文件夹中并改名为 BASON.prt。

(3) 单击下拉菜单中的【文件】→【管理会话】→【选择工作目录】命令，在打开的选择工作目录对话框中，选择 D:\MOLD-BASON，单击【确定】按钮。

❖ 注意：在模具设计过程中，产生的文件较多，为方便使用、修改和管理等操作，使所有相关文件能保存在同一文件夹中，建议为每套模具单独设置文件夹，并将系统工作目录设置为此文件夹。

2．创建新的模具模型文件

(1) 单击【新建】图标 📄，系统弹出新建对话框，如图 8-2(a)所示。

(2) 在新建对话框中的【类型】选项组中选中【制造】单选按钮，在【子类型】选项组中选中【模具型腔】单选按钮。

(3) 在【名称】文本框中输入文件名 BASON-MOLD。

(4) 取消【使用默认模板】复选框，单击【确定】按钮，出现新文件选项对话框，选择 mmns_mfg_mold 模板，单击【确定】按钮，如图 8-2(b)所示。

(a) 新建对话框　　　　　　　　　　　(b) 新文件选项对话框

图 8-2　创建新的模具模型文件

此时，系统进入模具设计模式，并弹出【模具】选项卡，如图 8-3 所示，而且在绘图区出现 3 个正交的基准面 MOLD_FRONT、MOLD_RIGHT 和 MAIN_PARTING_PLN，以及 1 个基准坐标系 MOLD_DEF_CSYS，并显示开模方向 PULL DIRECTION，如图 8-4 所示。

图 8-3　【模具】选项卡

3．加入参考模型

(1) 在【模具】选项卡中，单击参考模型和工件子工具栏中的【参考模型】 ![icon] 下的图标 ![定位参考模型]，系统弹出型腔布置菜单、打开对话框和布局对话框，如图 8-5～图 8-7 所示。

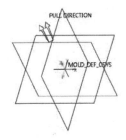

图 8-4　默认的模具模型参考平面及坐标系　　　图 8-5　型腔布置菜单

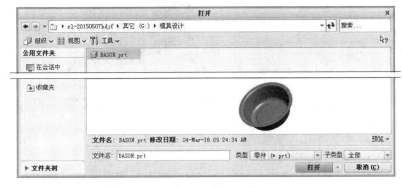

图 8-6　打开对话框　　　　　　　　　　　图 8-7　布局对话框

(2) 在打开对话框中选择零件 BASON.prt，单击【打开】按钮，将塑料盆零件加入到模具文件中。

(3) 系统弹出创建参考模型对话框，如图 8-8 所示，选中【按参考合并】单选按钮，并且使用默认的名称 BASON-MOLD_REF，单击【确定】按钮。

(4) 单击布局对话框中的【预览】按钮，参考零件在图形窗口中的位置如图 8-9 所示，从图中可以看出该零件的位置与开模方向不一致，需要重新调整。

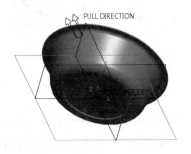

图 8-8　创建参考模型对话框　　　　　图 8-9　参考模型位置与开模方向不一致

❖ 注意：在创建参考模型对话框中,【设计模型】是指模具零件原型(如本例中刚打开的零件 BASON.prt),【参考模型】是指设计模具的参考模型。在【参考模型类型】区,【按参考合并】表示由设计模型复制出参考模型；【同一模型】表示直接使用设计模型作为参考模型。

(5) 单击布局对话框【参考模型起点与定向】选项中的 ⬆️ 按钮，系统弹出如图 8-10 所示的获得坐标系类型菜单，并打开如图 8-11 所示的另外一个窗口。单击菜单中的【动态】命令，系统打开参考模型方向对话框，如图 8-12 所示。

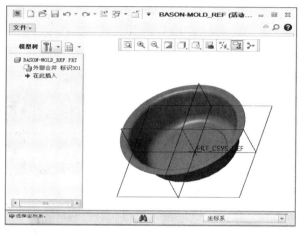

图 8-10 获得坐标系类型菜单　　　　　　　图 8-11 打开的窗口

(6) 在如图 8-12 所示的参考模型方向对话框的【角度】文本框中输入 "-90"(即把参考模型沿 X 轴旋转 -90°)，单击【确定】按钮。

(7) 单击布局对话框中的【预览】按钮，可以看到盆底朝上与拔模方向一致，再单击【确定】按钮。

(8) 在图 8-5 所示的位于屏幕右上角的型腔布置菜单中单击【完成/返回】命令，加入的参考模型如图 8-13 所示，此时同时显示默认模具模型基准和参考模型基准。

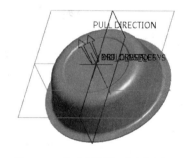

图 8-12 参考模型方向对话框　　　　　　图 8-13 参考模型的正确位置

❖ 注意：为了不影响以后的操作，可把参考模型中的 3 个默认基准面与默认坐标系隐藏起来。

(9) 在如图 8-14(a)所示的屏幕左侧导航区中单击【显示】图标 📄▾，在下拉菜单中选择【层树】命令，在如图 8-14(b)所示的【活动层对象选择】下拉列表框中选取参考模型层 BASON-MOLD_REF.PRT，则在导航区中列出了参考模型的所有图层；右击 层，在弹出的快捷菜单中选择【隐藏】命令，将参考模型所有图层隐藏起来，再单击工具栏中的【重画】图标 。隐藏参考模型所有图层后，仅显示默认模具模型的参考基准面和坐标系，如图 8-14(c)所示。

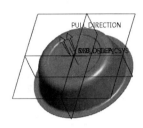

(a) 导航区中选择层树	(b) 隐藏参考模型的所有图层	(c) 仅显示模具模型的
		参考基准面和坐标系

图 8-14　隐藏参考模型的基准面和坐标系

(10) 在导航区中单击【显示】图标 ，在下拉菜单中选择【模型树】命令，返回模型树显示。

4. 定义工件

(1) 单击参考模型和工件子工具栏中的【创建工件】 下的 自动工件 图标，系统弹出如图 8-15 所示的自动工件对话框。

图 8-15　自动工件对话框

❖ **注意**：如果用户在安装 Creo 3.0 软件时，没有选择【Mold Component Catalog】选项，
则只能使用【创建工件】命令来手动创建工件。

(2) 系统要求用户选取用于模具原点的坐标系，在图形窗口中选取 MOLD_DEF_CSYS
坐标系为模具原点。

(3) 在自动工件对话框的【形状】选项中单击【创建圆形工件】图标 ⬭ ，在【统一
偏移】文本框中输入偏移值 30，然后单击【确定】按钮，创建的工件如图 8-16 所示。

至此，模具模型已经创建好，包括参考模型和工件。

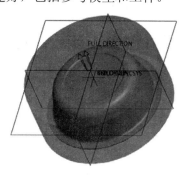

图 8-16　自动创建的工件

❖ **注意**：创建的工件(即毛坯)以绿色显示，以示与其他元件区别。

5. 设置收缩率

(1) 单击修饰符子工具栏中【收缩】 ▦ 收缩 ▾ 下的【按尺寸收缩】图标 ▦ 按尺寸收缩，
系统弹出按尺寸收缩对话框，如图 8-17 所示。

图 8-17　按尺寸收缩对话框

(2) 在按尺寸收缩对话框中，选择默认公式 1+S；盆的材料为 ABS 塑料，查相关材料
手册知 ABS 材料的收缩率为 0.005，故在【比率】框中输入收缩率 0.005；单击 ✓ 按钮，
完成收缩率的设置。

❖ **注意**：由于热胀冷缩原因，在进行模具设计时，应考虑材料的收缩性，相应地增加参
考模型的尺寸，即将原型零件尺寸按"1+S"比例放大，等到制品冷却收缩后便可获得
正确尺寸的零件。公式中 S 为成型材料的收缩率(Shrinkage)数值。

8.1.2 设计浇注系统

浇注系统包括主流道、分流道、冷料穴和浇口等(可参考塑料注射模具相关知识)。本模具结构采用单型腔直接浇口形式,即浇注系统只有主流道而没有分流道。

下面以旋转移除方式创建主流道。

(1) 在【模型】选项卡的切口和曲面子工具栏中单击【旋转】图标 _{旋转},系统弹出旋转操控板。

(2) 在旋转操控板中,单击【放置】→【定义】按钮,系统弹出草绘对话框。

(3) 选择基准面 MOLD_FRONT 为草绘平面,单击草绘对话框中的【草绘】按钮,再单击【草绘视图】按钮 。

(4) 绘制如图 8-18 所示的旋转截面,单击 确定 按钮,结束草图绘制。

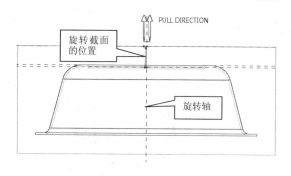

(a) 草绘主流道旋转截面   (b) 截面放大图

图 8-18 绘制浇注系统旋转截面

(5) 旋转 360°,在旋转操控板中单击 按钮,生成的浇注系统主流道如图 8-19 所示。

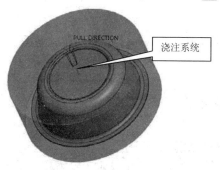 

(a) 生成的浇注系统   (b) 浇注系统放大图

图 8-19 在工件上创建的浇注系统

8.1.3 使用阴影法创建分型面

(1) 在【模具】选项卡的分型面和模具体积块子工具栏中单击【分型面】图标 ,系统弹出分型面操控板。

(2) 在分型面操控板的曲面设计子工具栏中单击 曲面设计▾ 下的【阴影曲面】命令 阴影曲面 ,在屏幕右上角出现如图 8-20 所示的阴影曲面对话框。

(3) 在工件中出现红色向下箭头，表示光线投影的方向向下，如图8-21所示，接受系统默认的投影方向。

图8-20 阴影曲面对话框

图8-21 投影方向

(4) 在阴影曲面对话框中单击【确定】按钮，系统根据参考模型的特征自动生成分型面，生成的分型面以蓝色突出显示。单击 ✔ 图标，分型面 ◯阴影曲面 标识339 [PART_SURF_1 - 分型面] 创建完成，如图8-22所示。

(a) 生成的分型面

(b) 从另外角度观察分型面

图8-22 创建的分型面

❖ 注意：

① 阴影法是利用光线投射会产生阴影的原理，迅速创建分型面的一种方法。在确定了光线投影方向后，系统在参考模型上沿着光线照射一侧产生阴影的最大曲面，然后将该曲面延伸到工件的四周表面，最后得到分型面。

采用阴影法创建分型面，应注意以下几点：

a. 必须在设计模型上创建拔模斜度，即参考模型在投影方向上有斜度，才能正确创建阴影曲面。

b. 参考模型和工件不能遮蔽，否则【阴影曲面】命令为灰色而无法使用。

② 分型面是一种曲面特征，主要用来分割工件。创建分型面必须满足以下三个条件：

a. 工件不能遮蔽。

b. 分型面与工件或模具体积块之间必须完全相交，这样才能进行后续的拆模。

c. 分型面不能自交。

8.1.4 拆模

1. 分割模具体积块

(1) 在【模具】选项卡分型面和模具体积块子工具栏的 模具体积块 下单击【体积块分割】图

标 ，系统弹出分割体积块菜单，选择【两个体积块】→【所有工件】→【完成】命令，如图 8-23 所示。

(2) 选取刚才创建的分型面 PART_SURF_1，在弹出的选择对话框中单击【确定】按钮，如图 8-24 所示。在屏幕右上角弹出的分割对话框中单击【确定】按钮，如图 8-25 所示，用分型面对工件进行分割。

图 8-23　分割体积块菜单　　图 8-24　选择对话框　　图 8-25　分割对话框

(3) 系统以蓝色突出显示用分型面对工件分割的下侧部分工件，并弹出如图 8-26 所示的属性对话框，单击【着色】按钮，该体积块的着色效果如图 8-27 所示，在【名称】文本框中输入体积块名称 CORE(型芯)，单击【确定】按钮，生成型芯体积块；接下来系统突出显示分型面另一侧，并弹出属性对话框，输入该体积块名称 CAVITY(型腔)，如图 8-28 所示，单击【着色】按钮，该体积块的着色效果如图 8-29 所示，再单击【确定】按钮，生成型腔体积块，体积块分割完毕。

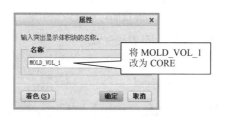

图 8-26　型芯体积块属性对话框　　　　图 8-27　着色显示的型芯体积块

图 8-28　型腔体积块属性对话框　　　　图 8-29　着色显示的型腔体积块

❖ 注意：在【属性】对话框中，【着色】和【刷新】按钮并不同时出现。在绘图区着色显示模具体积块时，【着色】按钮变为【刷新】按钮。

2. 由模具体积块生成模具元件

(1) 在【模具】选项卡元件子工具栏的【模具元件】下单击【型腔镶块】图标 型腔镶块 。

(2) 在弹出的创建模具元件对话框中，单击【全选】按钮 ，即选中 CAVITY 和

CORE，再单击【确定】按钮，如图 8-30 所示。

图 8-30　创建模具元件对话框

模具的型芯、型腔已经产生。此时在模型树中多了两个文件：CORE.PRT 和 CAVITY.PRT，即刚才拆分出来的型芯和型腔，如图 8-31 所示。

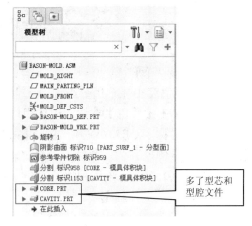

(a) 抽取前的模型树　　　　　　　　(b) 抽取后的模型树

图 8-31　在模型树中多了型芯和型腔两个文件

8.1.5　创建模拟注塑件

(1) 在【模具】选项卡的元件子工具栏中单击【创建铸模】图标 ![创建铸模]。

(2) 在绘图区上方的【输入零件名称】文本框中输入注塑件名称 MOLDING，单击右侧的 ![√] 按钮，如图 8-32 所示。

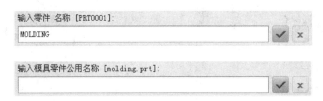

图 8-32　在信息窗口中输入注塑件名称

(3) 系统弹出【输入模具零件公用名称】文本框，接受注塑件默认的公用名称，并单击右侧的 ![√] 按钮，完成模拟注塑件的创建。再查看模型树，可以看到新生成的模拟注塑件 MOLDING.PRT 文件，如图 8-33 所示。

(4) 在模型树中右击新生成的 MOLDING.PRT，在弹出的快捷菜单中选择【打开】命令，即在另一个弹出窗口中显示出模拟的注塑件，如图 8-34 所示。

图 8-33 在模型树中看到注塑件

图 8-34 在另一窗口中打开模拟注塑件

(5) 单击【文件】下拉菜单中的【关闭】命令，关闭模拟注塑件。

❖ 注意：

① 通过【创建铸模】命令可以模拟材料在模具中的充模，系统自动将熔融材料通过主流道、分流道、浇口填充到模具型腔中，得到带有浇注系统的注塑件。

② 此模拟不是 CAE 分析中的模拟，只能得到注塑件，而不对流动过程进行分析。

8.1.6 开模仿真

1. 隐藏参考模型、工件及分型面

(1) 在【视图】选项卡的可见性子工具栏中单击【模具显示】图标 ［模具显示］(或按 Ctrl+B 组合键)，打开遮蔽和取消遮蔽对话框，如图 8-35 所示。

(a) 隐藏参考模型和工件

(b) 隐藏分型面

图 8-35 遮蔽和取消遮蔽对话框

(2) 在【过滤】区域中单击【元件】按钮，按 Ctrl 键，在【可见元件】列表中同时选择参考模型 BASON-MOLD_REF 和工件 BASON-MOLD_WRK，然后单击左下角的【遮蔽】按钮，隐藏参考模型和工件，此时参考模型和工件在【可见元件】列表和屏幕中同时消失。

❖ 注意：切换到【取消遮蔽】选项卡，可以见到参考模型和工件出现在这里，如果要重新显示，则按相同方式选择文件名，然后在对话框中单击【取消遮蔽】按钮。

(3) 切换到【遮蔽】选项卡，在【过滤】区域中单击【分型面】按钮，在【可见曲面】

列表中选择 PART_SURF_1 选项，最后单击【遮蔽】按钮，隐藏分型面。

(4) 单击【关闭】按钮，关闭遮蔽和取消遮蔽对话框。

2．关闭基准面、基准轴、基准坐标系

在【视图】选项卡的显示子工具栏中单击【平面显示】 、【轴显示】 、【坐标系显示】 和【旋转中心显示】 图标，使基准面、基准轴、基准坐标系和旋转中心都处于关闭状态。

3．定义开模步骤

(1) 在【模具】选项卡的分析子工具栏中单击【模具开模】图标 ，在屏幕右上角弹出如图 8-36 所示的模具开模菜单。

图 8-36　定义开模的菜单

(2) 在菜单中单击【定义步骤】→【定义移动】命令。

(3) 选取型腔为移动件，在弹出的选择对话框中单击【确定】按钮，选取型腔上表面为移动方向的法向垂直面，如图 8-37(a)所示，系统自动以红色箭头指示移动方向。

(a) 选取移动件及移动方向　　　　(b) 型腔按指定方向及输入的位移移动

图 8-37　型腔移动

❖ 注意：定义移动方向有以下两种方法：

① 选择一条边或一根轴，系统会沿所选边或轴的方向以红色箭头指示移动方向。

② 选择一个面，系统以该面的法线方向定义移动方向。

(4) 在绘图区上方的文本框中输入沿指定方向移动的位移 500，单击 按钮，如图 8-38 所示。

图 8-38　在信息窗口中输入移动距离

❖ 注意：若移动方向与系统指示的箭头方向相反，则输入负值。

(5) 在菜单中单击【完成】命令，型腔按指定的方向及输入的位移移动，如图 8-37(b)所示。

(6) 重复上述操作，选取型芯为移动件，在选择对话框中单击【确定】按钮，选取型芯下表面为移动方向垂直面，如图 8-39(a)所示，系统自动以红色箭头指示移动方向。在绘图区上方的文本框中输入沿指定方向移动的位移 500，单击 ✔ 按钮。在菜单中选择【完成】命令，型芯向下移动，如图 8-39(b)所示。

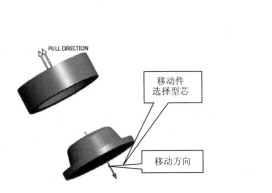

(a) 选取移动件及移动方向　　　　(b) 型芯按指定方向及输入的位移移动

图 8-39　型芯移动

(7) 在菜单中选择【完成/返回】命令，模具恢复闭合状态，完成开模定义。

4. 开模仿真

(1) 在【模具】选项卡的分析子工具栏中单击【模具开模】图标 ▨ ，在模具开模菜单中单击【分解】→【全部用动画演示】命令，如图 8-40 所示，此时可以在屏幕中看到用动画演示的模具型芯型腔打开过程。

(2) 连续两次在模具开模菜单管理器中单击【完成/返回】命令，关闭菜单管理器，模具设计完毕。

图 8-40　开模仿真的菜单

8.1.7　存盘

(1) 单击快速访问工具栏中的【保存】图标 ▨ ，在打开的保存对象对话框中单击【确定】按钮，完成图形保存。

(2) 单击【打开】图标 ▨ ，在文件打开对话框中可以看到模具设计完成后产生的相关文件，包括装配文件、设计模型文件、参考模型文件、工件、型腔、型芯、模拟注塑件等 7 个文件。

8.1.8 文件列表

在模具设计过程中，会产生很多的模型文件，如表 8-1 所示，可以在工作目录 MOLD-BASON 下找到这些模型文件。

表 8-1 模具模型文件中的文件列表

图 标	文件名	后 缀	文件类型说明
	bason-mold.asm	.asm	模具装配文件，该文件名默认与模具设计文件名一致
	bason.prt	.prt	零件设计模型文件
	bason-mold-ref.prt	.prt	参考模型文件，文件名由系统默认指定
	bason-mold-wrk.prt	.prt	工件文件，文件名由系统默认指定或用户指定
	cavity.prt	.prt	型腔文件，默认情况下文件名与对应的体积块名称一致
	core.prt	.prt	型芯文件，默认情况下文件名与对应的体积块名称一致
	molding.prt	.prt	模拟注塑成型件文件，名称由用户指定

8.1.9 使用裙边法创建分型面(扩展知识)

Creo 3.0 中提供了两种智能创建分型面的方法：阴影法和裙边法。下面就本任务中分型面的创建，对另外一种方法——裙边法进行简单介绍。

采用裙边法设计分型面时，首先要创建分型线，然后用分型线来创建分型面。分型线一般是参考模型的轮廓线。

1. 创建侧面影像曲线

(1) 在【模具】选项卡的设计特征子工具栏中单击【轮廓曲线】图标 [轮廓曲线]，系统弹出轮廓曲线对话框，如图 8-41 所示。

(2) 在绘图区指定光线投影的方向，系统默认为"开模方向"的反方向，如图 8-42 所示。

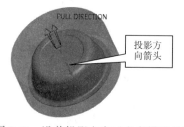

图 8-41 轮廓曲线对话框　　图 8-42 沿着投影方向对参考模型投影　　图 8-43 生成的轮廓曲线

(3) 在轮廓曲线对话框中单击【预览】按钮，预览所创建的轮廓曲线，正确时单击【确定】按钮，生成的轮廓曲线如图 8-43 所示。

❖ 注意：轮廓曲线的主要作用是参考模型的分型线，辅助建立分型面。轮廓曲线是由一个或多个封闭的内部环路及外部环路所构成(如本例为由一个封闭环路组成)的。

2．用裙边法创建分型面

(1) 在【模具】选项卡的分型面和模具体积块子工具栏中单击【分型面】图标 。

图 8-44　裙边曲面对话框

(2) 在【分型面】选项卡的曲面设计子工具栏中单击【裙边曲面】图标 ，系统弹出裙边曲面对话框，如图 8-44 所示。

(3) 指定参考模型。本任务只有一个参考模型，系统会默认选取它(如有多个参考模型，则要手动选取)。在裙边曲面对话框中，"参考模型"元素的信息状态为"已定义"，如图 8-44 所示。

(4) 指定工件。本任务只有一个工件，系统会默认选取它。在裙边曲面对话框中，"边界参考"元素的信息状态为"已定义"，如图 8-44 所示。

(5) 指定光线投影的方向。系统默认为"开模方向"的反方向。在裙边曲面对话框中，"方向"元素的信息状态为"已定义"，如图 8-44 所示。

❖ 注意：(3)、(4)、(5)三步系统会自动选取，无需用户操作。

(6) 选取轮廓曲线。选取如图 8-43 所示刚创建的轮廓曲线，在弹出的如图 8-45 所示的链菜单中单击【完成】命令。

(7) 在【视图】选项卡的可见性子工具栏中单击【着色】图标 ，预览创建的裙边曲面，如图 8-46 所示。在屏幕右上角的菜单中选择【完成/返回】命令。

(8) 在【分型面】选项卡中单击 图标，生成的裙边曲面如图 8-47 所示，该曲面是轮廓曲线向外延伸生成的环状曲面。

至此，分型面创建完成，此分型面是一个有内孔的环状曲面。

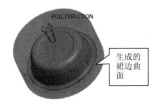

图 8-45　链菜单　　　图 8-46　预览裙边曲面　　　图 8-47　创建的分型面(裙边曲面)

❖ 注意：裙边法是一种沿着参考模型的轮廓线来建立分型面的方法。首先使用【轮廓曲线】命令找出参考模型的轮廓线(即分型线)，再使用【裙边曲面】命令，系统会自动将参考模型的外部轮廓线延伸至工件的四周表面及填充内部环路来产生分型面。

通过这个任务可以看出，采用裙边法创建的分型面是一个不包括参考模型表面的非完整曲面，它有别于用阴影法(本任务的前一种方法)及复制法(下一个任务中将介绍)创建覆盖型分型面，但它们分模的结果是一样的。

8.2　任务 57：带侧向分型结构的模具设计

用 Creo 3.0 中的模具设计模块设计项目三练习题 28 中所创建的杯托模具，模具结构采用单型腔，杯托材料为 PP 塑料，开模图如图 8-48 所示。

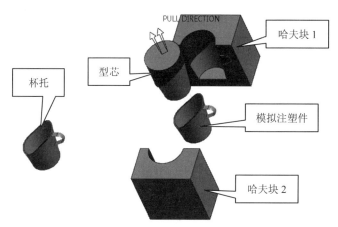

图 8-48　杯托及其开模示意图

8.2.1　建立模具模型文件

1．设置工作目录

打开【我的电脑】窗口，在某个硬盘(如 D:)上建立文件夹 MOLD-CUPSTAND，将项目三练习题 28 中已建立的杯托文件 T3-213.prt 复制到 MOLD-CUPSTAND 文件夹中，将其改名为 cupstand.prt。

在打开的 Creo 3.0 中，选择下拉菜单中的【文件】→【管理会话】→【选择工作目录】命令，在打开的选择工作目录对话框中，将工作目录设置到 D:\MOLD-CUPSTAND。

2．创建新的模具模型文件

单击【新建】图标 📄，在新建对话框的【类型】选项组中选中【制造】单选按钮，在【子类型】选项组中选中【模具型腔】单选按钮，在【名称】文本框中输入文件名 CUPSTAND-MOLD，取消【使用默认模板】复选框，单击【确定】按钮。在新文件选项对话框中，选择 mmns_mfg_mold 模板，单击【确定】按钮。

3．加入参考模型

(1) 单击【模具】选项卡参考模型和工件子工具栏中【参考模型】 🗂 下的图标 📁 组装参考模型 。

(2) 在弹出的打开对话框中选择零件 cupstand.prt，单击【打开】按钮。

(3) 在元件放置操控板中，选择约束类型为【默认】，单击 ✓ 按钮，将原型零件加入到模具模型系统中。

(4) 系统弹出创建参考模型对话框，选中【按参考合并】单选按钮，并且使用默认的名称 CUP-STAND_REF，单击【确定】按钮。加入的参考模型如图 8-49 所示，此时同时显示默认模具模型基准和参考模型基准。

图 8-49　加入的参考模型

(5) 在屏幕左侧导航区中单击【显示】图标 📄，在下拉菜单中选择【层树】命令，在【活动层对象选择】 ▷ CUPSTAND-MOLD.ASM（顶级模型） 下拉列表框中选取参考模型层 CUPSTAND-MOLD_REF.PRT，则在导航区中列出了参考模型的所有图层；右击 层，在弹出的快捷菜单中选择【隐藏】命令，将参考模型所有图层隐藏起来，再单击工具栏中的【重画】图标 。隐藏参考模型所有图层后，仅显示默认模具模型的参考基准面和坐标系。

(6) 在导航区中单击【显示】图标 ，在下拉菜单中选择【模型树】命令，返回模型树显示。

4．加入工件

(1) 单击【模具】选项卡参考模型和工件子工具栏中【创建工件】 下的图标 ，系统弹出如图 8-50 所示的创建元件对话框。

(2) 在创建元件对话框中，选中【零件】和【实体】单选按钮，在【名称】文本框中输入工件名称 CUPSTAND-MOLD-WRK，单击【确定】按钮。

(3) 在弹出的如图 8-51 所示的创建选项对话框中选中【创建特征】单选按钮，单击【确定】按钮。

图 8-50 创建元件对话框

图 8-51 创建选项对话框

(4) 单击【模具】选项卡形状子工具栏中的【拉伸】图标 ，使用拉伸特征创建工件。

(5) 单击【放置】→【定义】按钮，选择基准面 MOLD_FRONT 为草绘平面；单击【草绘】按钮，出现【参考】对话框，分别选择 MOLD-RIGHT 和 MAIN-PARTING-PLN 基准面为水平和竖直参考，单击【关闭】按钮。

(6) 绘制如图 8-52 所示的 120×120 的矩形为拉伸截面，完成后单击 按钮，结束草图绘制。

(7) 用对称方式 ，输入拉伸深度值 140。

(8) 在操控板中单击 按钮，工件创建完成，如图 8-53 所示。

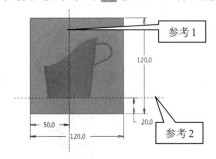
图 8-52 草绘工件拉伸截面

图 8-53 创建好的工件以绿色显示

至此，模具模型已经创建完毕，包括参考模型和工件。

5．设置收缩率

(1) 单击修饰符子工具栏【收缩】 收缩 下的【按比例收缩】图标 按比例收缩 ，系统弹出按比例收缩对话框。

(2) 在按比例收缩对话框中，【公式】选择默认的 1+S，在绘图区选取基准坐标系，在【类型】区域选中【各向同性】和【前参考】复选框，在【收缩率】框中输入 PP 材料的收缩率 0.02，如图 8-54 所示，单击 ✓ 按钮，完成收缩率的设置。

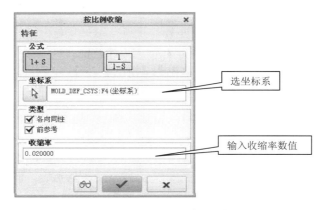

图 8-54　按比例收缩对话框

8.2.2　创建分型面

此零件的模具结构中用到哈夫结构。所谓哈夫结构，即模具的型腔由两半(half)组成。此模具结构包含两个分型面，应分别建立型芯分型面和哈夫分型面。

1．创建型芯分型面

(1) 在【模具】选项卡的分型面和模具体积块子工具栏中单击【分型面】图标 分型面 ，系统弹出分型面操控板。

(2) 用复制方式创建型芯分型面。

① 在屏幕左侧的模型树中右击工件 CUPSTAND-MOLD-WRK.PRT ，在弹出的快捷菜单中选择【遮蔽】命令，暂时将工件遮蔽起来，以方便杯托表面的选取。

② 在屏幕右下角的选择过滤器中选择【几何】选项，如图 8-55 所示。

③ 将鼠标指针移至杯托底面位置上并单击，选取杯托的内部底面为种子面，如图 8-56 所示。

图 8-55　在过滤器中选择【几何】选项

图 8-56　选杯托内底面为种子面

④ 按住 Shift 键，分两次选取杯托的外部侧面为边界曲面，如图 8-57 所示。

图 8-57　选择杯托外部侧面为边界面

⑤ 在【模型】选项卡中，单击操作子工具栏中的【复制】图标 [复制]，再单击【粘贴】图标 [粘贴]，弹出曲面：复制操控板。

⑥ 在操控板中单击 ✔ 按钮，杯托内所有表面包括杯托口端面复制完成。

⑦ 在【视图】选项卡的可见性子工具栏中单击【着色】图标 [着色]，在搜索工具 1 对话框中单击 >> 按钮，再单击【关闭】按钮，则显示着色的复制杯托内表面及口部端面，如图 8-58 所示。

图 8-58　曲面复制成功

⑧ 在屏幕右上角的菜单管理器中单击【完成/返回】命令。

❖ 注意："种子面与边界面"是选取复杂多曲面的高效方法。用户分别选取种子面和边界面后，系统会自动选取从种子面开始向四周延伸直到边界面的所有曲面，其中包括种子面，但不包括边界面。

(3) 将刚复制的曲面延伸到工件表面。

① 在屏幕左侧的模型树中右击工件 [CUPSTAND-MOLD-WRK.PRT]，在弹出的快捷菜单中选择【取消遮蔽】，将工件重新显示。

② 选取刚复制的曲面外边缘线，即杯托端口表面的外边缘线(先选一半，按住 Shift 键再选另一半)，此时所选边缘线变成红色，如图 8-59 所示。

图 8-59　选择刚复制曲面的边线

③ 单击【模型】选项卡修饰符子工具栏中的【延伸】图标 →延伸，系统弹出延伸操控板，如图 8-60 所示。

图 8-60　延伸操控板

④ 单击【将曲面延伸到参考平面】图标，在绘图区选取工件的顶面为延伸终止面，如图 8-61 所示。

图 8-61　选择工件上表面为曲面延伸终止面

⑤ 在操控板中单击 ✔ 按钮，曲面延伸完成，如图 8-62 所示。

图 8-62　曲面延伸成功

(4) 在分型面操控板中单击 ✔ 按钮，型芯分型面(默认名：延伸 1【PART_SURF_1-分型面】)创建完成，为刚复制曲面加上延伸曲面。

2. 创建主(哈夫)分型面

(1) 在【模具】选项卡的分型面和模具体积块子工具栏中单击【分型面】图标，系统弹出分型面操控板。

(2) 在分型面操控板的曲面设计子工具栏中单击【填充】图标，系统弹出如图 8-63 所示的填充操控板。

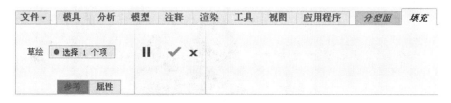

图 8-63　填充操控板

(3) 在绘图区选择基准面 MOLD-FRONT 作草绘平面，单击【投影】图标，分别选择工件的 4 条边为截面，如图 8-64 所示，完成后单击 按钮。

(4) 在填充操控板中单击 ✔ 按钮，最后在分型面操控板中单击 ✔ 按钮，生成的主(哈夫)分型面(默认名：填充 1【PART_SURF_2-分型面】)如图 8-65 所示。

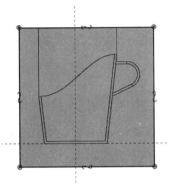

图 8-64　绘制填充截面

生成的主分型面
（哈夫分型面）

图 8-65　生成的主分型面

8.2.3　拆模

1．创建型腔型芯体积块

(1) 在【模具】选项卡的分型面和模具体积块子工具栏中，单击 模具体积块 下的【体积块分割】图标 体积块分割 ，弹出分割体积块菜单，选择【两个体积块】→【所有工件】→【完成】命令。

(2) 用分型面对工件进行分割。在模型中选取前面创建的型芯分型面 PART_SURF_1(注意不能在左侧的模型树中选取)，在弹出的选择对话框中单击【确定】按钮，在屏幕右上角弹出的分割对话框中单击【确定】按钮。

(3) 系统以蓝色高亮显示以分型面分割的工件一侧，在弹出的体积块属性对话框中，单击【着色】按钮，该体积块的着色效果如图 8-66 所示，在【名称】文本框中输入体积块名称 CAVITY(型腔)，最后单击【确定】按钮，生成型腔体积块；接下来系统突出显示以分型面分割的工件另一侧，并弹出属性对话框，在其中输入该体积块名称 CORE(型芯)，单击【着色】按钮，该体积块的着色效果如图 8-67 所示，最后单击【确定】按钮，生成型芯体积块。

图 8-66　型腔体积块

图 8-67　型芯体积块

2．创建哈夫体积块

(1) 单击 模具体积块 下的【体积块分割】图标 体积块分割 ，弹出分割体积块菜单，选择【两个体积块】→【模具体积块】→【完成】命令。

❖ **注意**：在如图 8-23 所示的分割体积块菜单中选择分割方式选项时，先选择【模具体积块】命令，再指定体积块，而不是前面创建型芯体积块时选择的【所有工件】命令。这是易出错的地方，请读者一定留意。

(2) 选择要进行分割的体积块，在弹出的如图 8-68 所示的搜索工具：1 对话框左侧的【项】栏中选择型腔体积块——面组：F11(CAVITY)，再单击 >> 按钮，则面组：F11(CAVITY)出现在对话框右侧的已选项栏中；最后单击【关闭】按钮，则 CAVITY 型腔体积块被选中。

图 8-68　搜索工具：1 对话框

(3) 选取哈夫分型面，对刚选定的型腔体积块进行分割。在如图 8-69(a)所示的位置右击，在弹出的快捷菜单中选择【从列表中拾取】命令，在从列表中拾取对话框中选取主(哈夫)分型面(面组：F9 PART-SURF-2)，如图 8-69(b)所示。在选择对话框中单击【确定】按钮，最后在右上角的分割对话框中单击【确定】按钮。

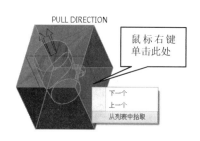

(a) 右击快捷菜单

(b) 从列表中拾取哈夫分型面

图 8-69　在模型中选取哈夫分型面

(4) 系统弹出体积块属性对话框，单击【着色】按钮，屏幕显示出用哈夫分型面分割的型腔体积块 1，在【名称】文本框中输入体积块名称 HALF1，再单击【确定】按钮；接下来系统再次弹出属性对话框，输入另一体积块名称 HALF2，单击【确定】按钮，体积块分割完毕，生成的体积块分别如图 8-70(a)和图 8-70(b)所示。

(a) 哈夫体积块 1　　　　　　　　　　　(b) 哈夫体积块 2

图 8-70　哈夫体积块

3．由模具体积块生成模具元件

(1) 在【模具】选项卡的元件子工具栏中单击 [模具元件] 下的【型腔镶块】图标 [型腔镶块]。

(2) 在弹出的如图 8-71 所示的创建模具元件对话框中，单击【全选】按钮 [≡]，再单击【确定】按钮。

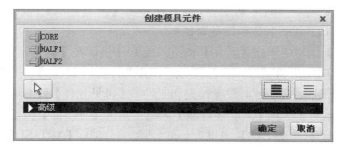

图 8-71　创建模具元件对话框

模具的型芯、2 个哈夫块已经产生。此时在模型树中多了 3 个文件： CORE.PRT、HALF1.PRT 和 HALF2.PRT，如图 8-72 所示。

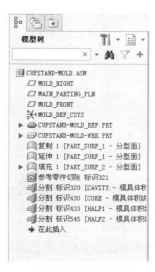

(a) 抽取前的模型树　　　　　　　　　　(b) 抽取后的模型树

图 8-72　创建模具元件前后模型树对比

8.2.4 创建模拟件

(1) 在【模具】选项卡的元件子工具栏中单击【创建铸模】图标 🔍创建铸模 。

(2) 在绘图区上方的【输入零件名称】文本框中输入注塑件名称 MOLDING，单击右侧的 ✅ 按钮；接下来系统弹出【输入模具零件公用名称】文本框，接受注塑件默认的公用名称，并单击右侧的 ✅ 按钮，完成模拟注塑件的创建；再查看模型树，可以看到新生成的模拟注塑件 MOLDING.PRT。

(3) 在模型树中右击新生成的 MOLDING.PRT，在弹出的快捷菜单中选择【打开】命令，则在另一个弹出窗口中显示出模拟的注塑件。

(4) 单击【文件】下拉菜单中的【关闭】命令，关闭模拟注塑件。

8.2.5 开模

1. 隐藏参考模型、工件及分型面

(1) 在【视图】选项卡的可见性子工具栏中单击【模具显示】图标 🔲模具显示 (或按 Ctrl + B 组合键)，打开遮蔽和取消遮蔽对话框。

(2) 在【过滤】区域中单击【元件】按钮，按 Ctrl 键，在【可见元件】列表中同时选择参考模型 CUPSTAND - MOLD_REF 和工件 CUPSTAND - MOLD_WRK，单击【遮蔽】按钮，隐藏参考模型和工件，此时参考模型和工件在【可见元件】列表和屏幕中同时消失。

(3) 切换到【遮蔽】选项卡，在【过滤】区域中单击【分型面】按钮，在【可见曲面】列表中同时出现型芯分型面 PART_SURF_1 和主(哈夫)分型面 PART_SURF_2，全部选取后单击【遮蔽】按钮，隐藏 2 个分型面。

(4) 单击【关闭】按钮，关闭遮蔽和取消遮蔽对话框。

2. 关闭基准面、基准轴、基准坐标系

在【视图】选项卡的显示子工具栏中单击【平面显示】🔲、【轴显示】🔧、【坐标系显示】🔆 和【旋转中心显示】🔆 图标，使基准面、基准轴、基准坐标系和旋转中心都处于关闭状态。

3. 定义开模步骤

(1) 在【模具】选项卡的分析子工具栏中单击【模具开模】图标 🔲，在屏幕右上角弹出模具开模菜单。

(2) 设置型芯移动。

① 在菜单中单击【定义步骤】→【定义移动】命令。

② 选取型芯为移动件，在弹出的选择对话框中单击【确定】按钮。选取型芯上表面为移动方向的法向垂直面，如图 8-73(a)所示，系统自动以红色箭头指示移动方向。

③ 在绘图区上方的文本框中输入沿指定方向移动的位移 120，单击 ✅ 按钮。

④ 在菜单中单击【完成】命令，则型芯按指定的方向及输入的位移移动，如图 8-73(b)所示。

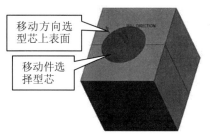
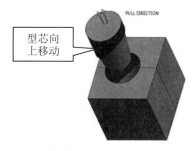

(a) 选取移动件及移动方向　　　　(b) 型芯向上移动

图 8-73　型芯移动

(3) 设置哈夫块移动。

① 在菜单中单击【定义步骤】→【定义移动】命令，选取哈夫块 1 为移动件；在选择对话框中单击【确定】按钮，选取棱边为移动方向，如图 8-74(a)所示；输入沿指定方向移动的位移 –120，单击 ✔ 按钮。

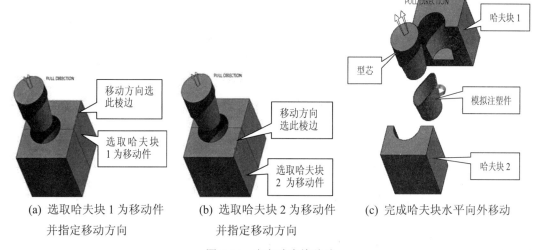

(a) 选取哈夫块 1 为移动件　　(b) 选取哈夫块 2 为移动件　　(c) 完成哈夫块水平向外移动
　　并指定移动方向　　　　　　并指定移动方向

图 8-74　定义哈夫块移动

② 重复单击【定义移动】命令，选取哈夫块 2 为移动件；在选择对话框中单击【确定】按钮，选取棱边为移动方向，如图 8-74(b)所示；输入沿指定方向移动的位移 120，单击 ✔ 按钮。

③ 在菜单管理器中单击【完成】命令，哈夫块 1、2 按指定的方向及输入的位移移动，结果如图 8-74(c)所示。

至此，完成全部开模移动。

4．开模仿真

(1) 在【模具】选项卡的分析子工具栏中单击【模具开模】图标 █，在模具开模菜单中单击【分解】→【全部用动画演示】命令，此时可以在屏幕中看到用动画演示的模具型芯型腔打开过程。

(2) 连续两次在【模具开模】菜单管理器中单击【完成/返回】命令，关闭菜单管理器，模具设计完毕。

小　结

1．Creo 3.0 中注射模具设计有关的模块

Creo 3.0 中与模具设计有关的模块主要有 3 个：

(1) 模具设计模块(Creo/Moldesign)：对模具成型零件进行设计。

(2) 塑料顾问(Plastic Advisor)：进行注射成型的模流分析，可进行浇口位置分析、塑料填充、冷却质量、缩痕分析等，以便于及早改进设计。

(3) 模架设计专家系统(EMX，Expert Moldbase Extension)：将模具成型零件装配到标准模架中，对整个模具进行完全详细的设计，包括模板、浇口套、顶杆、复位杆、拉料杆、镶件等。该系统为选购的外挂软件，不包括在 Creo 3.0 软件中。

2．模具设计的流程

1) 设置工作目录

选择下拉菜单中的【文件】 文件▾ →【管理会话】 管理会话(M) ▸ →【选择工作目录】 选择工作目录(D) 命令，在弹出的选择工作目录对话框中设置工作目录。

2) 建立模具模型文件

(1) 单击【新建】图标 □ ，在弹出的新建对话框中选中【制造】和【模具型腔】单选按钮。

(2) 在【名称】文本框中输入文件名。

(3) 取消选中【使用缺省模板】复选框，单击【确定】按钮。

(4) 选用 mmns_mfg_mold 模板，单击【确定】按钮。

3) 加入参考模型

对单型腔模具，在模具选项卡中，可用 组装参考模型 命令，打开已创建的零件原型，以装配方式加入参考模型。

对一模多腔模具，要有多个参考模型，可在模具选项卡中，用 定位参考模型 的方式，加入参考模型。

4) 创建工件

在模具选项卡中，单击参考模型和工件子工具栏中的【创建工件】 工件 图标，工件创建方式有三种：

① 创建工件 手动方式：确定工件名称→选择创建方式→选择草绘平面和参照平面→绘制截面→确定工件特征深度(角度)→完成工件创建。

② 自动工件 自动方式：确定工件名称→选择坐标系→设置工件形状和偏移量。

③ 组装工件 装配方式：将预先设计好的工件装配到模具模型中。

5) 设置收缩率

成型材料在冷却后会产生收缩，不同材料其收缩率也不相同，在设计模具时必须予以考虑，通过设置适当的收缩率来放大参考模型，便可获得正确尺寸的注塑零件。

单击修饰符子工具栏中【收缩】 按钮 收缩 图标，设置收缩率有两种方式： 按尺寸收缩 和 按比例收缩 。

(1) 收缩率计算公式有两个：

① 1+S：根据模型的原始零件来计算收缩，此为系统默认设置。

② 1/(1-S)：根据生成模型的结果来计算收缩。

(2) 收缩率计算方式有两种：

① 按尺寸收缩 按尺寸方式：为所有模型尺寸设置一个收缩系数，也可以为个别尺寸指定收缩系数。

② 按比例收缩 按比例方式：相对于某个坐标系按比例收缩零件几何，可分别指定 X、Y 和 Z 坐标的不同收缩率。

二者的区别为：按尺寸收缩时，收缩率会应用到设计模型，即参照模型和设计模型尺寸同时变化；按比例收缩时，收缩率只应用到参照模型，设计模型尺寸不变。

6) 设计浇注系统

浇注系统包括主流道、分流道、冷料穴和浇口等(可参考塑料注射模具相关知识)。创建浇注系统通常有两种方法，移除法和使用流道命令法。

① 在【模型】选项卡的切口和曲面子工具栏中单击【旋转】命令 旋转 ，以旋转移除方式创建主流道和浇口。

② 在【模具】选项卡的生产特征子工具栏中，使用 流道 命令可以快速创建标准流道。读者可参阅其他相关书籍学习。

7) 创建分型面(模具设计的重难点)

打开模具取出制品的界面叫分型面，分型面是曲面，用来将工件分割为各种模具元件。在【模具】选项卡的分型面和模具体积块子工具栏中单击【分型面】图标 分型 ，进入分型面设计界面。

分型面的创建方法可以分为三大类：

(1) 阴影法。采用光投影技术，通过阴影曲面产生分型面，参考模型沿开模方向的侧面必须有拔模斜度。如任务 56 中的分型面。

(2) 裙边法。采用光投影技术，通过裙边曲面产生分型面。如任务 56 中的分型面的第二种创建方法。

(3) 通过一般曲面创建方法创建分型面

① 通过复制参考零件上的曲面产生分型面。如任务 57 中的型芯分型面。

② 通过拉伸、旋转、扫描、填充曲面等产生分型面。如任务 57 中的哈夫分型面。

第一、二类方法是自动创建分型面的方法，其特点是高效快速。

8) 创建模具体积块(拆模)

在【模具】选项卡的分型面和模具体积块子工具栏中，单击 模具体积块 下的【体积块分割】图标 体积块分割 →确定拆模方式→选取分型面对工件进行分割→命名模具体积块→完成拆模。

9) 生成模具成型零件

在【模具】选项卡的元件子工具栏中，单击 模具元件 下的【型腔镶块】图标 型腔镶块 →选取模具体积块→生成对应的模具成型零件。

10) 创建模拟件(制模)

在【模具】选项卡的元件子工具栏中，单击【创建铸模】图标 创建铸模 →输入模拟注塑件名称→生成模拟成型零件。

通过产生模拟注塑件可以检查以下项目：

(1) 塑件造型有无破洞。

(2) 分型面设计是否正确。

(3) 主流道、分流道、浇口、塑件之间有无完全连接。

如果填充不成功，则可以针对以上项目进行检查及修改。

11) 开模

在【模具】选项卡的分析子工具栏中，单击【模具开模】图标 →【定义步骤】→【定义移动】命令→选取开模移动零件→选取零件移动方向→输入零件移动距离→完成开模操作。

12) 模拟开模动作

在【模具】选项卡的分析子工具栏中，单击【模具开模】图标 →【分解】→【打开下一个】命令→模具按定义的开模步骤逐步打开。或单击【分解】→【全部用动画演示】命令，可以在屏幕中看到用动画演示的模具打开过程。

一套模具可定义多个开模步骤，一个步骤中可定义多个组件移动。

练 习 题

1. 在模具设计过程开始时，设置工作目录有什么好处？

2. 分型面的创建有哪些常用的方法？要成功创建分型面，必须满足什么条件？

3. 拆模是以分型面为界将工件拆分成数个模具体积块，模具体积块与模具元件(零件)是否是一回事？怎样将模具体积块转换为模具元件(零件)？

4. 设计项目三练习题 27 中(图 3-212)烟灰缸的注塑模具。

5. 设计如图 8-75 所示的花钮的注塑模具。

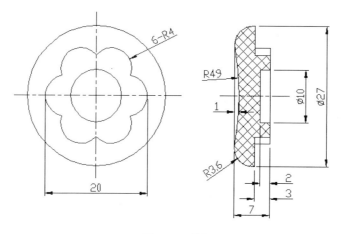

图 8-75　花钮

6．创建如图 8-76(a)所示杯子的实体模型，尺寸如图 8-76(b)和(c)所示，壁厚为 2，杯口端面内外均倒圆角 R1，并设计杯子的注塑模具，如图 8-76(d)所示。

(a) 杯子实体

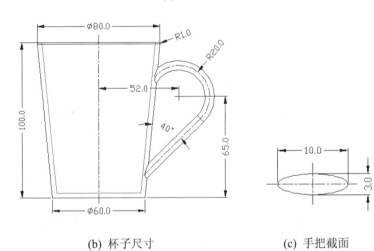

(b) 杯子尺寸

(c) 手把截面

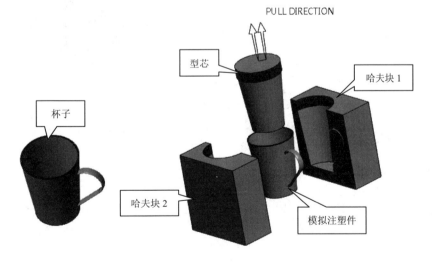

(d) 开模示意图

图 8-76 杯子及其开模示意图

7. 设计如图 8-77(a)所示的旋钮实体，并对旋钮模型进行注塑模具设计(一模四腔)，如图 8-77(b)所示。

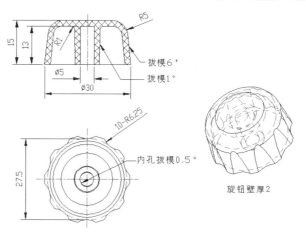

(a) 旋钮实体

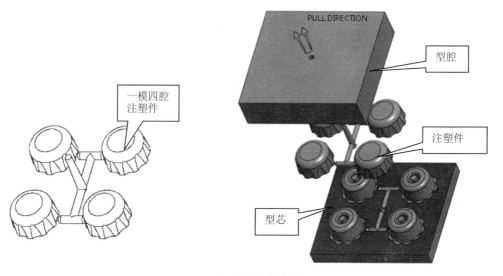

(b) 旋钮开模示意图

图 8-77　旋钮及其开模示意图

项目九　数 控 加 工

◆ **学习目的**

　　随着航空工业、汽车工业和轻工消费品生产的高速增长，复杂形状的零件越来越多，精度要求也越来越高。数控技术是现代机械加工的重要基础与技术。在机械制造过程中，数控加工的应用可提高生产率、稳定加工质量、缩短加工周期、增加生产柔性、实现对各种复杂精密零件的自动化加工。Creo 3.0 的制造模块提供了创建零件的毛坯，建立工件坐标系、定义加工机床、加工工具、加工工艺参数，模拟演示刀具加工轨迹，自动生成加工程序代码等功能。

　　本项目主要通过实例介绍不同方法的毛坯创建过程以及相关参数的设置，进行刀具加工轨迹模拟演示，最后生成加工程序代码。刀具加工轨迹的模拟演示形象直观、动态逼真，加工程序代码通过操作可直接得到，并可存储和进行编辑。通过学习使读者对数控加工的过程以及有关参数的设置有一定了解，并且模仿实例进行数控加工的基本操作。

◆ **学习要点**

　　(1) 设计模型。设计模型也称为参照模型，即事先设计好的零件模型，设计模型为所有制造操作的基础。设计模型的几何形状表示数控加工最终完成时的零件形状。设计模型主要以 Creo 3.0 设计的零件几何模型为主，零件、装配件、钣金件等都可以用作设计模型。

　　(2) 工件。工件表示制造加工的原料，即毛坯，表示被加工零件尚未经过切削加工的形状，代表从毛坯到成品的中间过程。一般地在加工过程结束时，工件几何尺寸/形状应与设计模型的一致。

　　(3) 制造模型。制造模型也称为加工模型，常规的制造模型由一个设计模型和一个工件装配在一起组成。有了完整的制造模型后，才能通过适当的设置，定义加工所需的刀具和参数，以产生正确的刀具路径。创建的制造模型，一般由以下三个文件组成：① 制造模型 *.asm。② 设计模型 *.prt。③ 工件模型 *.prt。

　　(4) NC 制造用户界面。基于功能区的 NC 制造用户界面包含多个选项卡，每个选项卡中都有按一定规律组成的多个子工具栏。NC 制造用户界面简洁，符合工程人员的设计思想与习惯。该界面是进行相应操作的前提，应该正确进入界面，然后才能进行相关的操作，其操作过程见任务 58 中的 9.1.2 节。

9.1　任务 58：粗加工和精加工

　　下面创建如图 9-1 所示的设计模型，并创建工件模型，然后定义加工机床、加工刀具和切削工艺参数，最后模拟演示刀具加工路径，通过此例说明数控加工的基本操作过程。

图 9-1　设计模型

9.1.1　创建设计模型

1. 建立新文件

(1) 在桌面上双击【我的电脑】→双击【本地磁盘(D):】，在空白处单击右键，在弹出的快捷菜单中选择【新建】→【文件夹】命令，系统新建一个文件夹。在新建文件夹的文本框中输入 CP9，回车。

(2) 单击【文件】主菜单→【管理会话】→【选择工作目录】命令，系统弹出选择工作目录对话框，如图 9-2 所示。在该对话框的左侧单击 dell-think 图标→双击【本地磁盘(D):】→双击【CP9】文件夹，单击该对话框中的【确定】按钮，系统退出选择工作目录对话框。

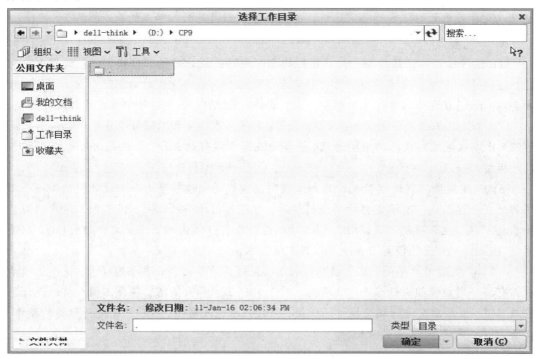

图 9-2　选择工作目录对话框

(3) 单击快速启动工具栏中的【新建】图标 ，系统弹出新建对话框，如图 9-3 所示。在对话框的名称文本框中输入文件名 ex1，取消使用默认模板选项，单击【确定】按钮，系统弹出新文件选项对话框，如图 9-4 所示。

(4) 在新文件选项对话框中选择 mmns_part_solid 选项，单击【确定】按钮。

图 9-3　新建对话框

图 9-4　新文件选项对话框

2. 以拉伸方式建立实体特征

(1) 在【模型】选项卡中选择形状子工具栏中的【拉伸】图标 🔷，系统弹出拉伸操控板。在该操控板中单击【放置】选项卡，再单击【定义】按钮，系统弹出草绘对话框，以 TOP 基准面为草绘平面，RIGHT 基准面为参考面，方向向右，单击【草绘】按钮。

(2) 系统进入草绘界面，单击【草绘】选项卡中设置子工具栏中的【草绘视图】图标 🖥 。绘制长为 500，宽为 200 的矩形，如图 9-5 所示，单击【草绘】选项卡中关闭子工具栏中的【确定】图标 ✔ 。系统返回到拉伸操控板，在该操控板的文本框中输入拉伸深度 100，回车，单击该操控板右侧的 ✔ 按钮。

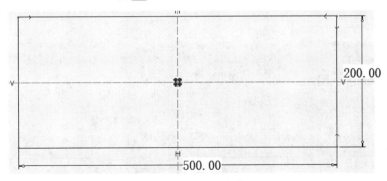

图 9-5　绘制的二维草图

(3) 在【模型】选项卡中选择工程子工具栏中的【倒圆角】图标 ⌒倒圆角，对三维实体的四个棱边进行倒圆角操作，圆角半径 R30。

(4) 在【模型】选项卡中选择工程子工具栏中的【壳】图标 ▣壳，将三维实体的上表面作为移除的曲面，输入厚度 20，结果如图 9-1 所示。

3. 存盘

在【快速访问】工具栏中单击【保存】图标 💾，系统弹出保存对象对话框，单击【确定】按钮。单击主菜单【文件】→【关闭】命令 📂关闭(C)，关闭该窗口。

9.1.2 进入 NC 制造用户界面

(1) 在快速启动工具栏中单击【新建】图标 □，系统弹出新建对话框，如图 9-6 所示。

(2) 在该对话框中选择类型选项组中的【制造】单选项，并选择子类型选项组中的【NC 装配】单选项，在名称文本框中输入文件名 EX1，取消使用默认模板选项，单击【确定】按钮。系统弹出新文件选项对话框，如图 9-7 所示。

图 9-6　新建对话框　　　　　　　图 9-7　新文件选项对话框

(3) 在该对话框中选择 mmns_mfg_nc 选项，单击【确定】按钮。此时系统进入 NC 制造用户界面，如图 9-8 所示。

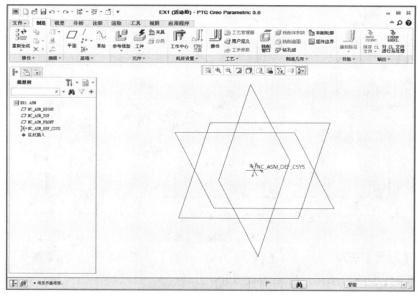

图 9-8　NC 制造用户界面

(4) 在【制造】选项卡的元件子工具栏中单击【参考模型】→【组装参考模型】图标 ，系统弹出打开对话框，选择 EX1.prt 文件，单击【打开】按钮。系统弹出元件放置操控板，如图 9-9 所示。

(5) 在元件放置操控板中单击【自动】按钮 ⚡自动 右侧的下拉按钮，选择【默认】

约束进行装配，单击该操控板右侧的  按钮，设计模型装配完成。

图 9-9　元件放置操控板

(6) 在【制造】选项卡的元件子工具栏中单击【工件】→【创建工件】图标 ，创建工件，在弹出的输入零件名称文本框中输入"gongjian1"，单击该文本框右侧的 按钮。

(7) 系统弹出特征类菜单，如图 9-10 所示。在菜单中选择【实体】→【伸出项】命令，再选择【拉伸】→【实体】→【完成】命令，系统弹出拉伸操控板。

(8) 在该操控板中单击【放置】→【定义】按钮，系统弹出草绘对话框。选择 NC_ASM_TOP:F 面为草绘平面，NC_ASM_RIGHT:F1 面为基准平面，方向向右，单击草绘对话框中的【草绘】按钮，如图 9-11 所示。

图 9-10　特征类菜单　　　　　　　　　　　　图 9-11　草绘对话框

(9) 系统进入草绘界面，并弹出参考对话框。选取 F3(NC_ASM_FRONT) 和 F1(NC_ASM_RIGHT) 为参考添加在该对话框中，结果如图 9-12 所示，单击该对话框中的【关闭】按钮。单击【草绘】选项卡中设置子工具栏中的【草绘视图】图标 ，系统自动将草绘平面放正。选择【草绘】选项卡中草绘子工具栏中的【投影】图标 投影，采用单一方式，选取设计模型的外轮廓线，结果如图 9-13 所示，单击【草绘】选项卡中关闭子工具栏中的【确定】图标 。系统返回到拉伸操控板，在该操控板的文本框中输入拉伸深度 100，回车，单击该操控板右侧的 按钮。工件模型创建完成，同时制造模型装配完成，结果如图 9-14 所示。

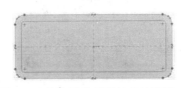

图 9-12　参考对话框　　　　　图 9-13　选取设计模型的外轮廓线　　　　图 9-14　制造模型

9.1.3 制造设置

制造设置又称为操作数据设置，主要包括操作名称、机床设置、刀具设置、夹具设置、工件坐标系设置和退刀平面设置等。

(1) 在如图 9-8 的 NC 制造用户界面中，单击【制造】选项卡中机床设置子工具栏中的【工作中心】→【铣削】图标 ，系统弹出铣削工作中心对话框，如图 9-15 所示。

(2) 在铣削工作中心对话框中选取【刀具】选项卡。在该选项卡中单击【刀具】按钮 ，系统弹出刀具设定对话框。设置参数如下：名称为 T0001，类型为端铣削，刀具直径为$\phi 20$，长度为 100，其余参数为默认值，结果如图 9-16 所示。先单击【应用】按钮，再单击【确定】按钮，最后在铣削工作中心对话框中单击【确定】按钮。

图 9-15　铣削工作中心对话框

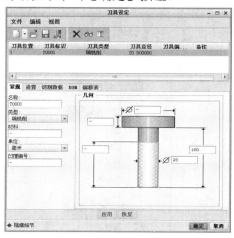

图 9-16　刀具设定对话框

(3) 在【制造】选项卡的工艺子工具栏中单击【操作】图标 ，系统弹出操作操控板，如图 9-17 所示。此时需选取一个坐标系，该坐标系为加工坐标系，可作为程序零点的参考。

图 9-17　操作操控板

(4) 在该操控板的右侧选择【基准】→【坐标系】图标 ，系统弹出坐标系对话框，依次选择 NC_ASM_RIGHT:F1、NC_ASM_FRONT:F3 和曲面：F5(拉伸_1):EX1，建立一个坐标系 ACS0，如图 9-18 所示。

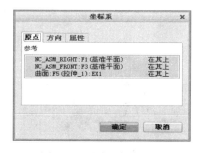

图 9-18　坐标系对话框

❖ **注意**：该坐标系的 Z 轴应垂直工件上表面，方向向上。若需调整 Z 轴方向，单击【方向】选项卡，进行调整。

（5）在操作操控板中选择【间隙】选项卡，设置参数如下：类型为平面，参考为设计模型 EX1.prt 的上表面，值为 20，其余参数为默认值，结果如图 9-19 所示。单击操控板中右侧的 ✅ 按钮。此时完成退刀平面的设置，结果如图 9-20 所示。

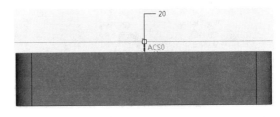

图 9-19　间隙选项卡的参数设置　　　　图 9-20　退刀平面的设置

（6）在【铣削】选项卡中选择制造几何子工具栏中的【铣削窗口】图标 🗇，系统打开铣削窗口操控板。在该操控板中单击【放置】选项卡，选取设计模型 EX1.prt 的上表面作为窗口平面，如图 9-21 所示。再选择【深度】选项卡，设置参数如图 9-22 所示，其他参数采用默认值，单击该操控板右侧的 ✅ 按钮。

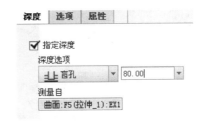

图 9-21　放置选项卡参数设置　　　　图 9-22　深度选项卡参数设置

（7）在【铣削】选项卡中选择铣削子工具栏中的【粗加工】→【粗加工】图标 🖉 粗加工，系统弹出粗加工操控板。选择刀具 01：T0001，结果如图 9-23 所示。

图 9-23　粗加工操控板

（8）单击该操控板中的【参考】选项卡，在模型树中选择第（6）步创建的铣削窗口 1[窗口] 🗇 铣削窗口 1 [窗口]，如图 9-24 所示。接着单击【参数】选项卡，系统弹出参数窗口，如图 9-25 所示。在参数窗口中的切削进给文本框中输入 600，跨距为 10，最大台阶深度为 8，安全距离为 20，主轴速度为 3000，其余参数为默认值。再单击【间隙】选项卡，如图 9-26 所示，设置退刀距离为 20，最后单击该操控板中右侧的 ✅ 按钮。

图 9-24　参考选项卡参数设置

图 9-25　参数选项卡参数设置　　　　图 9-26　间隙选项卡参数设置

9.1.4　粗加工方式的刀具路径加工仿真

(1) 在【制造】选项卡中选择校验子工具栏中的【播放路径】→【播放路径】图标
📦 播放路径，系统弹出播放路径对话框，如图 9-27 所示。

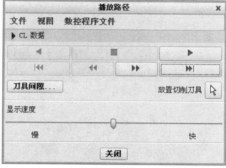

图 9-27　播放路径对话框

(2) 单击【向前播放】按钮 ▶ ，系统进行刀具路径加工仿真，结果如图 9-28 所示。

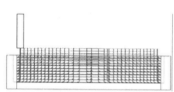
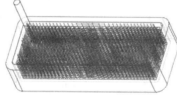
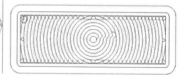

图 9-28　刀具路径加工仿真

9.1.5　刀具路径的后置处理

(1) 在【制造】选项卡中选择输出子工具栏中的【保存 CL 文件】→【保存 CL 文件】
图标 🐇 保存 CL 文件，系统弹出选择特征菜单，如图 9-29 所示。

(2) 单击【选择】→【NC 序列】→【1：粗加工 1，操作：OPO10】命令，如图 9-30
所示。再单击【文件】→【MCD 文件】→【完成】命令，如图 9-31 所示。

图 9-29　选择特征菜单　　　图 9-30　NC 序列列表菜单　　图 9-31　输出类型菜单

(3) 系统弹出保存副本对话框，如图 9-32 所示，单击【确定】按钮。

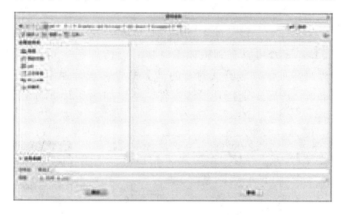

图 9-32　保存副本对话框

(4) 系统弹出后置期处理选项菜单，在该菜单中单击【完成】命令，系统弹出后置处理列表菜单，如图 9-33 所示。

图 9-33　后置处理列表

(5) 选择【UNCX01.P20】选项，该后置处理器为 FANUC 16M 系统。系统弹出信息窗口对话框，如图 9-34 所示，单击【关闭】按钮，再单击路径菜单中的【完成输出】命令。

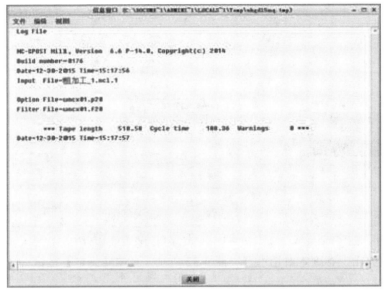

图 9-34　信息窗口对话框

(6) 打开文件夹 D:\ CP9,可以看到粗加工_1.tap 文件,如图 9-35 所示。选择粗加工_1.tap 文件，单击右键，在快捷菜单中选择【打开方式】命令，系统弹出打开方式对话框，在该对话框中选择"记事本"程序，则打开了该文件，结果如图 9-36 所示，该程序为后置处理完成后的 G 代码程序。

图 9-35　CP9 文件夹

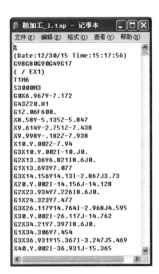

图 9-36　G 代码程序

9.1.6　精加工

(1) 在【制造】选项卡中选择机床设置子工具栏中的【切削刀具】图标 ，系统弹出刀具设定对话框，设置参数如下：名称为 T0002，类型为端铣削，直径为 $\phi 8$，长度为 100，结果如图 9-37 所示，先单击【应用】按钮，再单击【确定】按钮。

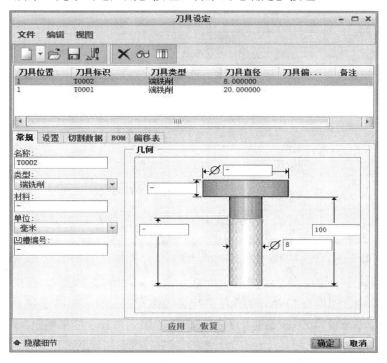

图 9-37　刀具设定对话框

(2) 在【铣削】选项卡中选择铣削子工具栏中的【精加工】图标 ，系统弹出精加工操控面板，设置刀具：01：T0002，如图 9-38 所示。

图 9-38　精加工操控面板

(3) 在该操控板中单击【参考】选项卡，如图 9-39 所示，选择模型树中的"铣削窗口1[窗口]"选项，如图 9-40 所示，则将铣削窗口添加到参考选项卡中的铣削窗口中。

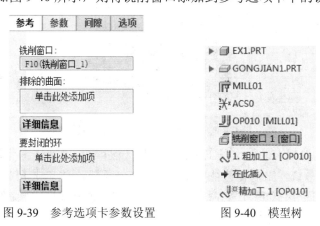

图 9-39　参考选项卡参数设置　　　　图 9-40　模型树

Creo 3.0项目化教学任务教程

(4) 单击【参数】选项卡，设置参数如图 9-41 所示。接着单击【间隙】选项卡，设置参数如图 9-42 所示。最后单击操控板右侧的 ✓ 按钮。

图 9-41　参数选项卡参数设置　　　　　　　图 9-42　间隙选项卡参数设置

(5) 在模型树中右键单击 2.精加工 1[OP010]图标 [2.精加工 1 [OP010]] ，在快捷菜单中选择【播放路径】命令，如图 9-43 所示。系统弹出播放路径对话框，如图 9-44 所示。单击【向前播放】按钮 ▶ ，系统进行刀具路径的数控加工仿真，结果如图 9-45 所示。

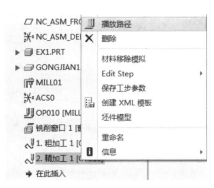

图 9-43　快捷菜单　　　　　　　　　　图 9-44　播放路径对话框

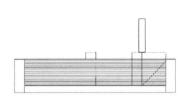

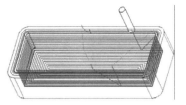

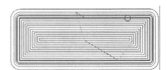

图 9-45　刀具路径的数控加工仿真

(6) 在【制造】选项卡的输出子工具栏中选择【保存 CL 文件】→【保存 CL 文件】图标 🖪 保存 CL 文件，系统弹出选择特征菜单，如图 9-46 所示。先单击【选择】→【NC 序列】→【2：精加工 1，操作：OPO10】命令，再单击【文件】→【MCD 文件】→【完成】命令，如图 9-47 所示。

图 9-46　选择特征菜单　　　　　　　　　　图 9-47　下一级菜单

(7) 系统弹出保存副本对话框，单击【确定】按钮，如图 9-48 所示。

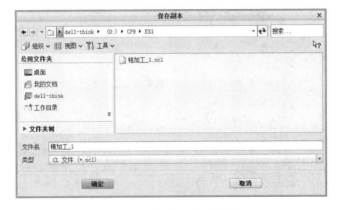

图 9-48　保存副本对话框

(8) 单击弹出的后置期处理选项菜单中的【完成】命令，系统弹出后置处理列表菜单，如图 9-49 所示。选择【UNCX01.P20】选项，系统弹出信息窗口对话框，如图 9-50 所示，先单击【关闭】按钮，再单击路径菜单中的【完成输出】命令。

图 9-49　后置处理列表菜单　　　　　　　　图 9-50　信息窗口对话框

(9) 打开文件夹 D:\ CP9，选择精加工_1.tap 文件，单击右键，在快捷菜单中选择【打开方式】命令，系统弹出打开方式对话框，在该对话框中选择"记事本"程序，则打开了该文件，结果如图 9-51 所示，该程序为后置处理完成后的 G 代码程序。

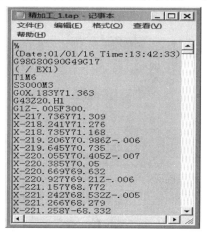

图 9-51　G 代码程序

9.2　任务 59：轮廓加工和孔加工

本任务加工一个比较典型的凸模零件——花形模，如图 9-52 所示。该花形模三维造型是设计模型，NC 加工时所需的工件模型如图 9-53 所示。制造模型为设计模型和工件模型的装配体，创建后的效果如图 9-54 所示。该任务的目的在于介绍轮廓加工以及孔加工的方法。

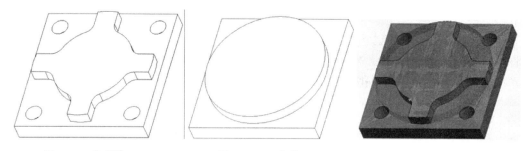

图 9-52　花形模　　　　　　　图 9-53　工件模型　　　　　　图 9-54　制造模型

轮廓加工所产生的刀具轨迹是以等高分层的形式，沿着曲面轮廓进行分层加工。所选择的加工表面必须能够形成连续的刀具轨迹，并且只能加工垂直或倾斜的轮廓。

孔加工用于各类孔的加工，主要包括钻孔、镗孔、铰孔和攻丝等。在进行孔加工时，根据不同的孔所制定的加工工艺不同，所用的刀具也将不同。如钻孔时使用中心钻、镗孔时使用镗刀、铰孔时使用铰刀、攻丝时使用丝锥。

9.2.1　创建设计模型

1. 建立新文件

(1) 单击快速启动工具栏中的【新建】图标 $\square$，系统弹出新建对话框。在名称文本框中输入文件名 ex2，取消使用缺省模板选项，单击【确定】按钮。

(2) 系统弹出新文件选项对话框，选择 mmns_part_solid 选项，单击【确定】按钮。

2. 以拉伸方式建立实体特征

(1) 单击【模型】选项卡中形状子工具栏中的【拉伸】图标 🮲，系统弹出拉伸操控板，在该操控板中单击【放置】→【定义】按钮。系统弹出草绘对话框，选取 TOP 平面为草绘面，RIGHT 平面为参照面，方向向右，单击该对话框中的【草绘】按钮。

(2) 系统进入二维草绘界面，单击【草绘】选项卡设置子工具栏中的【草绘视图】图标 ⛶，系统自动将 TOP 平面放正。单击草绘子工具栏中的【矩形】图标 ▢矩形，绘制草图如图 9-55 所示，单击关闭子工具栏中的【确定】图标✔。系统返回到拉伸操控板，在该操控板中输入拉伸深度 12，回车，单击该操控板右侧的 ✔ 按钮。

(3) 单击【模型】选项卡中形状子工具栏中的【拉伸】图标 🮲，系统弹出拉伸操控板，在该操控板中单击【放置】→【定义】按钮。系统弹出草绘对话框，以三维模型的上表面为草绘面，RIGHT 平面为参照面，方向向右，单击该对话框中的【草绘】按钮。

(4) 单击【草绘】选项卡设置子工具栏中的【草绘视图】图标 ⛶，系统自动将草绘平面放正，单击草绘子工具栏中的【圆】图标 ⊙圆，绘制草图如图 9-56 所示，单击关闭子工具栏中的【确定】图标 ✔，系统返回到拉伸操控板，在该操控板中输入拉伸深度 8，回车，单击该操控板右侧的 ✔ 按钮，结果如图 9-53 所示。

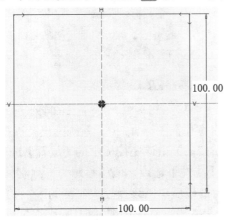

图 9-55　矩形命令绘制的二维草图

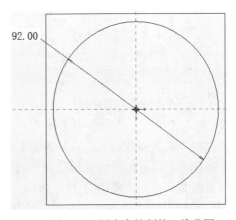

图 9-56　圆命令绘制的二维草图

(5) 单击主菜单中的【文件】→【另存为】→【保存副本】命令，在弹出的保存副本对话框文件名文本框中输入名称 maopi，单击该对话框中的【确定】按钮。把该实体模型作为工件模型进行保存。

(6) 单击形状子工具栏中的【拉伸】图标 🮲，系统弹出拉伸操控板，在该操控板中单击【放置】→【定义】按钮。系统弹出草绘对话框，选择三维实体上表面为草绘面，RIGHT 平面为参照面，方向向右，单击该对话框中的【草绘】按钮。

(7) 单击【草绘】选项卡设置子工具栏中的【草绘视图】图标 ⛶，系统自动将草绘平面放正，绘制草图如图 9-57 所示。单击【草绘】选项卡关闭子工具栏中的【确定】图标 ✔。系统返回到拉伸操控板，在该操控板中输入拉伸深度 8，回车，选择去除材料按钮 🮲，反向切除，单击该操控板右侧的 ✔ 按钮。

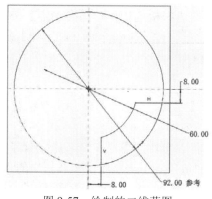

图 9-57　绘制的二维草图

(8) 在特征树中选取刚创建的切除特征，单击【模型】选项卡中编辑子工具栏中的【阵列】图标 ⊞，系统弹出阵列操控板，在该操控板中单击【尺寸】按钮 右侧的下拉按钮 ，选取轴阵列方式，选择轴线 A_1，如图 9-58 所示，其他参数采用默认值。最后单击该操控板右侧的 ✓ 按钮，则将切除特征阵列分为 4 份，结果如图 9-59 所示。

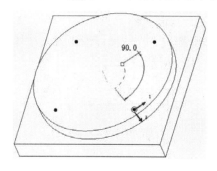

图 9-58　选择的轴线

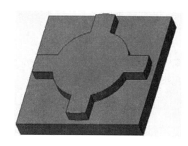

图 9-59　切除特征的阵列

(9) 单击【模型】选项卡中工程子工具栏中的【孔】图标 孔，系统弹出孔操控板。在该操控板中设置参数如下：直径为ϕ12，深度为 12。单击该操控板中的【放置】选项卡，设置参数如下：放置面选择底板顶面，类型选择【线性】选项，偏移参照为三维实体的前侧面和右侧面，偏移距离均为 15，如图 9-60 所示，最后单击该操控板右侧的 ✓ 按钮。

(10) 仿照第(8)步的操作过程将孔特征阵列分为 4 份，结果如图 9-61 所示。

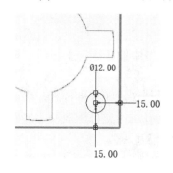

图 9-60　孔特征参数

图 9-61　阵列孔特征

(11) 单击【模型】选项卡中工程子工具栏中的【倒圆角】图标 倒圆角，系统弹出倒圆角操控板，按住 Ctrl 键，选取凸台特征的 8 个棱边，如图 9-62 所示。在倒圆角操控板的文本框中输入 8，回车，单击该操控板右侧的 ✅ 按钮，结果如图 9-63 所示。

图 9-62 选取的 8 个棱边

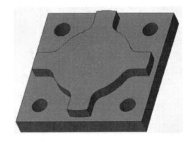

图 9-63 倒圆角特征

3. 存盘

单击【保存】图标 🖫，系统弹出保存对象对话框，单击【确定】按钮。单击主菜单【文件】→【关闭】命令 🗂 关闭(C)，关闭该窗口。

9.2.2 进入 NC 制造用户界面

(1) 单击快速启动工具栏中的【新建】图标 🗋，在弹出的新建对话框中选择【制造】选项，并在子类型选项组中选择【NC 装配】选项，在名称文本框中输入文件名 EX2，取消使用缺省模板选项，单击【确定】按钮。

(2) 系统弹出新文件选项对话框，选择 mmns_mfg_nc 选项，单击【确定】按钮。

(3) 在【制造】选项卡中选择元件子工具栏中的【参考模型】→【组装参考模型】图标 🖳 组装参考模型，系统弹出打开对话框，选择 ex2.prt 文件并单击【打开】按钮，系统弹出元件放置操控板。

(4) 在该操控板中单击【自动】按钮 ⚡自动 右侧的下拉按钮 ▾，选择【默认】命令进行装配，单击该操控板右侧的 ✅ 按钮，设计模型装配完成。

(5) 在【制造】选项卡中选择元件子工具栏中的【工件】→【组装工件】图标 🖳 组装工件，系统弹出打开对话框，选择 maopi.prt 文件并单击【打开】按钮，系统弹出元件放置操控板。在该操控板中单击【自动】按钮 ⚡自动 右侧的下拉按钮 ▾，选择【默认】命令进行装配，单击该操控板右侧的 ✅ 按钮。此时工件模型装配完成，同时制造模型也装配完成，结果如图 9-54 所示。

9.2.3 轮廓加工程序设计

(1) 选择【制造】选项卡中的机床设置子工具栏中的【工作中心】→【铣削】图标 📠 铣削，系统弹出铣削工作中心对话框，如图 9-64 所示。

(2) 在该对话框中单击【刀具】选项卡，单击【刀具】图标 刀具...，系统弹出刀具设定对话框，设置参数如下：名称为 T0001，类型为端铣削，刀具直径为 $\phi16$，长度为 100，其余参数采用默认值，结果如图 9-65 所示。先单击【应用】按钮，再单击【确定】按钮，最后单击铣削工作中心对话框中的【确定】按钮。

(3) 在【制造】选项卡中单击工艺子工具栏中的【操作】图标 🔟，系统弹出操作操控板。此时需选取一个坐标系，该坐标系为加工坐标系，可作为程序零点的参考。

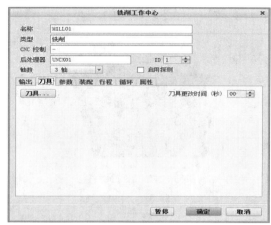

图 9-64　铣削工作中心对话框

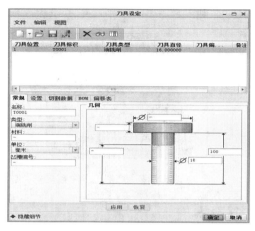

图 9-65　刀具设定对话框

(4) 在该操控板的右侧选择【基准】→【坐标系】图标 ，系统弹出坐标系对话框，如图 9-66 所示。依次选择 NC_ASM_RIGHT:F1、NC_ASM_FRONT:F3 和曲线：F6(拉伸_2):MAOPI，建立一个坐标系 ACSO，如图 9-67 所示。

图 9-66　坐标系对话框

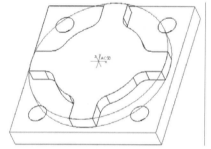

图 9-67　建立坐标系 ACSO

(5) 在操作操控板中选择【间隙】选项卡，设置参数如下：类型为平面，参考为曲线：F6(拉伸_2):EX2，值为 20，其余参数采用默认值，如图 9-68 所示。单击该操控板右侧的 按钮，完成退刀平面的设置，结果如图 9-69 所示。

图 9-68　间隙选项卡参数设置

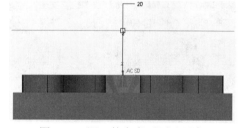

图 9-69　退刀的参考平面及距离

(6) 在【铣削】选项卡中选择铣削子工具栏中的【轮廓铣削】图标 ，系统弹出轮廓铣削操控板，选取刀具：01：T0001，如图 9-70 所示。

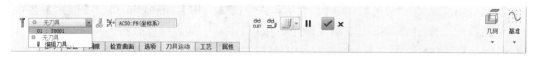

图 9-70　轮廓铣削操控板

（7）在该操控板中单击【参考】选项卡，如图 9-71 所示。参数设置如下：类型为曲面，加工参考为设计模型的轮廓曲面，如图 9-72 所示。

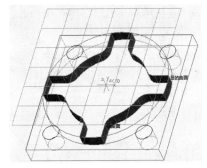

图 9-71　参考选项卡参数设置　　　　图 9-72　选取的轮廓曲面

（8）在该操控板中单击【参数】选项卡，设置加工工艺参数，结果如图 9-73 所示。再单击【间隙】选项卡，设置参数如图 9-74 所示，单击该操控板右侧的 ☑ 按钮。

图 9-73　参数选项卡参数设置　　　　图 9-74　间隙选项卡参数设置

9.2.4　轮廓加工的数控仿真

（1）在【制造】选项卡中选择校验子工具栏中的【播放路径】→【播放路径】图标 🎞️ 播放路径，系统弹出播放路径对话框。

（2）单击【向前播放】按钮 ▶，系统进行数控加工仿真，结果如图 9-75 所示。

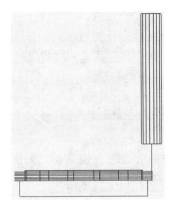

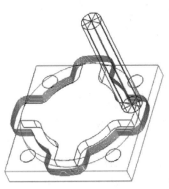

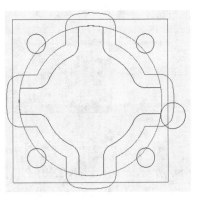

图 9-75　刀具路径的数控加工仿真

9.2.5 刀具路径的后置处理

(1) 在【制造】选项卡中选择输出子工具栏中的【保存 CL 文件】→【保存 CL 文件】图标  保存 CL 文件，系统弹出选择特征菜单，如图 9-76 所示。单击【选择】→【NC 序列】→【1：轮廓铣削 1，操作：OP010】命令，如图 9-77 所示。再单击【文件】→【MCD 文件】→【完成】命令，如图 9-78 所示。

图 9-76　选择特征菜单　　　图 9-77　NC 序列列表菜单　　　图 9-78　输出类型菜单

(2) 系统弹出保存副本对话框，在该对话框中单击【确定】按钮，如图 9-79 所示。

图 9-79　保存副本对话框

(3) 单击后置期处理选项菜单中的【完成】命令，系统弹出后置处理列表菜单，如图 9-80 所示。选择【UNCX01.P20】命令，系统弹出信息窗口对话框，如图 9-81 所示，单击其中的【关闭】按钮，再单击路径菜单中的【完成输出】命令。

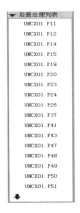

图 9-80 后置处理列表菜单

图 9-81 信息窗口对话框

(4) 打开文件夹 D:\ CP9,右键单击轮廓铣削_1.tap 文件,在弹出的快捷菜单中选择"记事本"程序,该文件被打开,如图 9-82 所示,该程序为后置处理完成后的 G 代码程序。

图 9-82 G 代码程序

9.2.6 花型模零件的 VERICUT 数控加工仿真

(1) 在【制造】选项卡中选择校验子工具栏中的【播放路径】→【材料移除模拟】命令,系统弹出 NC 检验菜单,如图 9-83 所示。选择【CL 文件】命令,系统弹出 Open CL File 对话框,选择轮廓铣削_1.ncl 文件,单击该对话框中的【打开】按钮,如图 9-84 所示,在 NC 检验菜单中单击【完成】命令。

图 9-83 NC 校验菜单

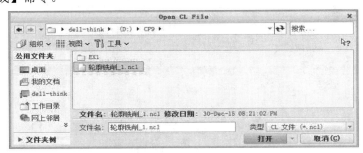

图 9-84 Open CL File 对话框

(2) 系统自动弹出 VERICUT 7.1.5 软件的界面，单击该窗口右下角的【Play/Start-Stop Options】按钮 ⬤，该软件将自动演示数控加工仿真，结果如图 9-85 所示。

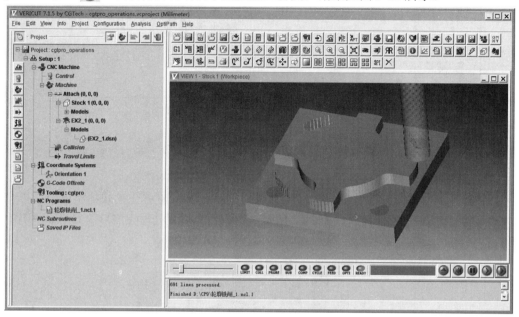

图 9-85　VERICUT 软件的数控加工仿真界面

9.2.7　孔的加工

(1) 在【制造】选项卡中选择机床设置子工具栏中的【切削刀具】图标 ⬛，系统弹出刀具设定对话框，设置参数如下：名称为 T0002，类型选择基本钻头，直径为 $\phi 12$，长度为 60，其余参数采用默认值，结果如图 9-86 所示。先单击【应用】按钮，再单击【确定】按钮。

(2) 在【铣削】选项卡中选择孔加工循环子工具栏中的【标准】图标 ⬇，系统弹出钻孔操控板，设置刀具：01：T0002，如图 9-87 所示。

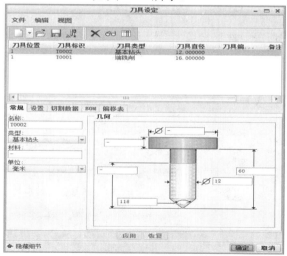

图 9-86　刀具设定对话框

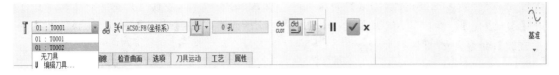

图 9-87　钻孔操控板

(3) 在该操控板中单击【参考】选项卡，如图 9-88 所示。按住 Ctrl 键选取 4 个孔特征的轴线，结果如图 9-89 所示。

图 9-88　参考选项卡参数设置

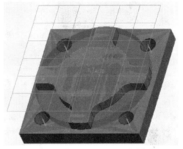

图 9-89　选择的孔轴线

(4) 在该操控板中单击【参数】选项卡，设置参数如图 9-90 所示。再单击【间隙】选项卡，设置参数如图 9-91 所示，最后单击该操控板右侧的 ✔ 按钮

图 9-90　参数选项卡参数设置

图 9-91　间隙选项卡参数设置

(5) 在【制造】选项卡中选择校验子工具栏中的【播放路径】→【播放路径】图标 播放路径，系统弹出播放路径对话框，单击【向前播放】按钮 ▶ ，系统进行数控加工仿真，结果如图 9-92 所示。

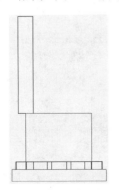

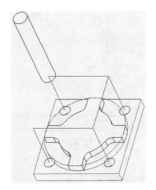

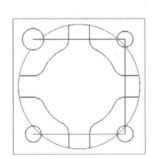

图 9-92　刀具路径的数控仿真

(6) 在【制造】选项卡中单击输出子工具栏中的【保存 CL 文件】→【保存 CL 文件】

图标 保存 CL 文件，系统弹出选择特征菜单，如图 9-93 所示。单击【选择】→【NC 序列】→【2：钻孔 1，操作：OP010】命令，如图 9-94 所示。单击【文件】→【MCD 文件】→【完成】命令，如图 9-95 所示。

图 9-93　选择特征菜单　　　　图 9-94　NC 序列列表菜单　　　　图 9-95　输出类型菜单

(7) 系统弹出保存副本对话框，如图 9-96 所示，单击该对话框中的【确定】按钮。

图 9-96　保存副本对话框

(8) 单击后置期处理选项菜单中的【完成】命令，系统弹出后置处理列表菜单，如图 9-97 所示。选择【UNCX01.P20】选项，系统弹出信息窗口对话框，如图 9-98 所示，在该对话框中单击【关闭】按钮，再单击路径菜单中的【完成输出】命令。

图 9-97　后置处理列表　　　　　　　图 9-98　信息窗口对话框

（9）打开文件夹 D:\ CP9，右键单击钻孔_1.tap 文件，在快捷菜单中选择【打开方式】命令，系统弹出打开方式对话框，在该对话框中选择"记事本"程序，则打开了该文件，如图 9-99 所示，该程序为后置处理完成后的 G 代码程序。

图 9-99　G 代码程序

9.3　任务 60：表面加工及刻模加工

本任务需加工的设计模型如图 9-102 所示，上表面为平面，并刻有文字，目的在于熟悉表面加工及雕刻加工。

表面加工即平面加工，所产生的刀具轨迹也是以等高分层的形式进行分层加工，可用来粗加工或精加工与退刀面平行的大面积的平面或平面度要求较高的平面。

雕刻是机械加工中经常使用的一种方法。利用数控机床的雕刻功能，在工件上雕刻文字或图像，使之具有一定的功效或增加其外在的美观程度。

9.3.1　零件模型分析

该零件模型如图 9-102 所示，工件模型为长方形的块料，需要进行顶面的加工，尽管本例中工件模型的顶面可以在普通铣床上加工，但为了更多的介绍平面加工，假设工件顶面并未加工。

1. 工件安装

将底面固定安装在数控机床上。

2. 加工坐标系

建立加工坐标系，坐标原点为工件上表面正中位置，X 轴正方向指向工件右侧，Y 轴正方向指向工件后方，根据右手定则，Z 轴正方向指向工件上方。

3. NC 加工

零件模型的形状比较简单，可以使用 2.5 轴加工方式进行加工。零件模型没有尖角或很小的圆角，对表面也没有特殊要求，所以使用一把直径为 16 的平底刀进行加工，可以避免换刀。

9.3.2 创建设计模型

1. 建立新文件

(1) 在快速启动工具栏中单击【新建】图标 □ ，系统弹出新建对话框。在名称文本框中输入文件名 ex3，取消使用缺省模板选项，单击【确定】按钮。

(2) 系统弹出新文件选项对话框，在该对话框中选择 mmns_part_solid 选项，单击【确定】按钮。

2. 以拉伸方式建立实体特征

(1) 单击【模型】选项卡中形状子工具栏中的【拉伸】图标 ▱ ，系统弹出拉伸操控板，在该操控板中选择【放置】→【定义】按钮，系统弹出草绘对话框。选择 TOP 平面为草绘面，RIGHT 平面为参照面，方向向右，单击该对话框中的【草绘】按钮。

(2) 系统进入二维草绘界面，单击【草绘】选项卡设置子工具栏中的【草绘视图】图标 ⬚ ，系统自动将 TOP 草绘面放正，绘制草图如图 9-100 所示。单击【草绘】选项卡关闭子工具栏中的【确定】图标 ✓ 。

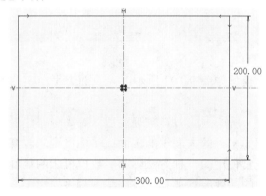

图 9-100 绘制的二维草绘图

(3) 系统返回到拉伸操控板。在该操控板的文本框中输入拉伸深度 55，回车，单击该操控板右侧的 ✓ 按钮。

(4) 单击【文件】主菜单中的【另存为】→【保存副本】命令，系统弹出保存副本对话框，在文件名文本框中输入文件名 ex3gongjian，单击【确定】按钮。

(5) 在模型树中选取该拉伸特征 ▱拉伸1 ，单击右键弹出快捷菜单，选取【编辑选定对象的定义 ✎ 】命令，系统返回到拉伸操控板，将该操控板文本框中的拉伸深度修改为 50，单击该操控板右侧的 ✓ 按钮。

(6) 在【模型】选项卡中单击基准子工具栏中的【草绘】图标 ✎ ，系统弹出草绘对话框，将三维实体的上表面作为草绘平面，RIGHT 面作为参考面，方向向右，单击该对话框中的【草绘】按钮，系统进入二维草图绘制界面。

(7) 单击【草绘】选项卡设置子工具栏中的【草绘视图】图标 ⬚ ，系统自动将草绘面放正，在【草绘】选项卡中选择草绘子工具栏中的【文本】图标 A文本 ，单击左键绘制第一个点，移动鼠标向上一段距离后再单击左键，系统弹出文本对话框。在该对话框的文本行中输入：CAD/CAM，如图 9-101 所示。绘制完成后，单击文本对话框中的【确定】

按钮，再单击【草绘】选项卡关闭子工具栏中的【确定】图标 ✔，结果如图 9-102 所示。

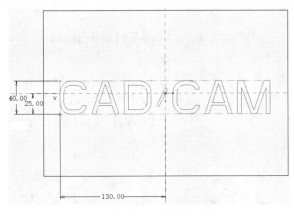

图 9-101　绘制的文字

图 9-102　设计模型

3. 存盘

（1）单击【保存】图标 ，系统弹出保存对象对话框，单击该对话框中的【确定】按钮，对文件进行保存。

（2）单击主菜单的【文件】→【关闭】命令 关闭(C)，退出设计窗口。

9.3.3　进入 NC 制造用户界面

1. 创建制造模型

（1）在快速启动工具栏中单击【新建】图标 ，在对话框中选择【制造】单选项，并在子类型选项组中选择【NC 装配】单选项，在名称文本框中输入文件名 EX3，取消使用缺省模板选项，单击【确定】按钮。

（2）系统弹出文件选项】对话框，选择 mmns_mfg_nc 选项，单击【确定】按钮。

（3）在【制造】选项卡中选择元件子工具栏中的【参考模型】→【组装参考模型】图标 组装参考模型，系统弹出打开对话框，选择 ex3.prt 文件并单击【打开】按钮。系统弹出元件放置操控板，在该操控板中单击【自动】选项 自动 右侧的下拉按钮 ，选择【默认】约束进行组装，单击该操控板右侧的 ✔ 按钮。

（4）在【制造】选项卡中选择元件子工具栏中的【工件】→【组装工件】图标 组装工件，系统弹出打开对话框，选择 ex3gongjian.prt 文件并单击【打开】按钮。系统弹出元件放置操控板，在该操控板中单击【自动】选项 自动 右侧的下拉按钮 ，选择【默认】约束进行组装，单击该操控板右侧的 ✔ 按钮。此时工件模型组装完成，同时制造模型也组装完成，结果如图 9-103 所示。

图 9-103　制造模型

9.3.4 表面加工程序设计

(1) 在【制造】选项卡中单击机床设置子工具栏中的【工作中心】→【铣削】图标 铣削，系统弹出铣削工作中心对话框，如图 9-104 所示。

(2) 在该对话框中单击【刀具】选项卡，再单击【刀具】图标 **刀具…**，系统弹出刀具设定对话框，设置参数如下：名称为 T0001，类型为端铣削，刀具直径为$\phi16$，刀具长度为 100，结果如图 9-105 所示。先单击【应用】按钮，再单击【确定】按钮，最后单击铣削工作中心对话框中的【确定】按钮。

图 9-104　铣削工作中心对话框

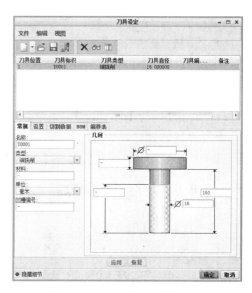
图 9-105　刀具设定对话框

(3) 在【制造】选项卡中单击工艺子工具栏中的【操作】图标 ，系统弹出操作操控板。此时需选取一个坐标系，该坐标系为加工坐标系，可作为程序零点的参考。

(4) 在操作操控板中选择右侧的【基准】→【坐标系】图标 ，系统弹出坐标系对话框，如图 9-106 所示。依次选择 NC_ASM_RIGHT:F1、NC_ASM_FRONT：F3 和曲面：F5(拉伸_1):EX3GONGJIAN，建立一个坐标系 ACSO，结果如图 9-107 所示。

图 9-106　坐标系对话框

图 9-107　创建的坐标系 ACSO

(5) 在操作操控板中选择【间隙】选项卡，设置参数如下：类型为平面，参考为曲面：F5(拉伸_1):EX3GONGJIAN，值为 20，其余参数为默认值，结果如图 9-108 所示。单击该

操控板右侧的 ✓ 按钮，此时完成退刀平面的设置，结果如图 9-109 所示。

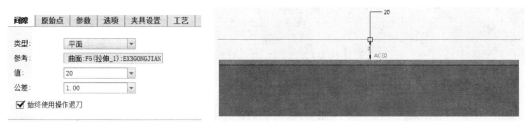

图 9-108 间隙选项卡参数设置 　　　　图 9-109 退刀平面的设置

（6）在【铣削】选项卡中单击铣削子工具栏中的【表面铣削】图标 ⊥ 表面，系统弹出表面铣削操控板，选取刀具：01：T0001，如图 9-110 所示。

图 9-110 表面铣削操控板

（7）在该操控板中单击【参考】选项卡，如图 9-111。设置参数如下：类型为曲面，加工参考为单曲面，如图 9-112 所示。

图 9-111 参考选项卡参数设置

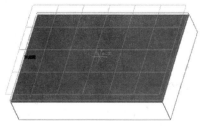

图 9-112 设计模型的上表面

（8）在该操控板中单击【参数】选项卡，设置加工工艺参数，结果如图 9-113 所示。再单击【间隙】选项卡，设置参数如图 9-114 所示。最后单击该操控板右侧的 ✓ 按钮。

图 9-113 参数选项卡参数设置

图 9-114 间隙选项卡参数设置

（9）在【制造】选项卡中选择校验子工具栏中的【播放路径】→【播放路径】图标 ⫿ 播放路径，系统弹出播放路径对话框，单击【向前播放】按钮 ▶ ，系统进行数控加工仿真，结果如图 9-115 所示。

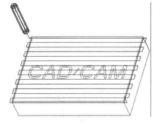

图 9-115　刀具路径仿真

(10) 在【制造】选项卡中选择输出子工具栏中的【保存 CL 文件】→【保存 CL 文件】图标 ，系统弹出选择特征菜单，如图 9-116 所示。单击【选择】→【NC 序列】→【1：表面铣削 1，操作：OP010】选项，如图 9-117 所示。再单击【文件】→【MCD 文件】→【完成】命令，如图 9-118 所示。

图 9-116　选择特征菜单　　图 9-117　NC 序列列表菜单　　图 9-118　输出类型菜单

(11) 系统弹出保存副本对话框，单击【确定】按钮，如图 9-119 所示。

图 9-119　保存副本对话框

(12) 单击后置期处理选项菜单中的【完成】命令，系统弹出后置处理列表菜单，如图 9-120 所示。选择【UNCX01.P20】选项，系统弹出信息窗口对话框，如图 9-121 所示，单击该对话框中的【关闭】按钮，再单击路径菜单中的【完成输出】命令。

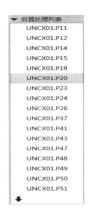

图 9-120　后置处理列表

图 9-121　信息窗口对话框

(13) 打开文件夹 D:\ CP9，右键单击表面铣削_1.tap 文件，在快捷菜单中选择【打开方式】命令，系统弹出打开方式对话框，在该对话框中选择"记事本"程序，则打开了该文件，如图 9-122 所示。该程序为后置处理完成后的 G 代码程序。

(14) 单击【文件】主菜单中的【选项】命令 ，系统弹出 PTC Creo Parametric 选项对话框，选择该对话框左侧的【配置编辑器】选项，单击值选项右侧的下拉按钮 ，选择 nccheck,单击该对话框中的【确定】按钮，结果如图 9-123 所示。

图 9-122　G 代码程序

图 9-123　PTC Creo Parametric 选项对话框

(15) 在【制造】选项卡中选择校验子工具栏中的【播放路径】→【材料移除模拟】命令，系统弹出 NC 检查菜单，如图 9-124 所示。选择【分辨率】→【1×1 pix】命令，如图 9-125 所示。再选择【显示】→【运行】命令，如图 9-126 所示。系统弹出打开对话框，选择表面铣削_1.ncl 文件，如图 9-127 所示。单击该对话框中的【打开】按钮，系统进行数控加工仿真，结果如图 9-128 所示。数控加工仿真完成后，单击 NC 检查菜单中的【完成/返回】命令。

图 9-124 NC 检查菜单　　　图 9-125 NC CHK RESOL 菜单　　　图 9-126 NC 显示菜单

图 9-127 打开对话框　　　　　　　图 9-128 数控加工仿真

9.3.5　雕刻加工程序设计

(1) 在【制造】选项卡中单击机床设置子工具栏中的【切削刀具】图标 ，系统弹出刀具设定对话框，设置参数如下：名称为 T0002，类型选择为端铣削，刀具直径为 $\phi 3$，刀具长度为 60，如图 9-129 所示。先单击【应用】按钮，再单击【确定】按钮。

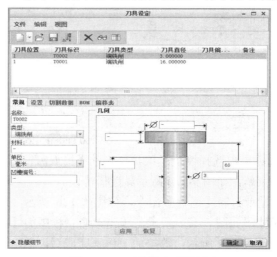

图 9-129　刀具设定对话框

(2) 在【铣削】选项卡中单击铣削子工具栏中的【雕刻】图标 雕刻，系统弹出雕刻操控板，设置刀具为 01：T0002，如图 9-130 所示。

图 9-130　雕刻操控板

(3) 在该操控板中单击【参考】选项卡，选取草绘的文字 CAD/CAM，如图 9-131 所示。再单击【参数】选项卡，设置参数如图 9-132 所示。其中：坡口深度即为雕刻铣削时的深度值，单击该操控板右侧的 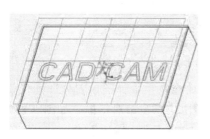 按钮。

参数	间隙	选项	刀具运动	工艺	属性
切削进给				150	
弧形进给				–	
自由进给				–	
退刀进给				–	
切入进给量				–	
步长深度				–	
公差				0.01	
坡口深度				3	
序号切割				0	
安全距离				20	
主轴速度				1500	
冷却液选项				关	

图 9-131　选取绘制的文字　　　　　图 9-132　参数选项卡参数设置

(4) 在【制造】选项卡中单击校验工具栏中的【播放路径】→【播放路径】图标 ，系统弹出播放路径对话框，单击【向前播放】按钮 ，系统进行数控加工仿真，如图 9-133 所示。

图 9-133　刀具路径的仿真

(5) 在【制造】选项卡中单击输出子工具栏中的【保存 CL 文件】→【保存 CL 文件】图标 ，系统弹出选择特征菜单，如图 9-134 所示。单击【NC 序列】→【2：雕刻 1，操作：OP010】选项，如图 9-135 所示。再单击【文件】→【MCD 文件】→【完成】命令，如图 9-136 所示。

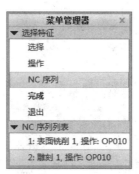

图 9-134　菜单管理器　　　　图 9-135　NC 序列列表菜单　　　图 9-136　输出类型菜单

（6）系统弹出保存副本对话框，单击该对话框中的【确定】按钮，如图 9-137 所示。

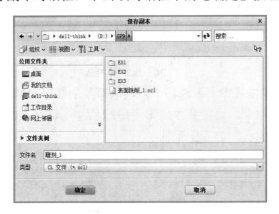

图 9-137　保存副本对话框

（7）单击后置期处理选项菜单中的【完成】命令，系统弹出后置处理列表菜单，如图 9-138 所示。选择【UNCX01.P20】选项，系统弹出信息窗口对话框，如图 9-139 所示，单击该对话框中的【关闭】按钮，再单击路径菜单中的【完成输出】命令。

图 9-138　后置处理列表　　　　　　　　图 9-139　信息窗口对话框

（8）打开文件夹 D:\CP9，右键单击雕刻_1.tap 文件，在快捷菜单中选择【打开方式】命令，系统弹出打开方式对话框，在该对话框中选择"记事本"程序，则打开了该文件，如图 9-140 所示。该程序为后置处理完成后的 G 代码程序。

图 9-140　G 代码程序

（9）在【制造】选项卡中单击校验子工具栏中的【播放路径】→【材料移除模拟】命令。系统弹出 NC 检查菜单，如图 9-124 所示。选择【分辨率】→【1 × 1 pix】命令，如图 9-125 所示。再选择【显示】→【运行】命令，如图 9-126 所示。系统弹出打开对话框，选择雕刻_1.ncl 文件，单击该对话框中的【打开】按钮。系统进行数控加工仿真，结果如图 9-141 所示。数控加工仿真完成后，单击 NC 检查菜单中的【完成/返回】命令。

图 9-141　NC 程序的数控加工仿真

（10）在快速访问工具栏中单击【保存】图标 💾，对文件进行保存。

小　结

本项目通过 3 个实例任务，介绍了采用不同的方法创建工件的过程以及建立工件坐标系、定义加工机床、加工刀具、加工工艺参数，进行刀具加工轨迹的模拟演示和自动生成加工程序代码的操作过程。结合实例的操作过程介绍了不同铣削方式以及相关的对话框的内容和参数的含义及设置。通过这 3 个实例任务，使读者对数控加工的内容有一个基本的了解，对相关参数的设置有一个清楚的认识。

在操作过程中，菜单和对话框是命令的两种不同表现形式，有关的命令和参数就是通过这两种形式定义的。读者对其内容应做到心中有数，这样才能正确进行设置和操作。需要指出的是：CAM 系统是一个很复杂的系统，NC 程序的生成涉及很多方面的知识，不仅有软件的使用方面的知识，还有数控加工工艺方面的知识。因此，编制实际应用的数控加工程序，要综合各方面知识，还要结合数控机床的数控系统以及生产实际进行。另外，由于篇幅的原因，本书没有介绍多轴数控铣削、车铣复合、数控车和线切割 NC 程序生成，感兴趣的读者可参阅有关书籍。

练　习　题

1．制造模型和设计模型有何不同？

2．制造模型创建后，通常包含几种类型的文件，扩展名各是什么？

3．试列出进入 NC 制造用户界面的操作过程。

4．试列出创建制造模型并进行装配的操作过程。

5．试列出建立工件坐标系的操作过程。

6．试列出刀具路径模拟演示的操作过程。

7．试列出刀具轨迹演示完成后产生加工程序代码的操作过程。

8．如何操作才能看到已产生的加工程序代码文件？

9．绘制如图 9-142 所示的底座零件模型，仿照本项目任务 58 创建加工模型，并设置有关的加工参数，进行模拟加工，最后生成加工程序代码。

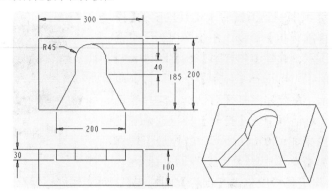

图 9-142　底座

10．绘制如图 9-143 所示的槽轮零件模型，仿照本项目任务 59 创建加工模型，并设置有关的加工参数，进行模拟加工，最后生成加工程序代码。

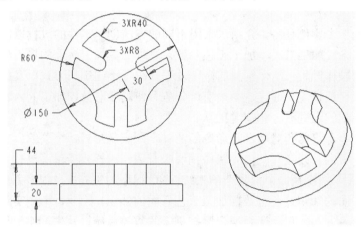

图 9-143　槽轮

11．绘制如图 9-144 所示的盘盖零件模型，仿照本项目任务 59 创建加工模型，并设置有关的加工参数，进行模拟加工，最后生成加工程序代码。

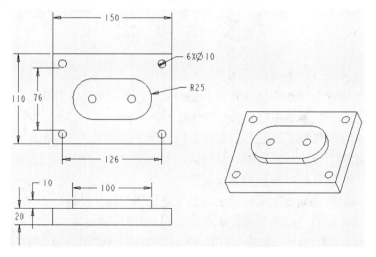

图 9-144　盘盖

12. 绘制如图 9-145 所示的标志牌零件模型，仿照本项目任务 60 创建加工模型，并设置有关的加工参数(坡口深度为 5 mm)，进行模拟加工，最后生成加工程序代码。

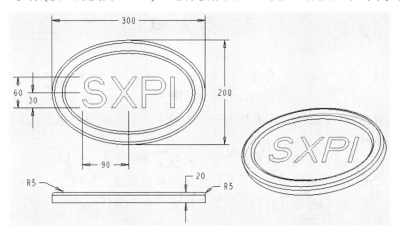

图 9-145　标志牌

参 考 文 献

[1]　二代龙震工作室. Pro/ENGINEER 野火 5.0 工程图设计. 北京：清华大学出版社，2010

[2]　吴勤保，南欢. Pro/ENGINEER 实例教程. 北京：清华大学出版社，2009

[3]　吴勤保，南欢. Pro/ENGINEER Wildfire 5.0 项目化教学任务教程. 西安：西安电子科技大学出版社，2013

[4]　詹友刚. Creo 3.0 机械设计教程. 北京：机械工业出版社，2014

[5]　詹友刚. Creo 3.0 工程图教程. 北京：机械工业出版社，2014

[6]　詹友刚. Creo 3.0 模具设计教程. 北京：机械工业出版社，2014

[7]　许尤立. Pro/ENGINEER 教程与范例. 北京：国防工业出版社，2011

[8]　孙江宏，康志强. Creo Parametric 2.0 机械设计案例教程. 北京：中国水利水电出版社，2013

[9]　靳红雨，吴义娟，刘建民. CREO 工业设计速查手册. 北京：电子工业出版社，2014

[10]　龙飞设计. Creo Parametric 2.0 机械设计从入门到精通. 北京：化学工业出版社，2013